Gottlieb Twerdy

—

Die Herstellung der vier Grundkräfte

Der Autor Gottlieb Twerdy, geboren 1952, studierte an der TU Wien und war bis 2023 als Architekt tätig. Er schreibt seit 1997, seit 2007 zu Themen aus der Naturphilosophie.

Gottlieb Twerdy

Die Herstellung der vier Grundkräfte

Königshausen & Neumann

Bibliografische Information der Deutschen Nationalbibliothek

Die Deutsche Nationalbibliothek verzeichnet diese Publikation in der Deutschen Nationalbibliografie; detaillierte bibliografische Daten sind im Internet über http://dnb.d-nb.de abrufbar.

Verlag Königshausen & Neumann GmbH
Leistenstraße 7
D-97082 Würzburg
info@koenigshausen-neumann.de

Umschlag: skh-softics / coverart
Umschlagabbildung: © Gottlieb Twerdy

Druck: docupoint, Magdeburg
Printed in Germany

ISBN 978-3-8260-9268-8
eISBN 978-3-8260-9269-5

www.koenigshausen-neumann.de
www.ebook.de
www.buchhandel.de
www.buchkatalog.de

Inhaltsverzeichnis

Zwei falsche Voraussetzungen der Physik

Die Physik versucht die vier Grundkräfte zu vereinigen, das sind: (a) die Gravitation, (b) der Elektromagnetismus, (c) die schwache Wechselwirkung, und (d) die starke Wechselwirkung.

Bislang scheitern die Versuche, die vier Grundkräfte unter einen gemeinsamen „Formalismus“ zu bringen. Das ist ein Gleichungssystem, das alle Formeln aufnehmen und lösen kann. Es gibt noch kein physikalisches Gesetz, das allen vier Grundkräften entspricht, sie alle hervorbringen und beherrschen kann. Insbesondere verweigert die Gravitation ihre Ein- oder Unterordnung.

Ich denke, ein einheitliches Grundgesetz ist gar nicht möglich, weil zwei grundlegende Voraussetzungen der Physik nicht zutreffen. Das Maß und die Kraft sind nicht materiellen, sondern geistigen Wesens.

Wenn die Wirkungen der vier Grundkräfte von der Natur hervorgebracht werden, dann muss es dazu ein wirksames Verfahren der Natur geben. Arbeitet die Natur immer mit demselben Verfahren, so gilt es, dieses aufzufinden. Arbeitet die Natur mit verschiedenen Verfahren, so ist zu klären, warum sich die Natur dabei nicht spaltet oder teilt.

Ich schlage vor, die Arbeit der Natur zu untersuchen. Sie ist in jedem Fall tätig. Ist ihre Arbeit gesetzmäßig, dann sind die vier Grundkräfte entweder besondere Arbeitsweisen, oder besonderen Akteuren zu verdanken, oder beides.

Das Maß und das Gemessene

Die erste falsche Voraussetzung der Physik besteht darin, das Gemessene durch das Maß zu ersetzen. Die Physik behandelt nicht die Natur, sondern die Maße der Natur.

Als „Natur“ gilt nur die gemessene Materie. Die nicht gemessene, oder bislang nicht messbare Materie wird seit Albert Einstein aus der Wissenschaft verbannt, gerade so, als sei sie kein Teil der Natur. Sie sei bestenfalls das Spielfeld anderer Disziplinen. Darüber könne nur spekuliert werden, was der Physik notwendig schade und aus diesem Grund zu unterlassen sei.

Was weiß ich von einem Stück Materie, wenn ich nur seine Maße kenne? Ist mir die zuerst genormte und dann gezählte „Einheit“ nicht geläufig, so kann ich nicht erkennen, von welcher Materie die Rede sein soll. Kann ich ein Elektron als „Elementarladung“ fassen?

Die Einheit ist Konvention. Sie beruht auf der Methode des Messens und Zählens. Woher weiß ich, dass die konventionelle Methode erstens die richtige ist, und dass sie zweitens vollständig ist?

Vielleicht begnügt sich die Methode des Messens mit ihrem aktuellen Erfolg. Dann übersieht sie nicht nur alle sonstigen Eigenschaften des Gemessenen, sondern verdeckt diese auch.

Karl Popper meint, nur was *falsifiziert* werden kann, darf Eingang in die Wissenschaft finden.[1] Die Qualität sei unwissenschaftlich. Niemand kann die Farbe „weiß" *verifizieren*, das heißt, bewahrheiten. Dazu gibt es kein Verfahren, keine Kriterien. Beschreibungen nützen nichts. Nur die Quantität kann *falsifiziert*, schrittweise verbessert werden. Nur die Genauigkeit der Zahl kann korrigiert werden.

Das Messen liefert nur Zahlen. Das Maß besteht aus der Anzahl einer genormten Einheit, ist ein Vielfaches davon. Die Konvention über ein Kilogramm setzt einen Vergleichskörper voraus, das Ur-Kilogramm. Welches Gewicht hat das Ur-Kilogramm? Nein, nicht tausend Gramm, da gehen wir im Kreis. Was ist das „Gewicht" von einem genormten Stück Eisen?

Wieso ist das Gewicht von Eisen mit dem Gewicht von Stein vergleichbar? Kann die „Schwerkraft" das Gewicht gleichartig herstellen, vergleichbar machen, oder setzt sie das voraus? Was ist das Gewicht?

Maße beziffern eine Quantität, sie zählen eine Vergleichsmenge, aber sie erklären den Umstand der Vergleichbarkeit nicht. Die Maße sagen uns nicht, was die vergleichbare *Qualität* ist. Diese muss es aber geben, und sie muss zudem teilbar sein. Kein Maß kennt das Gemessene. Die Quantität verdrängt die Qualität, sobald die letztere verglichen wird.

Besteht zwischen dem Maß und dem Gemessenen kein Unterschied, so kommt ein Vergleich nicht zustande, sagt Friedrich Engels.[2] Das Maß, die verglichene Quantität, ist etwas anderes als die vergleichbare Qualität. Das Eisen des Ur-Kilogramms ist etwas anderes als sein Gewicht.

Was passiert mit dem Eisen, wenn es auf sein Gewicht reduziert wird? Vom Eisen wird abstrahiert. Es ist nur mehr dazu da, der Norm zu genügen. Die Norm ist geistige Konvention, ist Zweck, ist geistigen Wesens. Im Maß verschwindet die Materie zugunsten der geistigen Vorgabe.

---

1 Karl Popper, Lesebuch, Abgrenzungsproblem (1974), Tübingen 1997, S. 103ff.

2 „...denn zum Messen gehört immer ein von dem zu messenden Verschiedenes." Friedrich Engels, Anti-Dühring, 18. Auflage, Berlin 1975, S. 49.

Im Maß dient die Materie dem Geist. Der Geist übernimmt die Kontrolle über die Materie, sobald er sich des Maßes bedient. Kann er das auch?

Was ist ein Liter ohne Inhalt? Ein leerer Liter kann nur geometrisch bestimmt werden. Er kann nur errechnet werden, wenn es schon ein vergleichbares Maß des Inhalts gibt.

Soll ein Messgefäß das Volumen von einem Liter haben, so wird der Prototyp mit einer realen Vergleichsmenge gefüllt. Anders kann sein Volumen nicht geprüft werden. Aber keine Flüssigkeit macht den ersten Liter. Er entspringt nicht der Materie, sondern dem vergleichenden, kalkulierenden Geist.

Die „Urmaße" werden streng geschützt aufbewahrt, weil sonst bei Schaden die Vergleichskette nicht wieder errichtet werden kann. Die rechnerischen Verfahren genügen nicht, weil sie die Einheit voraus setzen, mit der sie rechnen. Existiert die Einheit nicht mehr vergegenständlicht, nicht mehr als materielles, greifbares Objekt, so gibt es keine Brücke mehr vom geistigen Maß zur Wirklichkeit.

Kommt ein Maß zustande, so ist es verschieden vom Gemessenen. Ein Wurm überlebt seine Vermessung. Nach dem Vorgang bestehen der Wurm und seine Maße nebeneinander, voneinander gesondert. Das physikalische Resultat besteht aus Zahlen, nicht so der Wurm. Ist es bei Teilchen anders? Kann ein Wurm nicht in Zahlen gefasst werden, so auch kein Teilchen. Die Natur ist das Gemessene. Es ist nicht möglich, sie in Zahlen zu fassen. Jede einzelne Fassung ergibt nur ein weiteres Maß.

Dabei ist es unerheblich, was wir uns als „Natur" vorstellen. Ich verwende den Terminus für unseren *Lebensraum*. Manche denken dabei an das Habitat, andere an den Planeten Erde, andere an das Universum. Das macht insofern keinen Unterschied, als wir weder das eine noch das andere kennen. Es ist nur notwendig anzuerkennen, dass wir zum Leben einen Lebensraum brauchen. Bezweifelt jemand den Umstand, dass wir leben, so ist ihm oder ihr nicht zu helfen, zumindest nicht hier.

Maße sind bezifferte Vergleiche. Die Einheiten sind vorausgesetzt und nicht antastbar. Sie sind Portionen von unbekannter, aber vergleichbarer Qualität. Letztere ist in der Vergleichbarkeit untergegangen.

Physikalische *Formeln* erfassen exakte Messresultate, Vergleiche von genormten Mengen, von festgelegten Portionen. Was wurde portioniert? Physikalische *Gesetze* regeln sehr streng den Umgang mit Maßen, mit Vergleichen, mit Portionen. Wovon?

Zuerst werden Zahlen errechnet oder prognostiziert, dann werden sie gemessen, verglichen. Die Übereinstimmung der Zahlen, der Vergleiche, gilt als Bestätigung der wissenschaftlichen Methode, sowie der Physik insgesamt. Es stimmen aber nur mehr Zahlen überein, nur mehr Vergleiche. Die Übereinstimmung der Einheiten ist ja vorausgesetzt. Sie dürfen sich auf keine Weise ändern.

Das Vergleichen und Zählen der Einheit ist ihr Zweck, ihr Nutzen im Experiment und in der Praxis. Die Portion muss feststehen.

Daran will und kann niemand rütteln. Aber wer hat das hergestellt, was portioniert wurde? War das die Wissenschaft oder die Natur?

Stellt die Natur Gewichte her? Wenn ja, wie macht sie das? Sollte die Physik nicht auch klären, wie das Gemessene entsteht, wie es von der Natur hervorgebracht wird?

Die Frage der Schwerkraft taucht nicht mehr auf, sobald an das Gewicht geglaubt wird. Das eine Maß, jenes der Kraft, zeitigt das andere Maß, das des Gewichts. Die beiden Maße bestätigen einander. Sie machen sich im Denken selbständig. Sie verdecken die Frage, wie die Natur agiert, ob sie so agiert, wie sich der Mensch das vorstellt, wenn er misst und rechnet.

Verschwindet die Natur aus der Physik? Kann das Elektron mit der Elementarladung ersetzt werden? Dürfen wir nicht mehr an ein Elektron glauben? Müssen wir den Glauben durch das gesicherte Wissen ersetzen? Hat die Sicherung des Wissens das Elektron beseitigt? Müssen wir stattdessen an die Elementarladung glauben?

Das Gemessene lässt sich nicht aus der Welt schaffen. Gibt es kein Elektron, so gibt es auch keine Elementarladung. Gibt es die Elementarladung, so gibt es ein Elektron. Aber was ist es?

Das Gemessene steht nicht mehr zur Debatte. Das Verglichene verschwindet, und mit ihm leider die Natur. Die vergleichbare Qualität bleibt unerforscht, bleibt aber der Schlüssel zum Verständnis. Wie stellt die Natur jene Qualität her, die beim Vergleichen, und so beim Messen verschwindet?

Das Verhältnis von Kraft und Arbeit

Die zweite falsche Voraussetzung besteht im Glauben an die Kraft. Kräfte sind maßgeblich, sie liefern Maße. Aber wirken sie auch ursächlich?

Wir denken gewöhnlich, die Kraft sei eine Ursache. Aber kann umgekehrt eine Ursache eine Kraft sein? Welche Sache wird dabei zur Kraft?

Wenn die Kraft etwas erzeugt, dann agiert sie als Arbeit. Nur die Arbeit kann etwas herstellen. Warum heißt die Kraft nicht einfach „Arbeit"?

Die Antwort lautet, die Kraft ist ein *Maß* der Arbeit. Die Kraft arbeitet nicht. Sie stellt nichts her, sondern sie bemisst, zählt die vergleichbaren Ergebnisse der Arbeit. Die Kraft ist wie jedes Maß geistigen Wesens.

Die Arbeit hingegen ist geistigen und materiellen Wesens. Das Werk der Arbeit der Natur ist die *Materie*. Die Arbeitsweise der Arbeit der Natur, ihre Methode, ihre Arbeitsfähigkeit, das ist der *Geist*.

In der Natur gibt es nur eine einzige Arbeit. Sie besteht aus der Abfolge von Geben und Nehmen.

Bei Überschuss erfolgt das Geben, die *Emission* von Inhalten. Bei Mangel erfolgt das Nehmen, die *Absorption* von Inhalten. Alle Entitäten beherrschen diese Arbeit und führen sie aus. Das sehen wir an ihrer Bewegung, an der Erscheinungsweise der Arbeit.

Das Geben ist die emittierende Arbeitsweise, sie erzeugt die Entfernung, die *Repulsion*. Das Nehmen ist die absorbierende Arbeitsweise, sie erzeugt die Annäherung, die *Attraktion*. Werden beide Arbeitsweisen vereint, so entsteht die *Rotation*. Sie bildet den Körper, der die Arbeit tätigt.

Andere Arbeitsweisen als Geben und Nehmen sind nicht möglich. Was weder gibt noch nimmt, macht keinen Unterschied. Es tritt auf keine Weise in Erscheinung. Wird ein Unterschied hervorgebracht, so wurde einerseits gegeben, andererseits genommen. Das ist unabhängig davon, wer oder was agiert. Jede Agenda besteht aus Geben und Nehmen *zugleich*.

Beide Arbeitsweisen sind notwendig. Fehlt das Geben, so erscheint der Spender nicht, der Emittent, die *Quelle*. Ohne das Geben fallen alle Quellen aus dem Sein, sie existieren dann nicht. Es gibt dann weder Sterne noch Atome, und freilich auch kein Leben.

Fehlt das Nehmen, so erscheint die *Senke* nicht, der Absorber. Es gibt dann nichts, was etwas aufnehmen, was sehen oder hören könnte. Es gibt dann keine Zellen, keine Sinne, keine Beobachter. Es gibt dann keine Empfänger, keine Moleküle, keine Atome, keine Galaxien.

Fehlen das Geben und das Nehmen, so fehlt jede Wirkung, und damit jede Wirklichkeit. Die Wirklichkeit besteht im Geben und Nehmen, besteht in der Arbeit. Nur die Arbeit *ist*. Ihre Werke sind nicht, sondern *werden*, sind nur im Werden. Die Arbeit ist real, die Werke sind möglich. Während die Arbeit besteht, kommen und gehen die Werke.

Die *Existenz* beruht auf der Arbeit, sie muss hergestellt werden. Alles was ist, muss an seinem Bestand arbeiten. Das erfolgt durch Auffrischen des verbrauchten Inhalts, durch substanzielle Erneuerung. Verbrauchte Inhalte werden freigesetzt, emittiert. Frische Inhalte werden aufgenommen, absorbiert. Der Austausch von alter gegen neue Substanz erfolgt schrittweise, im Arbeitstakt der Rotation.

Die fortschreitende Existenz und Erneuerung der Substanz, das ist die Bewegung. Die Arbeit des Körpers erscheint als seine Bewegung. Was arbeitet, wird von hier nach dort neu. Die Bewegung ist die Erscheinungsweise der Arbeit. Was sich bewegt, das arbeitet an seinem Bestand und an seiner Entwicklung.

Die Wechselwirkung

In der Physik tauchen verschiedene Arbeiten zwischen Quelle und Senke als „Wechselwirkung" auf. Die Wirkungen werden den vier Grundkräften zugeschrieben. Dabei gelten die Kräfte als Ursache.

Jede Wirkung muss allerdings hergestellt werden, und braucht dazu eine wirksame Arbeit. Ob eine Wirkung im Nachhinein als Ursache ausgewiesen wird, oder auch nicht, das macht keinen Unterschied mehr, sobald das Resultat vorliegt. Wird eine verantwortliche Arbeit erkannt, so wird die Beurteilung einer Wirkung als Ursache überflüssig.

Es gilt, die für die Wirkung verantwortliche Arbeit zu finden, zu beurteilen, nachzumachen, zu verstehen. Erst wenn der Mensch auf die gleiche Weise arbeiten kann wie die Natur, versteht er die Natur, ansonsten auf keine Weise. Die Wirkung der menschlichen Arbeit darf nicht von der Wirkung abweichen, welche von der Arbeit der Natur herstellgestellt wird.

Schon unser Glaube an die Kraft verrät uns, dass wir nicht richtig mitwirken. Wir versuchen die Kräfte einzuspannen, unsere Maße der Arbeit, anstatt die Arbeit zu teilen, anstatt zusammen zu arbeiten.

Die Arbeit ist das Gemessene, das Wirkende. Die Wirklichkeit ist ein Erzeugnis der Arbeit. Alle Werke, alle Veränderungen und Bewegungen sind ein Produkt der Arbeit. Das Vergleichbare, das in allen Maßen steckt, das ist die wirkende Arbeit der Natur. Sie ist die vergleichbare Qualität, die in allen Quantitäten aufscheint.

Die Maße messen und beziffern die vergleichbare Portion der Arbeit. Daran haben die Kräfte keinen Anteil. Sie sind lediglich Surrogate der Arbeit. Je größer die Kraft, desto wirksamer ist die Arbeit. Die Kräfte verdrängen die Arbeit aus der Vorstellung. Sie sollen statt der Arbeit wirken, können aber die Wirkungen nur vergleichen.

Die Arbeit stellt alle ihre scheinbaren Kräfte her. Die Arbeit stellt auch alle ihr messbaren Unterschiede her, alle ihre vergleichbaren Größen oder Portionen, das heißt auch, alle ihre Maße.

Es muss aus diesem Grund möglich sein, die vier Grundkräfte aus der einen und einzigen Arbeit der Natur herzuleiten, aus dem Geben und Nehmen. Das ist der Gegenstand und das Ziel dieser Schrift.

Das Erklären der Arbeit gelingt nicht über Formeln oder Berechnungen. Dazu müsste bekannt sein, welcher aktuelle Arbeitsprozess vom jeweiligen mathematischen Verfahren abgebildet wird. Es dürfte auch kein Arbeitsschritt übersprungen werden, wie das beim Kürzen von Gleichungen oder beim Einsatz von Formeln geschieht.

Zudem erfasst keine Zahl das von ihr Gezählte, sondern setzt es voraus. Die Zahl abstrahiert vom Gezählten. Alle Gegenstände werden auf ihre Zählbarkeit reduziert. Die einzig verbleibende Qualität ist die Zählbarkeit. Sie setzt aber Stückgut voraus, sie unterstellt der Natur Stückwerk.

Es gilt vielmehr, vom Maß zum Gemessenen vorzudringen. Das Erklären gelingt nur mittels jenes Verständnisses, das die Vernunft aufbringt. Die menschliche Vernunft beruht auf der menschlichen Arbeit. Die Vernunft entsteht so, dass der Mensch die Arbeit der Natur nachmacht. Umgekehrt besteht hier die Brücke zwischen den beiden Arbeitsweisen.

Vergleichen wir die menschliche Arbeit mit jener der Natur, so ergeben sich die vier Grundkräfte als verschiedene Ausdrucksformen der Arbeit der Natur. Die menschliche Arbeit ist ein integrierter Bestandteil, und auf diese Weise als logischer Schlüssel brauchbar.

Zuvor muss ich allerdings die tradierten Vorstellungen von Kraft und Energie auflösen. Sie stehen dem Verständnis der Arbeit im Wege.

Ich bin noch keinem Menschen begegnet, der *nicht* an die Kraft oder die Energie glaubt. Beide gelten unangefochten als Ursache der Bewegung. Wer die Bewegung nicht leugnet, könne weder die Kraft noch die Energie leugnen? Trotzdem verwerfe ich beide Ursachen aus folgenden Gründen:

1) Die Kraft kann weder fliegen noch finden
2) Die Kraft kann weder ziehen noch drücken
3) Kraftfelder bleiben unbesiedelt
4) Energiefelder gedeihen auf keine Weise
5) Die Raumzeit ist ein Konstrukt aus Maßen

Die Betrachtung der Kraft ist grundlegend. Die Energie besteht aus fein verteilten, vernebelten Kräften. Ohne Kraft gibt es keine Energie.

Hingegen könnte es ohne Energie immer noch Kräfte geben. Deshalb steht die Kraft am Anfang. Sie liegt dem Problem zugrunde.

Das Gewicht

Ich hebe einen großen Stein, er ist fühlbar schwer. Ich trage ihn eine Weile herum. Der Stein wird immer schwerer, ich werde ihn bald fallen lassen. Ich bin zu schwach. Meine Muskeln arbeiten hart und fordern viel Sauerstoff, was Herz und Lunge fordert. Ich beginne zu schwitzen und zu keuchen. Ist das nicht Beweis der Schwerkraft genug?

Woher wissen wir, dass die Schwerkraft für das Gewicht verantwortlich ist? Wer sagt uns, dass nicht andere Ursachen vorliegen, die wir bloß deshalb nicht erforschen, weil wir bereits an die Schwerkraft glauben?

Angeblich kommt die Schwerkraft aus der Erdmitte hervor, aber wie macht sie das? Wie verteilt sie sich korrekt in alle Richtungen? Wie ergreift sie abgehobene, fliegende Objekte? Wie verfolgt sie einen Schmetterling? Wie entscheidet sie, wie schwer das Insekt sein soll, zu sein hat? Zupft sie an jedem Atom mit dosierter Kraft? Wie zupft sie in allen Höhen oder Tiefen richtig? Woher kennt die Schwerkraft die richtige Dosis oder Stärke beim Zupfen, die sich ja ständig ändern muss?

Rechnet die Schwerkraft die „Erdbeschleunigung“ um, auf jedes einzelne Partikel, in jeder Lage oder Position, zu jeder Zeit? Oder kennt die Schwerkraft alle Erfordernisse ganz ohne Frage und Bewusstsein? Wenn die Schwerkraft allgegenwärtig ist und stets korrekt wirkt, wie lauscht und folgt ihr dann die geistlose Materie?

Noch nie hat ein Mensch die Schwerkraft gesehen oder gehört. Sie ist nur fühlbar, angeblich. Was wir aber eigentlich fühlen, das ist die Schwere der Arbeit, die unsere Muskeln leisten, das ist die Intensität der Arbeit. Sie nimmt zu, je „schwerer“ die Objekte sind, oder je länger die Arbeit dauert.

Nimmt die Last nur aus dem Grund zu, dass die Arbeit länger dauert? Verändert die Zeit die Schwere? Schließlich *muss* ich den Stein fallen lassen, sonst entfällt er mir von selbst. Ich kann *denselben* Stein nicht länger tragen. Er verändert sich nicht. Nimmt die Schwere des Steins zu, obwohl er nicht wächst? Oder nimmt dieselbe Arbeit an Schwierigkeit zu, nur weil sie dauert? Wie kann dieselbe Arbeit schwerer werden?

Dann gibt es noch solche Steine, die ich gar nicht heben kann. Wieso kann das Heben der Schwere nur selten, wieso überhaupt widersprechen? Kämpfen da Kräfte gegeneinander? Wie begegnen Kräfte einander? Wie heben sie einander auf?

Was reicht nicht hin, wenn meine „Kraft“ nicht hinreicht? Ich habe offenbar zu wenig Muskelfasern, oder diese sind nicht ausreichend versorgt. Wächst die Kraft mit der Anzahl der Zellen, die sich die Arbeit untereinander aufteilen? Oder wächst die Kraft mit der Versorgung, die auf die Zellen aufgeteilt werden muss? Ist es der Stoffwechsel, der die Kraft in die Welt setzt? Woher kommt die Kraft?

Meine *Arbeitsfähigkeit* ist zu gering. Die Arbeit, die ich vorhabe, ist zu schwer für mich, für meinen aktuellen Stoffwechsel zu groß. Aber was hat das mit dem Stein zu tun? Wieso kann der Stein mein Arbeitsvermögen, meinen Stoffwechsel überfordern? Wie macht der Stein das?

Kann ein Stein überhaupt irgendetwas machen? Jeder Sammler weiß, Steine liegen nur herum, sie sind völlig passiv.

Falsch, Steine fliegen. Sie fliegen mit der Erde mit. Wie machen sie das? Ist die Reibung ein Klebstoff namens Schwerkraft? Die Schwerkraft hält den Stein fest im Griff? Was stellt die Verbindung von Stein und Erde her? Oder jene von Stein und Schwerkraft? Ist die Schwerkraft eine gute Verbindung? Wenn ja, woraus besteht sie?

Wenn ich in die Luft springe, und dabei einen Stein werfe, wie wird die Verbindung erst richtig gelockert und dann wieder korrekt verfestigt? Wie einigen sich die gegensätzlichen Kräfte untereinander auf das richtige Resultat, auf die „resultierende“ Kraft oder Bewegung? Was resultiert wie?

Die Erde ist äußerlich ein Stein, der weitgehend mit Wasser bedeckt ist. Wir reden von der „Erdkruste“, vom Festland und den Ozeanen. Wie es innen aussieht, das können wir nur vermuten. Die bislang tiefste Bohrung erreichte 12 km Tiefe. Dann schmelzen die Bohrer, oder reißen die Gestänge. Die akustischen Tests gelten berechneten Hypothesen, was wie schwingen sollte. Der Mantel ist flüssig, sagen uns die Vulkane. Der Kern ist aus Eisen, sagt die Theorie.

Wieso fliegt so ein Körper? Wieso nimmt die Erde die Luft, das Wasser und ihr Gestein auf die Reise mit? Wieso sind keine „Massen“ zu schwer zum Fliegen? Weil die Erde „träge“ ist? Weil ihr die Bewegung vor Urzeiten eingeimpft oder aufgebürdet wurde? Wieso kann die Erde die Bewegung nicht abschütteln? Weil sie Kräften gehorcht? Wessen Kräfte sind das? Übt die Bewegung Kräfte aus? Wieso gilt dann umgekehrt die Kraft als Ursache der Bewegung?

Wenn sich der erst steigende und dann fallende Stein weiterhin mit der Erde bewegt, und zudem mit der Luft, ist er dann eine Quelle von Kraft und Bewegung, oder bleibt er deren Opfer?

Wie erfolgt das Verlassen der Schwerkraft aus eigener Kraft? Wie widerspricht die Trägheit der Schwere?

Wir haben offenbar Schwierigkeiten, die Bewegung zu verstehen. Die Kräfte sollen uns aushelfen. Sie ordnen die Bewegungen, deren Ursprung wir nicht erklären können, gemäß ihren Maßen.

Aus welchem Grund trennen wir das Dasein von der Bewegung? Muss ein Ding zuerst da sein, damit es sich obendrein bewegen kann?

Der Grund ist offenbar ein geistiger Grund, den die Vernunft einfordert. Ohne einen vernünftigen Grund wäre das Denken überfordert. Unsere Vernunft schützt unser Denken. Kann aber die Forderung unserer Vernunft etwas in der Natur bewirken?

Anders können wir uns das Geschehen nicht vorstellen, erklären wir uns gegenseitig. Das Objekt muss gegeben sein, damit es von Kräften erfasst werden kann.

Die Kräfte müssen genauso gegeben sein wie das Objekt, erklärt die Vernunft. Nur so entstehe die Bewegung, nur so könne sie entstehen, das sei doch ganz logisch. Nur auf diese vernünftige Weise können wir uns die Bewegung erklären.

Also muss die Bewegung vernünftig sein, sonst kann sie gemäß der Logik nicht stattfinden. Nur eine vernünftige Bewegung kann es geben, gebietet die Logik der Vernunft. So folgt schließlich die Bewegung der Vernunft, statt umgekehrt die Vernunft der Bewegung.

Die Kraft kann nicht fliegen

Soll die Kraft eine Bewegung verursachen, so muss sie zuerst ihr Opfer aufsuchen, wenigstens am Beginn der Bewegung antreffen. Allerdings kann keine Kraft ihre Wirkungsstätte erreichen. Möchte sich eine Kraft bewegen, wohin auch immer, so braucht sie dazu eine dienstbare Kraft, die ihr auf die Sprünge hilft, sie dorthin transportiert.

Soll eine Kraft das Vehikel für die andere Kraft sein, so kommt keine der beiden vom Fleck. Alle Kräfte fragen umsonst beieinander an. Das ergibt einen „unendlichen Regress“, eine endlose Rückfrage ohne mögliche Antwort. Jede Kraft gibt zu verstehen, sie müsse leider auf ihren eigenen Transport warten. Alle Kräfte lahmen und warten auf ihre Rettung.

Wir sehen, eine Kraft wird offenbar erst dann nützlich, wenn sie sich selbst bewegen kann. Zur Abhilfe rufen wir solche „nützlichen Kräfte“ in den Dienst. Wir unterstellen zur Probe jene dienstbaren Kräfte der Bewegung, die sich selbst bewegen. Sie können es nicht nur, sie tun es auch.

Auch zur Bewegung der dienstbaren Kräfte brauchen wir allerdings eine Ursache. Sie soll nicht wieder eine Kraft sein, sondern etwas anderes. Aber was kommt hier in Frage? Ist nicht jede Ursache von Bewegung sofort wieder eine Kraft?

Bewegung ist eine Wirkung, die ohne Ursache nicht denkbar ist, sagt die Vernunft. Sollen die Kraft und das Objekt der gleichen Bewegung folgen, so kann deren Ursache nicht verschieden sein. Da die Wirkung dieselbe ist, muss auch die Ursache dieselbe sein.

Zudem ist eine zu bewegende Kraft ihrerseits ein Objekt. Was sich bewegt, ist Objekt oder Subjekt der Bewegung. Daran kommen wir nicht vorbei. Bleiben wir der Ursache der Bewegung treu, so müssen wir jene Kräfte verwerfen, die sich selbst bewegen. Unsere Abhilfe ist gescheitert. Es gibt keine Kräfte, welche Kräfte heranschaffen.

Der logische Fehler der Kraft besteht darin, dass die Kraft als *allgegenwärtige* Ursache gilt. Es wird übersehen, dass sich auch die Ursache bewegen muss. Kann sie das nicht, so scheidet sie als wirkungslos aus. Sie kann weder ihre Wirkungsstätte erreichen, noch dem bewegten Objekt folgen. Das Objekt fliegt der Ursache davon. Eine Ursache ohne Wirkung ist allerdings keine Ursache mehr.

Nun können wir noch behaupten, Kräfte seien reitende Diener. Sie sitzen dem Objekt auf wie einem dressierten Tier und dirigieren seine Bewegung. So wird zugleich der eigene Transport bewerkstelligt. Da ist das Objekt der Bewegung zugleich das Vehikel der Kraft.

Dieses Konzept scheitert daran, dass auch das Reiten oder Mitfliegen eine Kraft erfordert. Kann sich der Reiter nicht im Sattel halten, oder am Flügel festhalten, so wird er abgeworfen. Wieder ist eine dienstbare Kraft notwendig, die sich jedoch nicht einfindet.

Weil jeder Kraft die nötige Kraft zur Bewegung fehlt, sitzen sie alle absolut fest. Die Kräfte bleiben da gefangen, wo sie entstehen. Das ist da, wo sie erdacht werden. Sie sind lediglich Ideen, und offenbar falsche. Die Bewegung muss anderen Ursprung haben.

Als Ausweg bleibt nur mehr die Annahme, dass die Kraft dem sich bewegenden Objekt innewohnt, ihm selbst entspringt. Bei den Lebewesen ist uns der Gedanke vertraut und selbstverständlich. Tiere und Menschen entwickeln Knochen, Gelenke und Muskeln zum Zwecke der Bewegung. Pflanzen verwenden dazu Zellen, die sich kontrahieren und wieder ausdehnen können. Aber wie könnte das Innewohnen der Kraft in der unbelebten Materie funktionieren?

Der frühere Glaube an den „Impetus“ galt einem Bewegungsdrang. Das Konzept sagte, dass die Bewegung vom sich bewegenden Objekt selbst hergestellt wird. Das Objekt war *Subjekt* seiner Bewegung. Es fand sich aber keine Erklärung, *wie* das Subjekt seine Bewegung herstellen kann.

Diese richtige, aber lückenhafte Anschauung wurde zugunsten der „Trägheit“ aufgegeben. Seither gilt die Fortsetzung der Bewegung als stetig, weil die Energie erhalten wird.

Jedoch fehlt die Einverleibung der Energie in das Objekt. Die Bewegung wird dem Objekt von außen aufgezwungen. Sie wird zum erduldeten Schicksal der trägen Masse. Was nicht lebt, das werde gestoßen oder verschleppt, als wäre es die Beute jener Kraft, die nun vernebelt als Energie daherkommt. Woher kommt dieser Glaube?

Die übermenschliche Kraft

Sollen die Kräfte nicht an die menschliche Logik gebunden sein, so erklären wir die Kräfte als übermenschlich. Diese Erklärung widerspricht der menschlichen Logik willentlich, und ist deshalb unempfänglich für das rationale, vernünftige Denken. Schadet das der Bewegung, oder hilft es ihr?

Wir behaupten schlicht, es gäbe eine höhere Logik, welcher die Kräfte gehorchen. Die Kräfte sind übermenschlicher, göttlicher Art. Sie gehorchen göttlichen Gründen oder Zwecken, die wir nicht ergründen können. Unser Geist ist zu schwach. Allein unser Glaube zählt.

Glaube und Vernunft stehen sich unversöhnlich gegenüber. Kräfte sind nun dem Zugriff der Vernunft entzogen, vor Kritik absolut sicher. Kräfte folgen der göttlichen Logik, nicht der menschlichen. Ganz gleich, wie sie verteilt sind, göttliche Kräfte wirken immer und überall sofort.

Während wir die göttliche Natur der Kräfte behaupten, wissen wir allerdings nicht, welchen Ursprung die so verfassten Kräfte haben. Haben wir sie selbst erfunden, oder sind sie tatsächlich göttliche Gaben?

Sind die Objekte so geschaffen worden, dass sie bewegt werden müssen, oder sind die Objekte so beschaffen, dass sie sich selbst bewegen?

Wie wollen wir feststellen, ob eine Gabe göttlich ist oder nicht? Unser Urteil dazu hängt wieder allein von unserem Glauben ab. Der Glaube ersetzt die Urteilsfähigkeit. Das Urteil wird einer Priesterschaft überlassen, die sich auf den Glauben stützt, den sie verkündet. Aber werden auf diese Weise Urteile verkündet, oder wieder nur der Glaube?

Zudem unterstellen wir, dass sich menschliche und göttliche Logik unterscheiden. Wirken beide Arten der Logik unterschiedlich, so muss das Denken auf einer Seite immer als unlogisch erscheinen, während es auf der anderen Seite logisch unbestritten ist.

Der prinzipielle Widerspruch macht das logische Denken unmöglich. Die göttliche Logik funktioniert dann immer jenseits der menschlichen Logik, ist also aus unserer Sicht unlogisch. Allerdings soll die göttliche Logik die höchste Form der Logik sein. In diesem Fall berauben wir uns selbst unserer Logik und so jeder Urteilsfähigkeit.

Begründet allein der Glaube die Kräfte, so glaubt er lediglich an sich selbst, nämlich an seine eigene Schöpferkraft. Der Glaube schöpft die Kraft aus sich, aus seinem Selbstvertrauen. Ist das gerechtfertigt?

Einerseits postulieren wir einen göttlichen Ursprung der Kräfte, und andererseits glauben wir an die erfolgte Spende oder Gabe. Wir setzen das voraus, woran wir glauben: erstens die Quelle und zweitens die Gabe, die gespendete Kraft. Das ist ein logischer Zirkel. Da sind wir selbst die Schöpfer unserer Geschöpfe.

Nur unser eigenes Denken verfertigt unsere Glaubensartikel, sonst ist nichts und niemand beteiligt. Das ist ganz unabhängig davon, welche Glaubensartikel es sind, und was wir uns dazu als Quelle oder Ursprung vorstellen. Was immer auf diese Weise aus uns hervorkommt, haben allein wir selbst verfasst. Wir können nicht in Erfahrung bringen, ob unser Verfahren gültig, oder schlicht einfältig ist.

Wer immer behauptet, er habe eine Kraft in Erfahrung gebracht, findet nur seinen Glauben an unsere Geschöpfe wieder. Die Folge davon ist, dass niemand eine Kraft beschreiben kann. Sie hat keine sinnliche Gestalt, und so auch keine mitteilbare. Die Kraft ist ein Wunschbild.

Die Ursache

Lediglich eine *Wirkung* ist sinnlich wahrnehmbar, nie mehr als diese. Die Wirkung besteht entweder in der Umformung einer Bewegung, oder in der Veränderung eines Objekts. Der logische Schluss auf die Ursache ist ein nachträglich erfolgender, geistiger Akt.

Die Ursache ist ein hinzugefügtes Ergebnis der Vernunft, ist allein deren Zugabe. Der Geist kann eine Ursache nur so „ausmachen“ oder „feststellen“, dass er eine vorangehende Wirkung herausgreift und zur Ursache erhebt, „erklärt“. Die Erklärung ändert die erklärte Wirkung auf keine Weise.

Der Geist macht das Ergebnis mit sich selbst aus, und das im Nachhinein. Seine Tätigkeit ändert nichts mehr am vergangenen Geschehen.

Die Ursache ist eine uminterpretierte Wirkung. Aus der realen Wirkung wird eine geistige Interpretation, eine Deutung gemacht. Aus der Materie wird Geist extrahiert und „Ursache“ getauft. Die Materie verschwindet bei diesem Verfahren aus dem Denken.

Keine Sache ist Ursache. Keine Ursache ist Sache. Jede Erklärung zur Ursache ist die *Verklärung* einer Wirkung, von der die Materie auf keine Weise erfährt. Wie sollten wir auch der Materie mitteilen, wir hätten heraus gefunden, sie sei soeben eine Ursache gewesen? Erstens kann sie uns nicht lauschen und zweitens wird sie unser geistiger Fund nicht ändern.

Der Glaube an die Kausalität ist erlernt. Aus der Erfahrung wird eine Erwartung geformt, welche die Wahrnehmung prägt. Die Natur verrät uns jedoch keinerlei kausale Gründe, nicht einmal, ob sie solche hat oder verfolgt. Wir tragen unsere Gründe in die Natur hinein. Es sind Gründe des Denkens, Regeln der Vernunft, die allein wir brauchen.

Die kausale Ursache ist eine Projektion der menschlichen Vernunft. Wir stellen uns vor, dass die Natur so vernünftig ist wie wir es sind, und denken umgekehrt, dass wir so vernünftig sind wie die Natur es ist. Das Motiv ist, dass wir uns sonst hilflos fühlen.

Das Motiv ist nicht schlecht, es kann aber die Natur weder zurechtbiegen noch umschmieden. Wieso soll die Natur überhaupt Gründe haben? Wozu sollen diese nützen oder gut sein? Was soll umgekehrt die Natur mit unseren Gründen anfangen? Kann sie diese berücksichtigen?

Wir brauchen unsere Vernunft für die Fähigkeit, selbst zu wirken. Unsere Vernunft ist die Ursache unserer Wirkung, und umgekehrt ist unsere Wirkung die Ursache unsere Vernunft. Wir verknüpfen unsere Wirkung mit uns als tätiger Ursache, und wenn uns das wiederholt gelingt, dann sind wir vernünftig geworden. Beide, Ursache und Vernunft, erklären sich gegenseitig. Sie sind eine wechselseitige Deutung unserer Wirkung.

Die menschliche Arbeit

Wir müssen ergründen, wie wir wirken, was uns dazu befähigt. Die Vernunft ist es nicht, weil sie nicht über das Denken hinauskommt. Kräfte sind es auch nicht, weil unsere Haut nicht von Kräften durchlöchert wird. Das einzige, was unsere Hülle unbeschadet passieren kann, ist die Arbeit unserer Zellen. Wollen wir wirken, so müssen wir arbeiten. Die Ursache unserer Wirkung ist unsere Arbeit.

Lassen wir die Ursache als überflüssige Zutat weg, so erzeugt unsere Arbeit unsere Wirkung. Mit der Ursache entfällt auch die Kraft. Was uns bewegt, geistig und körperlich, das ist unsere Arbeit, und wir erkennen, sie wirkt. Unsere Arbeit ist die Herstellerin unserer Wirkung.

Alles, was etwas erzeugt, herstellt, fabriziert, anfertigt, ist jeweils Arbeit. Das kennen wir aus der Produktion von Gegenständen, es gilt aber generell auch für Wirkungen. Jede Wirkung muss erarbeitet werden, um zustande zu kommen. Um den jeweiligen Erzeuger zu finden, müssen wir die Arbeit untersuchen. Da fangen wir am einfachsten bei uns an.

Wenn wir unsere Bewegung erarbeiten, so erzeugen wir uns zugleich selbst, einerseits als das sich bewegende Subjekt, andererseits als das bewegte Subjekt. In uns ist kein Unterschied zwischen Dasein und Bewegung. Die Bewegung ist unsere Daseinsweise. Beide gehen zugleich aus unserer Arbeit hervor, so wie wir selbst.

Zellen, die nicht mehr mitarbeiten, werden von anderen Zellen zerlegt und verdaut. Im Körper verbleibt nur, was wirklich und effektiv mitarbeitet. Woran? An der Existenz. Der Leib wird nur so hergestellt, als er existieren kann und daran arbeiten muss. Der Leib existiert nicht anders, als er an sich arbeitet, und als er sich infolge seiner Arbeit bewegt.

Die Arbeit an der eigenen Existenz nenne ich die „Erhaltungsarbeit“. Bei Lebewesen sprechen wir auch von „Selbsterhaltung“ oder „Subsistenz“. Diese beiden Begriffe sind aber meines Erachtens unklar, weil sie den Tatbestand der notwendigen Arbeit umgehen.

Was für uns Menschen gilt, gilt in gleicher Weise für alle anderen „Arbeitseinheiten“, seien sie Lebewesen, Subjekte, Objekte oder Dinge. Alle Entitäten oder Seinsformen erarbeiten ihre Existenz selbst, und so auch ihre Bewegung. Was sich bewegt, arbeitet an seinem Bestand.

Die Arbeit der Natur

Subjekte, Objekte, Dinge oder Wesen aller Art sind nie anders, als sie sich aktuell herstellen. Sie sind Gegenstand und Resultat der eigenen Arbeit. Das kommt daher, dass niemand sonst ihre Arbeit macht oder machen könnte. Arbeitsergebnisse aller Art nenne ich auch „Werke“. Sie sind die Geschöpfe jener Arbeit, zu der sie fähig sind.

Die Arbeitsfähigkeit entscheidet, wie ein Objekt entsteht, wie es sich entwickelt, was es kann, was nicht, was es überdauert, was es erlernt oder erleidet. Die Arbeitsfähigkeit lenkt die Genese, die Existenz, die Dauer und das Vergehen. Die Arbeitsfähigkeit ist der Geist des Objekts.

Die Geschöpfe machen ihren Geist wahr, wenn sie sich aus ihrer Arbeit hervorbringen. Die Werke entsprechen und entspringen dem Geist, den sie verkörpern. Der Geist ist Teil ihrer Arbeit, nicht jedoch ein externes Gebilde. Die Arbeitsweise ist nicht trennbar von der Arbeit.

Unterstellen wir wirksame Einflüsse, die von außen kommen und das Objekt verändern, so landen wir wieder beim Konzept der Kräfte. Wir müssen dann erklären, wie diese Einflüsse anreisen. Sagen wir, sie seien einfach da, so begnügen wir uns mit der Wirkung. Was wirkt, stellt allerdings eine Wirkung her, ist also eine Arbeit.

Unterstellen wir eine Wirkung, so rufen wir eine Arbeit herbei. Der einzige anwesende Akteur ist das Geschöpf selbst. Nur das Subjekt kann seine Arbeit machen. Erst die Beurteilung von außen macht es zum Objekt. Das ändert nichts an seiner Arbeit. Nur die Arbeit des Objekts kann das Objekt herstellen. Jede Wirkung offenbart, dass das Objekt arbeitet.

Sogar der Tod wird erarbeitet. Beim „Zugrundegehen" überwiegt die Arbeitsfähigkeit der Umgebung. Sie ist aber nicht „feindlich", sondern lediglich gründlicher in ihrer Arbeit. Der Grund ihrer Arbeit ist allgemeiner.

Im Tod geht die besondere Arbeit zugrunde, geht sie wieder in die allgemeine Arbeit ein. Mehr und anderes passiert nicht. Der Tod ist die Arbeitsweise der allgemeinen Arbeit, ist deren Geist. Er stellt sicher, dass die Resultate keiner besonderen Arbeit verloren gehen, sondern in der allgemeinen Arbeit aufgehoben werden, dort wieder aufleben. Der Tod des besonderen Lebens ist der Garant des allgemeinen Lebens.

Es gibt keinen Grund, warum die Arbeit der angeblich „toten Materie" fehlen oder anders sein sollte. Es gibt kein Ding, das nicht an seinem Bestand arbeitet. Alle Dinge geben und nehmen, emittieren und absorbieren.

Diese Arbeitsfähigkeit genügt für das Arbeiten, weil sie nur aus Geben und Nehmen besteht. Was arbeitet, ist dazu fähig, verfügt also über den dazu erforderlichen Geist. Was nicht arbeitet, verfügt über keinen Geist und büßt seine Existenz ein. Es wird bearbeitet, das ist, verallgemeinert.

Was arbeiten kann, arbeitet an dem, was nicht arbeiten kann. Dadurch wird alles Tote wieder in die Arbeit eingebracht, und auf diese Weise wieder lebendig. Es bleiben nur arbeitende Entitäten bestehen. Ohne Arbeit gibt es keine Existenz, und so auch nicht ohne Geist.

„Dinge" unterscheiden sich nicht von „Objekten", weil sie dasselbe tun. Auch „Teilchen" arbeiten auf die gleiche Weise. Es macht keinen

Unterschied, wie wir die Akteure nennen. Was gibt und nimmt, ist arbeitendes Subjekt, ist wirklich und arbeitsfähig, mit Geist ausgestattet.

Es macht auch keinen Unterschied, welche Objekte wir als „lebendig“ ansehen und welche als „tot“. Das betrifft nur unsere Anschauung, die kein Ding erfassen oder ändern kann. Es bezeichnet lediglich die Schranken unserer Fähigkeit, zwischen Leben und Tod zu unterscheiden.

Das Objekt hat den Vorteil, dass wir es als „objektiv“ ansehen, ihm seine Existenz nicht bestreiten, sondern zugestehen. Dass das Objekt überdies arbeitet, das sehen wir nicht. Ohne Arbeit gibt es aber keine Existenz. Auch sie muss erarbeitet werden. Nur die Arbeit kann den Bestand herstellen, verändern, anpassen, immer neu herstellen.

Eine „Wechselwirkung“ besteht aus Geben und Nehmen, wenigstens der „Wirkung“. Es gibt auch in der Physik kein Teilchen, das sich der Arbeit entziehen könnte. Gelingt es einem Ding, sich dem Geben und Nehmen zu entziehen, so erscheint es auf keine Weise. Es wirkt nicht, ist also unwirklich. Alle wirklichen Dinge arbeiten, zunächst an sich, an ihrem Bestand, zugleich an der Umgebung und an den Austauschpartnern.

Keine reale Entität ist absolut. Das „unteilbare Elementarteilchen“ ist kein Ding, sondern das unveränderliche *Maß* davon. Nur das Maß kann sich dem Geben und Nehmen entziehen, und muss das auch tun, um tauglich zu bleiben. Das Maß ist aber ein Vergleich, ist also geistigen Wesens.

Die Konvention besagt, wie groß eine Wirkung zu sein hat, um als Einheit des Maßes zu gelten. Die Einheit beziffert die Portion der Arbeit, die zu leisten ist, um die definierte Wirkung zu erzielen. Das Maß erbringt aber keine Arbeit. Diese muss zuvor erfolgen.

Kein Maß ist Teil der Materie. Es ist zwar ein Gegenstand des menschlichen Geistes und auf diese Weise ein Teil der Natur, es kann aber den menschlichen Geist nicht verlassen. Kein Maß kann wirken. Wenn es die Arbeit scheinbar umformt, dann wirkt nicht das Maß, sondern die gemessene, in Portionen gepresste Arbeit.

Emittat und Absorbat

Die Arbeit wird umso komplexer, je mehr Einheiten oder Akteure sie vereinigt. Die Zusammenarbeit der Subjekte bildet Verbände, Strukturen, die von der Arbeitsteilung geformt werden. Aber kein Teilnehmer kann mehr tun als Geben und Nehmen, auch keine Struktur.

Teilchen geben, was sie emittieren. Das *Emittat* wird als „Strahlung“ bezeichnet, die nicht aus Materie oder Stoff, sondern aus Energie bestehen soll. Damit wird aber nur gesagt, dass die Natur der Strahlung unbekannt ist. Sie wird mittels ihrer Maße abgehandelt, eben als Energie. Nun kann aber kein Teilchen etwas anderes liefern als Teile seines Inhalts. Ist das Teilchen materiell, so sind es auch seine Emittate.

Die Energie besteht aus vernebelten Kräften und kann, wie jede einzelne Kraft, nur Maße der Wirkungen liefern. Die Energie ist geistigen Wesens. Sie verlässt das Denken nicht. Es gelingt dem Denken nicht, die Energie zu exportieren. Nur der Glaube an die Energie kann sie an ihren Wirkungsort senden, schickt aber dabei lediglich sich selbst.

Der Glaube projiziert, wirft den vermeintlichen Gegenstand, an den er glaubt, hinaus in die Vorstellung. Aber kein Ergebnis des Glaubens, kein Glaubensartikel verlässt die Arbeit des Glaubens. Sie findet nur im Gehirn statt. Das kann der Glaube nicht ändern. Auch an die Vorstellung wird nur geglaubt. Wird nicht am Glauben gearbeitet, so wird er nicht hergestellt. Wird am Glauben gearbeitet, so geschieht das allein im Denken, nicht auch außerhalb. Damit bleiben alle Resultate des Glaubens zuhause.

Der Glaube versetzt Berge. Richtig, er kann aber nur wirken, wenn er in materielle, körperliche Arbeit verwandelt wird. Der Glaube übernimmt dazu das Kommando der menschlichen Arbeit. Was dann wirkt, ist nicht mehr der Glaube, sondern die materielle Arbeit. Nur sie kann sich in die Arbeit der Natur einbringen. Das verändert die Arbeitsteilung und somit die Zusammenarbeit.

Teilchen nehmen, was sie absorbieren. Das *Absorbat* wird selten als „Strahlung“ abgehandelt. Vielmehr sollen die Teilchen einander „stoßen“ und in der Folge zusammen bleiben, also größere Einheiten bilden.

Es müssen dann Kräfte einspringen, um die Strukturen zu verkitten. Kommen keine Kräfte zu Hilfe, so ist die Körperbildung undenkbar. In der Tat kommen keine Kräfte zu Hilfe, weil sie nicht fliegen können. Wir müssen die Körperbildung anders erklären.

Die reziproke Arbeit

Die Umgebung der Teilchen arbeitet stets gegengleich zum Teilchen. Sie nimmt den Inhalt auf, der von einer Quelle freigesetzt wird. Die Absorption folgt der Emission, und ist die Aufgabe der Umgebung. Anders ist eine Emission nicht möglich. Ein Teilchen kann nur emittieren, wenn die Umgebung absorbiert.

Alles was absorbiert, nenne ich eine „Senke“. Sie nimmt die Emittate, die Spenden der umgebenden Quellen in sich auf. Die Umgebung ist die erste Senke, wenn Teilchen emittieren.

Nun können auch Teilchen absorbieren, also eine Senke sein. Die Umgebung muss dann liefern, also ihrerseits als Quelle arbeiten. Erfolgt eine Absorption durch das Teilchen, so entnimmt es der Umgebung deren Inhalt. Die Umgebung muss diesen Inhalt freigeben, emittieren, sonst ist eine Absorption unmöglich. Das Teilchen kann nur absorbieren, wenn die Umgebung emittiert.

Die beiden Arbeitsweisen bedingen einander gegenseitig. Das ändert sich auch nicht, wenn statt den Teilchen ganze Himmelskörper agieren, etwa Sterne oder Galaxien. Jedes System kann nur unter der Bedingung arbeiten, dass seine Umgebung gegengleich arbeitet.

Die Aktion ist nur möglich, wenn die Reaktion erfolgt. Die Reaktion ist eine *notwendige* Bedingung der Aktion. Die Reaktion ist nur möglich, wenn die Aktion erfolgt. Die Aktion ist eine *hinreichende* Bedingung für die Reaktion.

Da beschreiben wir die Logik der Arbeit. Diese Logik ist aber keine geistige Zutat des Menschen, sondern die Fortpflanzung der Arbeit. Der menschliche Geist entdeckt den Geist, welcher der Arbeit der Natur innewohnt. Die Arbeit der Natur ist logisch.

Der Arbeit der Natur wohnt ihre Logik, somit ihr Geist inne. Die Arbeit pflanzt sich logisch und so auch geistig fort. Das kann unser Geist nicht ändern, sondern nur zur Kenntnis nehmen. Wir haben den Geist nicht gepachtet, und das ist unser Glück.

Die Erhaltung der Energie

In der Fortsetzung der Arbeit tut sich keine Lücke auf. Physikalisch sprechen wir von der „Erhaltung der Energie“. Die Energie ist zwar ein nützliches Maß jener Wirkungen, welche die Arbeit erzielt, die Energie ist aber keine selbständige Entität. Sie ist kein Teil der Materie, sondern ein Teil des menschlichen Geistes.

Was Maß ist, ist nicht materiell, sondern geistig. Wie alle Maße besteht die Energie nur aus Vergleichen, die allesamt geistigen Wesens sind. Das besagt auch die Bezifferung der Vergleiche. Nur das Denken kann vergleichen und zählen. Das ist keine Abwertung des Denkens. Das ist auch keine Abwertung des Maßes. Es ist seine Richtigstellung, also eine Aufwertung.

Keine Arbeit geht verloren, so auch kein gewonnenes Maß der Arbeit. Wechselt die Form der Arbeit, oder wechseln die Akteure, so wechselt die „Energieform", das jeweilige Maß der Arbeit. Die „Energiearten" verstellen aber den Blick auf die gemessene Arbeit.

Weil die Arbeit übertragen wird, wird kein Teil der Arbeit vernichtet. Alle Arbeit wird fortgepflanzt. Die Summe der Maße muss gleich bleiben, besteht aber aus Zahlen. Die Erhaltung von Zahlen kann auf keine Weise wirken. Nur das Denken kann zählen, also Zahlen erhalten. Das geistige Verfahren des Vergleichens von Maßen verdeckt das reale Geschehen, nämlich die Fortpflanzung der Arbeit.

Waren vor der Wissenschaft die Götter maßgebend, so sind es jetzt die Zahlen der Maße. Aus den entmachteten Göttern sind allmächtige Zahlen geworden. Diese Kritik ist keine Abwertung der Wissenschaft, sondern der Aufruf zu ihrer Korrektur, zu ihrer Aufwertung.

Die Unterscheidung von Descartes

Entscheidet unser Geist, die Materie sei tot und dumm, lediglich „eine ausgedehnte Sache" (res extensa, wie René Descartes entschied) so ist das eine Entscheidung, die allein unser Denken berührt. Nur unser Denken wird davon geprägt.

Die Materie kann davon nichts erfahren, eben, weil sie tot und dumm ist. Wir kappen jede Verbindung, zerstören jede Brücke. Die Folge ist, unser Geist ist völlig einsam und sitzt am Ufer fest. Er kann nicht frei hinüber schlendern, um sich zu erfreuen und weiter zu bilden.

Unser Urteil erfasst allerdings gar keine Materie, sondern nur unsere Vorstellung von ihr, nur unsere Anschauung der Materie. Die „Sache" (res) ist keine Materie, kein Teil der Natur, sondern ein Objekt, ein Gegenstand der beurteilenden Vernunft (der „res cogitans").

Was sich in unserer Vernunft an Objekten tummeln mag, tut das nicht auch außerhalb ihrer Reichweite. In der Natur sind keine solchen Objekte.

Erstens kann die Natur ihre Aufteilung oder Zerstückelung durch unsere Vernunft nicht zur Kenntnis nehmen. Dazu fehlt ihr die passende Vernunft. Sie hat zwar unsere Vernunft hervorgebracht, überlässt sie allerdings gnädig ihrem Schicksal, nämlich uns.

Zweitens sammelt die Natur keine von uns verfassten Objekte, weil unsere Vernunft weder durch ausreichende Reichweite noch genügende Tiefenschärfe hervorsticht. Die Vernunft kann nicht ein einziges Objekt verfassen, geschweige denn herstellen. Wir können nur Teile der Natur umformen und „unser" Geschöpf dann als „Objekt" beleidigen.

Das löst aber kein Objekt aus der Natur heraus. Nur unsere Vernunft kann die Zusammenhänge kappen, nämlich die Zusammenarbeit verweigern. Unterdessen wird das von uns geschöpfte Geschöpf seine Arbeit am Bestand nicht beenden, weil es ein Teil der Natur ist und bleibt.

Wo bleibt bei Descartes die Umgebung der Vernunft? Sie ist immerhin als ausgedehnt (extensa) anzusehen. Aber ist die Umgebung auch eine Sache (res)?

Descartes siedelt die Vernunft im Geist an, im Gegenteil der Materie. Fehlt die Materie, so taucht unverhofft die Leere auf. Sie wird zur ausgedehnten Wohnstatt von Geist und Vernunft. Die Umgebung der Vernunft ist befreit von Materie, ist ganz leer. Sie kann keine Sache sein.

Kann sich die Vernunft einerseits mit Leere umgeben und sich andererseits von ihr abgrenzen? Die Vernunft kann die Leere nicht herstellen, sondern nur denken. Da sagt die Vernunft, ich bin die erkennende Sache, res cogitans, das Subjekt. Ich erkenne sowohl Objekte als auch ihr Fehlen, die Leere. Die Vernunft beansprucht die Hoheit über ihr Urteil. Umgekehrt soll die Hoheit die Vernunft schützen. Kann sie das?

Wie trennt Descartes die eine Sache von der anderen, die res extensa von der res cogitans, die Materie von der Vernunft?

Er bemüht nur sein Urteil. Der Geist zieht die Grenze zum Nicht-Geistigen. Aber was hat dem Nicht-Geistigen den Geist entwendet? Das war allein der menschliche Geist. Wie hat er sich seiner Beute versichert? Durch das Eigenlob der Vernunft, durch ihren Hoheitsanspruch.

Nur meine Vernunft kann den Geist erkennen, tröstet sich die Vernunft. Nur das ist Geist, was meine Vernunft als Geist erkennt, spricht die Selbstachtung, die entdeckte Hoheit, um nicht restlos zu verzweifeln.

Was ist aus der Vereinnahmung des Geistes geworden? Die Trennung der beurteilten Objekte vom urteilenden Subjekt, die Trennung der Materie vom Geist, sie hat sich im Denken festgesetzt.

Wodurch erfolgen die Trennung und die gegenseitige Absonderung? Durch die von der Vernunft eingefügte Leere und Hoheit. Keine Barriere ist dichter oder verlässlicher. Aber hält die Grenzziehung?

Wenn zwischen dem Geist und der Materie die Leere oder die Hoheit herrschen, dann ist die Natur zweigeteilt. Es gibt dann die tote und dumme Materie, und die lebendige und kluge Welt des Geistes. Die Leere hat aber nichts zur Verfügung, um die Grenze zu verteidigen, um die Trennung zu garantieren. Die Leere hält nicht, was sie verspricht. Die Hoheit hängt unterdessen allein an ihrem Hoheitsanspruch.

Ist die Materie *nicht* tot und dumm, sondern arbeitet sie an ihrem Bestand, so ist unser Geist ignorant, ohne das zu merken. Ignoranz ist ein selbst gemachtes Schicksal. Das Denken geht daran zugrunde, ironischerweise, weil es nicht ausreichend an seinem Bestand arbeitet. Aber warum sollte der menschliche Geist jenem der Natur nachhinken? Aus Hoheitsgründen kann das jedenfalls nicht geschehen.

Anfang und Ende der Arbeit

Wo eine Arbeit fertig wird, dort endet sie. Wo eine Arbeit endet, dort hat sie Werke hervorgebracht. Die Werke der Arbeit verändern mit ihrer Arbeit jene der Umgebung. Damit fängt eine neue Arbeit dort an, wo die alte Arbeit geendet hat. Eine Arbeit kann nicht aufhören, ohne neue Arbeiten zu beginnen.

Freilich wollen wir gleich wissen, wo die erste Arbeit anfängt und die letzte Arbeit aufhört. Die Arbeit mag sich ja immer fortpflanzen, denken wir, es muss aber einen ersten Anfang geben, und wahrscheinlich auch ein letztes Ende.

Wir denken so, weil dies unserer Denkweise entspricht. Sie kommt aus unserer Arbeitsweise, aus unserem Geist. Nachdem jede menschliche oder unmenschliche Arbeit einen Anfang und ein Ende hat, sollte das auch für die Summe aller Arbeiten gelten.

Eine solche Summe gibt es jedoch nicht. Die allgemeine oder ganze Arbeit bildet keine Reihe besonderer Arbeiten, sondern ein Geflecht aller Arbeiten. Die allgemeine Arbeit ist das Gefüge aller besonderen Arbeiten. Darin ist jedes Ende ein Anfang, und jeder Anfang ein Ende der Arbeit.

Die Arbeit ermöglicht sich selbst. Zuerst stellt sie alle Bedingungen ihres Fortgangs her, und dann erfüllt sie diese.

Die Arbeit generiert sich selbst. Ob wir uns das vorstellen können, ist ohne Belang. Keine Arbeit kann unsere Vorstellung oder Grenzziehung hören oder befolgen. Wollen wir der Arbeit Einhalt gebieten, so fehlen uns die Mittel dazu.

Beharren wir, die Arbeit könne nicht unendlich sein, sie muss anfangen und enden. Die Arbeit übernimmt unseren Vorschlag und testet ihr Geschick.

Die Arbeit besteht aus Geben und Nehmen. Die erste Arbeit findet nichts, was sie nehmen könnte. Sie kommt nicht zustande. Vor ihr wurde nichts hergestellt, denn wir haben nichts vorausgesetzt. Unsere Idee der ersten Arbeit widerspricht sich selbst, ist absurd.

Folgt eine Arbeit unserer Idee, die letzte Arbeit zu sein, so versagt ihre Arbeitsweise des Gebens. Sie hat alles Vorhandene zu nehmen und zu entsorgen. Sie füllt ihre letzte Deponie. Dort besteht alles, was deponiert ist. Auch die letzte Arbeit kann nicht arbeiten.

Die letzte Arbeit testet ein anderes Verfahren. Sie stellt aus Allem Nichts her. Macht sie das, mit vollem Erfolg, so ist das letzte Nichts allerdings zugleich wieder Alles. Es fehlen nämlich alle Unterschiede. Im Nichts sind alle Werke verschwunden, untergegangen. Kein Werk ist mehr unterscheidbar von anderen Werken, auch nicht mehr von der Umgebung. Es ist alles gleich. Auf diese Weise ist Alles. Die letzte Arbeit macht die ganze Arbeit, sie macht alles neu. Damit fängt sie wieder an.

Der logische Fehler liegt darin, dass wir einen leeren Raum erst voraus setzen, und ihn dann füllen wollen. Das kann uns die Natur nicht nachmachen, weil wir es ihr nicht vormachen können. Die Natur kann es uns auch nicht vormachen, nicht vorgeben, weil sie keinen leeren Raum herstellen kann. Wo keine Natur ist, kann sie auch nicht arbeiten.

Es gibt zur Herstellung der Leere keine Arbeitsweise. Weder kann alles genommen, noch alles gegeben werden. Es kann niemals nur einseitig gearbeitet werden, sondern immer nur beidseitig. Erst wenn beide Arbeitsweisen im Einsatz sind, findet eine Arbeit statt.

Unsere Denkweise ist zu einseitig. Wir können den leeren Raum nicht anschaffen. Es ist nirgendwo Raum, um eine erste Arbeit zu beginnen, oder eine letzte Arbeit zu beenden. Überall wird emsig gearbeitet, gegeben und genommen. Da gehen wir leer aus mit unseren Vorschlägen.

Raum und Zeit

Der Raum ist die *Reichweite* der Arbeit. Alle drei können nicht begrenzt werden. Wo die Arbeit hingelangt, erstreckt sie ihre Reichweite und bildet auf diese Weise den Raum. Wo die Arbeit nicht hingelangt, dort endet sie. Endet sie, so verwandelt sie sich allerdings in neue Arbeit. Wieder erweitert sie ihre Reichweite, den Raum.

Die Zeit ist die *Tätigkeit* der Arbeit. Solange die Arbeit tätig ist, ist sie gegenwärtig und wirksam. Die Gegenwart ist so ewig wie die Wirksamkeit der Arbeit. Die „Dauer“ der Arbeit ist lediglich ein Maß der Tätigkeit, ein Maß der Zeit. Um die Dauer zu bestimmen, werden zählbare Wirkungen besonderer Arbeiten verglichen.

Erst beim Vergleichen tauchen vergangene und kommende Arbeiten auf. Was wir als „Vergangenheit“ und „Zukunft“ betrachten, sind frühere und spätere Wirkungen der Arbeiten. Sie gelten nur relativ. Ohne den Schnittpunkt des Vergleichens tauchen Vergangenheit und Zukunft nicht auf, weil das Messen dann nicht möglich ist.

Erst der Schnittpunkt entzweit die Gegenwart, teilt sie in Vergangenheit und Zukunft. Der Ausgangspunkt ist aber ein Artefakt des Messens. Er ist nur für die vergleichende Methode notwendig und gültig. Den Schnittpunkt als „flüchtigen Moment“ der Gegenwart zu fassen, bedeutet, das Maß der Zeit mit der Zeit zu verwechseln.

Jedes Maß der Zeit gleitet von der Zeit ab. Sie geht unbeschadet weiter, weil die Tätigkeit der Arbeit nicht unterbrochen wird. Das sehen wir daran, dass der „Moment“ des Messens flüchtig ist. Nicht die Gegenwart verschwindet, sondern unser Versuch, sie festzumachen.

Das Unendliche

Soll eine erste Arbeit anfangen, so soll sie tätig werden, soll sie zu wirken beginnen. Es fehlt aber der Gegenstand der Arbeit. Das vorausgesetzte Nichts kann auf keine Weise bearbeitet werden, eben, weil es nicht bestehen soll. Die Tätigkeit der Arbeit kann nicht einsetzen, die Zeit kann nicht beginnen. Wieder ist unsere Forderung absurd.

Endet eine Arbeit, so endet ihre Tätigkeit, ihre Zeit. Sie gebiert aber neue Arbeit, neue Tätigkeit, neue Zeit. Selbst wenn die ganze Arbeit Alles und Nichts ineinander verwandelt, das Eine aus dem Anderen hervorbringt, erzeugt sie jeweils nur das Neue aus dem Alten. Die Tätigkeit der Arbeit, ihre Zeit kann nicht enden. Unsere Idee des Endes ist nicht erfüllbar.

Das Unendliche ist nichts anderes als die Arbeit, die sich stets erneuert und fortpflanzt. Das Unendliche ist kein Schreckgespenst der Vorstellung, sondern die Daseinsweise, die Lebensweise der Arbeit. Sie erstreckt ihre Reichweite und Tätigkeit stets neu. Sie gebiert Raum und Zeit stets neu.

Was am Unendlichen so schrecklich für uns ist, das ist allein der Umstand, dass es von keinem Maß gebändigt werden kann. Wo das Maß zu kurz greift, oder abgleitet, dort ist das Gemessene.

Wo der Geist scheitert, logisch im Kreis geht, dort ist sein Gegenstand, die Materie. Es ist aber nur der menschliche Geist, der sich in seinen Anfängen verstrickt, in Voraussetzungen, in Glaubensinhalten. In der Natur vereinen sich unterdessen Geist und Materie zur ganzen Arbeit.

Nachdem die Arbeit aus Geist und Materie besteht, aus Arbeitsweise und Werk, zeigen sich die ganze Arbeit und die Natur als ident.

Die ganze Arbeit bringt die Natur hervor. Die Natur ist das Erzeugnis der ganzen Arbeit. Das Werk der Arbeit arbeitet allerdings weiter. Die Natur setzt die ganze Arbeit fort. Nun bringt die ganze Arbeit die Natur hervor und die Natur die ganze Arbeit. Beide bringen sich gegenseitig hervor. Sie sind also ein und dasselbe.

Können wir nun entscheiden, ob die Natur aus dem Habitat, aus dem Planeten Erde oder aus dem Universum besteht?

Nein, das können wir nicht entscheiden. Wir betrachten nämlich niemals die ganze Arbeit, sondern immer nur besondere Arbeiten, nur besondere Werke und Arbeitsweisen. Wir legen beim Betrachten die Reichweite und die Tätigkeit der Arbeit fest, weil wir nicht alle Arbeiten betrachten können, weder zugleich noch nacheinander. Unser Denken muss sich mit jenen Ausschnitten der Arbeit begnügen, die wir geistig nachmachen, auf unsere Weise erbringen können. Wir können nur mitarbeiten.

Dieser Umstand ist keine bedauerliche Schranke, sondern eine unverzichtbare Hilfe. Nur die Mitarbeit gewährt uns das Leben, nur sie macht uns lebensfähig. Fliegen wir darüber hinaus, auch nur geistig, verlassen wir die Reichweite und Tätigkeit des Lebens, so landen wir unsanft, oder auch gar nicht mehr. Wir dürfen also nie vergessen, welche Gnade uns die Natur damit gewährt, dass wir mitarbeiten dürfen und sollen.

Was unterdessen die ganze Arbeit aus der Natur macht, oder die Natur aus der ganzen Arbeit, das dürfen und müssen wir getrost den beiden überlassen, die zusammen das lang gesuchte Eine sind.

Die Kraft kann nicht finden

Neben dem Fliegen fehlen der Kraft noch andere Fähigkeiten, die für das Wirken erforderlich sind. Eine Kraft kann das ihr zugedachte Objekt weder ausfindig machen, noch erkennen. Sie kann ein Objekt nicht von anderen Gegenständen unterscheiden, auch nicht von seiner Umgebung. Die Kraft hat kein Wahrnehmungsvermögen, geschweige denn ein Selektions- oder Urteilsvermögen.

Die Zuordnung zwischen Kraft und Objekt erfolgt allein durch den Beobachter, der eine Verformung oder Umwandlung von Bewegungen beurteilt. Glaubt er nicht an Kräfte, so sieht er keine. Glaubt er an Kräfte, so sieht er abermals *keine*. Er sieht nur eine Wirkung, aber keine Kraft.

Kräfte sind so unsichtbar wie andere Glaubensartikel. Sinnlich „wahrnehmbar", das ist, geistig als wahr anzunehmen, als gegeben hinzunehmen, das ist nur die Abweichung der Bewegung. Was macht sie neu?

Der Glaube lautet, je größer die Kraft ist, desto größer ist die Umlenkung oder Umformung der Bewegung. Umgekehrt sei die Kraft umso größer, je größer die Umlenkung auftritt. Das eine Maß zeitigt das andere.

Der Glaube schaltet sich nicht wahrnehmbar ein. Er wirkt im Stillen, er sieht stillschweigend das, woran er glaubt. Das Wahrgenommene ist das Geglaubte. Das Maß eilt dem Glauben zu Hilfe. Die Zahl bestätigt ihn.

Die geschulte Erwartung formt das physikalische Denken. Der empirische Befund bestätigt die gedankliche Voraussetzung, nämlich die Erwartung, samt ihrer vertrauten Ursache, die da lautet „Kraft".

Der logische Zirkel des Messens liegt im Wiederfinden des Vorausgeschickten. Weil das Maß das Gemessene verdrängt, ersetzt es dieses auch. Wird das Maß vorausgeschickt, so auch die Einheit, deren Definition die Kraft methodisch beinhaltet. Damit wird die Kraft zuerst vorausgeschickt und dann wiederentdeckt. Das Gemessene hat überhaupt keine Chance mehr, erfragt und gesucht zu werden.

Es wird weder eine Ursache, noch eine Kraft geschaut, sondern lediglich die Veränderung der Bewegung. Nur die veränderte Bewegung ist real. Das Faktum muss erst zur Wirkung erklärt werden, damit die Ursache und die Kraft ihre Chance bekommen, sich einzumischen. Erst dann kann die Wirkung zur Ursache verklärt, im Geiste erhoben werden. Aber was ändern die Erklärungen an längst vergangenen Arbeiten?

Findet eine Veränderung der Bewegung statt, dann muss sie erzeugt werden. Das erfolgt auf dieselbe Weise wie die Erzeugung der Bewegung.

Die Erhaltungsarbeit des Subjekts muss sich ändern, damit sich eine Bewegung ändert. Die Erhaltungsarbeit ändert sich dann, wenn das Subjekt auf veränderte Versorgung und Entsorgung reagiert.

Nur das Subjekt der Bewegung kann seine Bewegung hervorbringen und nach Bedarf anpassen. Der schlichte Grund ist, dass nur das Subjekt arbeitet. Die Vernunft des Beobachters kann daran nichts ändern. Arbeitet sie geistig mit, so versteht sie die Arbeit des Subjekts.

Die Kraft kann weder ziehen noch stoßen

Der dritte Grund meiner Ablehnung lautet, eine Kraft kann ein Objekt weder ergreifen noch berühren. Sie kann also weder ziehen noch stoßen. Das sind nicht verwirklichbare Vorstellungen, die aus der Arbeit des Menschen herrühren.

Die Mechanik ist eine Überhöhung der menschlichen Tätigkeit, die auf die Ausübung von Zug oder Druck beschränkt ist. Andere Möglichkeiten bestehen nicht, weil sich die Knochen nicht anders bewegen lassen, als ihre Gelenkwinkel mittels Muskelkontraktion zu ändern. Zug und Druck setzen Gelenke als Drehlager und Knochen als Hebel voraus. Darauf fußt das mechanische Weltbild.

Zug und Druck werden jedoch falsch abstrahiert. Wenn ein Muskel kontrahiert, dann hat das allein noch keine Wirkung auf andere Objekte. Sie müssen zuvor erfasst werden. Es muss eine Verbindung hergestellt werden. Beruht sie auf Kräften, so entsteht sie nicht.

Die Reibung

Die Verbindung zum Objekt beruht auf Reibung, auf dem inhaltlichen Austausch, den die Moleküle untereinander aufnehmen und aufrecht erhalten. Es werden keine Kräfte übertragen oder fortgepflanzt, sondern die Arbeit der Moleküle wird untereinander neu aufgeteilt. Reibung bedeutet Zusammenarbeit aufgrund neuer Arbeitsteilung.

Wenn wir einen Stein heben, so müssen wir ihn soweit umfassen, dass die Reibung zwischen Hand und Stein ausreicht. Erhöhen wir den Druck der Finger auf den Stein, so denken wir an die Kraft unserer Muskeln, die zum Fassen ausreichen muss. Die Vorstellung von „Kraft“ kommt von der Muskelkraft, an die wir aus Erfahrung glauben.

Die „Muskelkraft“ ist allerdings keine Kraft, sondern die Arbeit des Muskels, sich zu verkürzen. Dazu müssen die Fasern aneinander vorbei gleiten. Die Zellen müssen ihre gegenseitige Anordnung verändern. Das machen sie nicht mittels Kräften, sondern mittels Austausches von Zellinhalten, mittels Gebens und Nehmens.

Was eine Seite gibt, nimmt die andere Seite auf. Je intensiver gegeben und genommen wird, umso größer erscheint die dadurch erzeugte Kraft. Mit dem Geben und Nehmen wird allerdings die Arbeit gesteigert, sie ist ja nichts anderes.

Die Reihenfolge der Wirkungen

Wird die Kausalität über Bord geworfen, so taucht die „Wechselwirkung“ auf. Das erspart die Mühe, die Kette von Ursache und Wirkung zu rekonstruieren. Die Kräfte können verfahren wie sie wollen, es zählen nur mehr die beiderseitigen Wirkungen.

Genauer, es zählen nur mehr die Maße der Wirkungen. Die Reihenfolge ist egal, weil sie die Maße nicht ändert. Das liegt daran, dass die

Maße Vergleiche sind, die erst im Nachhinein getätigt werden, wenn die Arbeit vorbei ist. Dabei ist es unerheblich, welches Maß zuerst bestimmt wird, welcher Platz ihm in der Reihe zugewiesen wird.

Jedoch kann die Natur nicht umhin, zuerst zu geben und dann zu nehmen, oder umgekehrt zuerst zu nehmen und dann zu geben. Keine Statistik kann die Methode der Arbeit ändern. Sie erfordert immer beide Akte.

Wo ein Austausch im Gange ist, müssen bestimmte Inhalte die Seiten wechseln, auch dann, wenn die Reihenfolge nicht auszumachen ist, verborgen bleibt. Inhalte können aber nur wechseln, wenn sie freigesetzt und aufgenommen werden. Ohne Geben und Nehmen gibt es keinen Austausch.

Das Maß des Austausches

Wir können sagen, die Kraft sei ein *zweckmäßiges* Maß des Austausches. Je intensiver verschiedene Inhalte die Seiten wechseln, desto größer fällt die Anpassung der Bewegung aus, desto größer ist also die Kraft.

Was im Denken seinen Zweck erfüllt, muss das jedoch nicht auch in der unbedachten Natur tun. Die Übereinstimmung der Zwecke wird unterschoben, vorausgesetzt. Sind sie aber gleich?

Wir kennen doch die Zwecke der Natur gar nicht. Solange wir die Arbeit der Natur leugnen, können wir ihre Zwecke auch nicht erforschen. Es ist also anmaßend, unsere Zwecke als entscheidend anzusehen.

Real treffen im Versuch zwei Arbeitsweisen aufeinander, die des Menschen und jene der Natur. Gelingen das Geben und das Nehmen gegenseitig, zwischen Mensch und Natur, so kommt es zum Ausgleich beider Arbeiten. Es wird in diesem Fall von beiden Seiten ein gemeinsames Ergebnis hergestellt. Nur auf diese Weise gelingt der Vergleich der beiden Arbeiten.

Der erfolgreiche Vergleich bestätigt den Glauben an die Zweckmäßigkeit der Kraft. Zweckmäßig war jedoch die vom Menschen eingefügte Arbeit, nicht ihr Maß, die Kraft. Die Tatsache der eingebrachten Arbeit wird von der Vorstellung der Kraft verdrängt. Die Kraft ersetzt die Arbeit im Denken. Das Maß der Wirkung übernimmt die Kontrolle der Arbeit.

Das Seil

Wird die Last zu groß, so reißt das Seil. Seine Tragfähigkeit wird überschritten, die sogenannte „Bruchlast". Die „Zugkraft" wird von der Last hergestellt, sie wird zuletzt größer als die Bruchlast des Seiles. Zwei Lasten geraten in Konflikt. Was tun in diesem Beispiel die Kräfte?

Die Last gilt als Erzeugnis der „Schwerkraft“. Sie macht die Last schwer. Ist die Schwerkraft größer als die Bruchlast, so versagt das Seil. Bricht das Seil, weil es zu wenig Kraft hat? Wie kommt die Kraft der Last in das Seil? Wie treffen sich beide Kräfte im Seil?

Das Seil besteht aus verflochtenen Fasern und diese aus Molekülen. Wann reißt ein Molekül? Bersten die Teilchen oder trennen sie sich? Woraus besteht ihr Zusammenhang? Wo sitzt die Kraft, die den Zusammenhalt der Teilchen herstellt? Residiert sie zwischen den Teilchen oder in ihnen? Wie hält eine Kraft ein Teilchen? Wie kommt sie dahin, wo sie halten soll?

Niemand kann Kräfte in ein Seil einbringen. Das Seil kann auch nicht aus eigener Kraft halten, weil es sich Kräfte nicht einverleiben kann. Seile essen keine Kraft.

Die Moleküle, Atome und Teilchen bleiben nur zusammen, solange sie ihr Geben und Nehmen teilen, also ihre Arbeit gemeinsam erledigen. Die Erhaltungsarbeit bleibt solange aufrecht, solange sie die Rotation herstellen kann. Wie funktioniert das?

Ein Atom besteht im Zentrum aus dem Atomkern, in dem sich Protonen und Neutronen befinden, und peripher aus den Elektronen, die den Atomkern umrunden.

Das Elektron ist aber kein kleiner, solider Planet, sondern der Schwerpunkt einer Wolke, welche die Atomschale in unterschiedlichen Figuren und Zuständen erfüllt. Die Atomschale ist sozusagen das Habitat, der Lebensraum, und das Elektron ist der Siedler oder Einwohner.

Ich verwende die Begriffe „Atomschale“ und „Elektron“ bis auf weiteres synonym, mit derselben Bedeutung. Die Unterscheidung wird erst dann notwendig, wenn die Anzahl der Elektronen in einer Atomschale zu berücksichtigen ist.

Die Atomschalen rotieren nach Bedarf um verschiedene Atomkerne. Das macht ein Molekül aus. Die Atomschalen werden von den verschiedenen Atomkernen abwechselnd versorgt. Die Atomschalen können sich nur nähern, indem sie absorbieren. Die Atomkerne müssen ihrerseits emittieren, damit die Atomschalen absorbieren können und sich dadurch binden.

Die Rotation tritt ein, sobald Geben und Nehmen einander ausgleichen. Umgekehrt vereinen sich Geben und Nehmen, indem sie mittels Rotation Körper oder Verbände bilden, hier die Moleküle.

Werden die Atomkerne als Quellen überlastet, dann wird die Versorgung der Atomschalen unterbrochen. Dann reißt das Seil.

Die Atomschalen trennen sich von den schlechten Wirten und „kehren bei besseren Wirten ein". Das sind jene, deren Emission als Versorgung ausreicht. Finden sie keine Versorger, so fliegen die Atomschalen als „Funken" davon, bis die Luft sie aufnimmt und auf ihre Weise tröstet.

Wie kann eine externe Last, die von der Schwerkraft hergestellt wird, die Atomkerne im Seil überlasten?

Wir nehmen den einfachsten Fall: das Seil hängt an einem Gerüst, die Last hängt unten im Netz. Stein um Stein erhöhen wir die Last, bis das Seil bricht. Was hat das mit den Atomkernen zu tun? Lassen wir die Kräfte weg, so tut sich gar nichts?

Steine brauchen den Kontakt zur Erde, weil ihre Atome aus der Erde versorgt werden. Fehlt der Kontakt, so fallen sie zu Boden, sodass der Kontakt wieder hergestellt wird. Das Seil muss den unterbrochenen Kontakt ersetzen. Es versorgt die Steine von oben, nicht von unten.

Welche Versorgung bietet dieser Kontakt? Womit versorgt die Erde die Steine? Womit muss das Seil die Steine versorgen?

Ist die Arbeit am Werk, so stehen uns nur Geben und Nehmen zur Verfügung. Die Erde muss den Steinen etwas geben, was die Steine nehmen. Die Erde verteilt keine Schwerkraft, sondern ihre Emission. Nehmen wir der Einfachheit die Wärme als Beispiel. Es ist noch ganz egal, was wir uns als „Wärme" vorstellen. Die Erde liefert sie, die Steine nehmen sie auf, absorbieren sie.

Die Luft versorgt die Steine nicht ausreichend mit der Wärme der Erde. Für den Austausch ist der Kontakt mit dem Boden erforderlich. Deshalb liegen Steine aufeinander. Sie tauschen Wärme aus. Sie fallen, indem sie die Wärme der Erde absorbieren.

Die Steine fallen nicht aus eigener Kraft, auch nicht dank der Kraft der Erde, sondern sie nähern sich der Wärmequelle, indem sie deren Versorgung aufnehmen.

Die Absorption bewirkt die Attraktion, die Annäherung. Die Arbeit des Nehmens erzeugt das Fallen.

Jetzt unterbinden wir diese Arbeit mittels des Seils. Wir hängen die Steine im Netz auf. Nein, die Arbeit können wir nicht unterbinden, sondern nur umlenken. Die Zufuhr der Erdwärme erfolgt jetzt von oben, über das Seil. Das Seil zapft das Gerüst an und das Gerüst die Erde. Die Verbindung hält, solange die Wärmezufuhr ausreicht.

Die Statik sagt, die „Spannungen“ dürfen nicht überschritten werden. Die Rotation der Atomschalen muss aufrecht bleiben. Die *Spannung* misst die Ausweitung der Rotation, die Vergrößerung des Radius.

Die Rotation weitet sich aus, wenn die Zufuhr seitens der Atomkerne zunimmt, während die Aufnahme seitens der Atomschalen gleich bleibt. Die Atomschalen rotieren in größeren Habitaten oder Orbitalen, wo die neue Versorgungsdichte der gewohnten Zufuhr entspricht. Das Arbeitsvermögen der Atomschalen bestimmt ihre Bewegung, so auch die Spannweite oder Reichweite, den Raum ihrer Rotation.

Das gilt auch im Seil. Je größer die Last der Steine wird, desto mehr Erdwärme muss das Seil vom Gerüst ernten, und das Gerüst von der Erde. Bevor das Seil reißt, oder ein Gestänge bricht, wird die Bruchstelle heiß.

Die Atomkerne liefern zu viel Wärme an die Atomschalen. Die Atomschalen suchen das Weite. Sie trennen sich von ihren überhitzten Wirten. Das ist der Seilbruch, das Materialversagen. Nimmt das Geben überhand über das Nehmen, so erfolgt die Trennung von Kern und Schale.

Nimmt hingegen das Nehmen überhand über das Geben, so erfolgt die Vereinigung. Die Steine fallen samt Netz und Seilstück zu Boden, weil sie die Erdwärme wieder direkt von unten absorbieren.

Zur Ruhe kommen sie dort, wo es warm und kalt genug ist. Die Steine rollen bergab, bis der Kontakt ausreichend ist. Das gilt auch dann, wenn die Steine unterwegs heiß werden. Es ist der allseitig ausgeglichene Wärmehaushalt wieder herzustellen. Er kennzeichnet die richtige Arbeitsteilung und damit die Existenz.

Nun können wir einwenden, das Beispiel der Wärme sei viel zu simpel. Die Schwerkraft kann nicht auf der Emission von Wärme beruhen. Da sei hier lediglich daran erinnert, dass Mechanik und Wärme in der Physik und Technik eng gekoppelt sind.

Sicher ist, dass die Schwerkraft nur so entstehen kann, dass die Erde ihre Emissionen aller Art abgibt, und dass die von der Erde abgehobenen Körper diese Versorgung brauchen und absorbieren.

Nur so ist eine Annäherung herstellbar. Das Fallen ist eine Attraktion und beruht auf der Absorption, auf dem Nehmen.

Tauschen wir den Wärmehaushalt der Moleküle als zu simpel aus, dann brauchen wir einen besseren Haushalt. Ohne ihn kann nicht gearbeitet werden. Wo gegeben und genommen wird, da wird gearbeitet und da entsteht ein Haushalt. Suchen wir bessere Kandidaten, die ihn bilden.

Die Herstellung der Bewegung

Die Arbeit tauscht verbrauchte Inhalte gegen frische aus. Die verbrauchten Inhalte werden emittiert. Die frischen Inhalte werden absorbiert. Der Körper wird einerseits neu, auf der anderen Seite wird er nicht alt, sondern hinterlässt er das Alte, das er nicht mehr benötigt, als Rückstand oder Abfall. Bleibt der Körper das, was er ist, so entspricht sein Nehmen seinem Geben. Trotzdem erfolgt an der Vorderseite ein ständiger Zuwachs, hingegen an der Rückseite ein ständiges Schwinden der Substanz. Dieser Vorgang der substanziellen Erneuerung erscheint als die Bewegung.

Ist der Körper rund, so ist seine Vorderseite eine Halbkugel, ebenso seine Rückseite. Dreht sich der Körper, so wechselt er Vorder- und Rückseite beharrlich aus. Umgekehrt ist der Körper dann kugelförmig, wenn ihm seine Arbeit rundherum gleich gut gelingt. Er verarbeitet den Zugang ebenso ausgeglichen wie den Abgang.

Durch die Drehung wandert der Horizont des Zugangs, der Meridian oder Längenkreis der eintreffenden Versorgung über die Kugel. Die Versorgung erreicht die Absorber, die nach und nach am Meridian auftauchen. Sie kommen der Reihe nach an die Arbeit und übernehmen sie.

Die Drehung entsteht so, dass die jeweiligen Akteure ihren Aktionsradius zuerst zur Absorption ausweiten und dann zur Emission wieder verengen. Vor und nach dem Zenit ihrer Position arbeiten die Akteure nicht perpendikular, sondern schräg. Sie absorbieren von einer Seite und emittieren zur anderen Seite. Dieser seitliche Austausch dreht den Körper.

Im Zenit der Exposition erfolgt die Aufnahme frontal, hingegen die Abgabe zentral in das Innere des Körpers. Diese Arbeit erscheint als Oszillation der Peripherie, als Welle an der Oberfläche. Der sich drehende und sich bewegende Körper pulsiert.

Das Fehlen der Kraft

Nachdem wir nur die menschliche Arbeit anerkennen, können wir uns eine Arbeit der Natur, insbesondere eine Arbeit der Materie nicht vorstellen. Unsere Ignoranz straft uns mit Blindheit. Wie sollte die Materie arbeiten können? Sie hat doch keine Kraft! Die Vorstellung der Kraft bewahrt uns offenbar vor der Zumutung, die Materie könnte uns Konkurrenz machen, unsere Dominanz in Frage stellen.

Lassen wir die Kraft weg. Denke ich, ich könne mich mangels Kraft nicht bewegen, so erkenne ich einen körperlichen Mangel.

Das „Fehlen der Kraft“ ist allerdings eine geistige Zutat zu meinem Zustand, eine Erklärung, die mir vernünftig erscheint. Wie erkenne ich, was mir eigentlich fehlt?

Die Muskeln arbeiten nicht nach Wunsch. Ich muss den Grund für ihre ausbleibende Arbeit finden. Die Muskeln sind entweder zu klein, nicht versorgt, krank, verletzt, übersäuert oder dergleichen. Die Zellen reagieren nicht auf den Botenstoff, den die Nerven überbringen.

Es liegt eine Störung im Stoffwechsel vor. Um zu Kraft zu kommen, muss ich den aufgetretenen Mangel im Stoffwechsel beheben, keuchen, trinken, essen, schlafen, heilen, trainieren. Ich komme aber zu keiner Kraft, und keine Kraft kommt zu mir, sondern die Zellen genesen, wachsen, stellen ihre Arbeitsfähigkeit wieder her. Gelingt das, so setzt die Bewegung wieder ein, sobald die Nerven das einfordern.

Es ist nicht notwendig, die Arbeitsfähigkeit der Muskeln „Kraft“ zu nennen. Ich kann auch sagen, meine Zellen funktionieren wieder. Niemand wird eine normale Funktion als Kraft titulieren. Ist die Funktion überdurchschnittlich, wächst allerdings die Versuchung wieder, die Kraft zu verehren. Wer große Kraft „hat“, ist arbeitsfähiger, hat mehr gesunde Zellen, glaubt aber an einen besonderen Besitz.

Messe ich meine „Muskelkraft“ am Widerstand, den ein Objekt seiner neuen Bewegung entgegensetzt, so messe ich keine Kraft, sondern vergleiche ich zwei verschiedene Arbeiten. Die Arbeit meiner Zellen soll die Arbeit des Objekts ändern. Das überrascht, weil niemand einem Objekt eine Arbeit zugesteht.

Der Daseinsgrund

Jede Bewegung muss allerdings hergestellt werden. Nicht nur alle Objekte müssen hergestellt werden, sondern auch alle ihre Bewegungen und Veränderungen. Die ganze Welt muss hergestellt werden. Alles, was existiert, bedarf der Arbeit als Daseinsgrund.

Die Arbeit ist der Grund der Existenz. Umgekehrt ist die Existenz der Grund der Arbeit. Was existiert, muss seinen Bestand durch Erhaltungsarbeit sicherstellen.

Alle Formen der Arbeit lassen sich auf den Wechsel von Geben und Nehmen zurückführen, sogar die ökonomisch bedingte Erwerbstätigkeit oder das künstlerische Schaffen. Es wäre aber falsch, den Menschen zum Maßstab zu erheben, oder ihm allein die Arbeitsfähigkeit zuzugestehen. Was existiert, das gibt und nimmt, ist also zur Arbeit fähig, und unleugbar mit dem entsprechenden Geist ausgestattet.

Die unterschiedlichen Arbeitsformen sind davon bedingt, was gegeben und genommen wird, welche Inhalte ausgetauscht werden. Sind das Sterne, sprechen wir von Galaxien. Werden Atome ausgetauscht, denken wir an Moleküle.

Die Arbeitsfähigkeit entscheidet auch darüber, welche Inhalte aktuell *nicht* ausgetauscht werden. Sie bilden die Substanz, den Körper, die Struktur, den Verband. Die in der Form verbleibenden Inhalte machen den jeweiligen Akteur substantiell aus, das materielle Werk der Arbeit.

Der materielle Akteur verfügt über den Geist, die Arbeitsweise, die ihn hervorbringt, sonst kommt er nicht zustande. Er übt den Geist weiter aus, sonst bleibt er nicht bestehen. Solange der Akteur nicht ausgetauscht wird, bleibt die Arbeit aus Werk und Geist vereint, ist sie diese Einheit.

Das Geben ist, wie schon erwähnt, das Emittieren, das Freisetzen, das Veräußern von Inhalt. Das Nehmen ist das Absorbieren, das Einverleiben, das Aufnehmen in den Inhalt. Es gibt keine Arbeit, die ohne die beiden Arbeitsweisen auskommt. Wird nicht genommen, so kann nicht gegeben werden. Wird nicht gegeben, so kann nicht genommen werden. Fehlt eine der beiden Arbeitsweisen, so kommt die Arbeit nicht zustande.

Jede Tätigkeit setzt sich entweder aus Geben und Nehmen zusammen, oder teilt sich in beide Arbeitsweisen auf. Wo einerseits gegeben wird, wird andererseits genommen. Die beiden Arbeitsweisen bedingen einander, und wechseln einander ab, sie folgen aufeinander. Sie sind reziprok tätig.

Ein Objekt, das weder gibt noch nimmt, wirkt auf keine Weise. Es ist nicht wirklich, sondern unwirklich. Da es nichts gibt oder nimmt, kann es auch nicht wahrgenommen werden. Was wirklich ist, das wirkt mittels Gebens und Nehmen, nimmt also wirklich an der Arbeit teil.

Was nicht mitarbeitet, das existiert nicht. Für die Existenz ist die Zusammenarbeit aller Entitäten erforderlich. Die Existenz ist dasselbe wie die Mitarbeit. Keine Arbeit kann isoliert werken. Keine Entität kann alleine bestehen, weil sie nicht alleine arbeiten kann.

Die Ganzheit

Grundlage der Existenz ist die Arbeitsteilung. Alles Seiende teilt seine Arbeit untereinander auf. Alles Seiende macht sich gegenseitig zum Werdenden und Vergehenden. Jedes Seiende arbeitet mit, ist also für Leben und Tod verantwortlich. Die Existenz ist die Einheit von Leben und Tod aller Mitwirkenden. Nichts und niemand ist davon ausgeschlossen.

Die ganze Arbeit ist die Zusammenarbeit aller Arbeitseinheiten. Was ganz ist, hat seine Arbeit so lückenlos verteilt, dass keine Arbeit unerledigt bleibt. Das Ganze arbeitet vollständig. Was vollständig arbeitet, arbeitet umfassend, ohne Reste. Was ganz macht, ist die ganze Arbeit.

Das Ganze stellt sich selbst her, indem es sich lückenlos erarbeitet. Das Ganze arbeitet *an* sich, an seinem Bestand. Das Ganze arbeitet *für* sich, für seine Ganzheit. Das Ganze arbeitet an und für sich.

Die Arbeit ist *an* sich die Herstellung des Werks. Die Arbeit ist *für* sich das Herstellen. Die Arbeit stellt sich selbst her, indem sie ihre Werke produziert. Die Arbeit ist an und für sich sie selbst, also wieder Arbeit.

Jede Arbeit erzeugt wieder Arbeit. Die Arbeit ist an und für sich ganz, weil sie nie etwas anderes als Arbeit generiert. Jede neue Arbeit ist wieder schlicht Arbeit. Die Arbeit ist das Ganze, und das Ganze ist Arbeit. Ganzheit ist ein anderes Wort für Arbeit, weil nur die Arbeit ganz ist.

Oben haben wir die Natur mit der ganzen Arbeit gleichgesetzt. Jetzt dürfen wir uns darüber freuen, dass wir die Ganzheit der Natur auf keine Weise geschmälert haben. Ihr Kunststück ist es, sich selbst ganz zu machen, was freilich ganze Arbeit bedeutet.

Die Substanz lernt

Alle Entitäten, Dinge oder Seinsformen der Natur erneuern ihre Inhalte mittels Gebens und Nehmens. Was aus dem Inneren kommt, ist freigesetzter Inhalt. Was in das Innere eingeht, ist frischer Inhalt. Die Freisetzung von verbrauchtem Inhalt ist die Reinigung des verbleibenden Inhalts, der Substanz. Die Aufnahme von frischem Inhalt ist die Ernährung der Substanz.

Die Substanz bleibt nur dieselbe, wenn auch in der Form verborgen, solange sie sich auf gleiche Weise erneuert. Sie erscheint nur deshalb als stabil oder unveränderlich, weil ihre Arbeit gleich bleibt.

Die Form ist die Grenze des Inhalts. Die Grenze wird durch die Reichweite der Arbeit erstens hergestellt und zweitens aufrecht erhalten. Wo das Geben anfängt und das Nehmen aufhört, dort ist die Grenze der Arbeit, die Grenze des Inhalts, und so auch die Form der Substanz. Die inneren Arbeiten liegen innerhalb dieser Grenze und sind auf diese Weise „untergetaucht". Sie sind substanziell und verborgen.

Die schrittweise Anpassung der Arbeit erzeugt die Veränderung der Substanz. Die Anpassung der Arbeit ist das Lernen. Die Arbeit mutiert nicht infolge einfallender Strahlung, sondern sie lernt, das Geben und das

Nehmen zu verbessern. Die sich erhaltende Substanz entwickelt sich nicht anders als sie lernt, besser zu arbeiten.

Strahlung kann weder einfallen noch Schäden anrichten. Die Arbeit ändert sich nur, wenn sich die Absorption oder die Emission ändert.

Dem geht eine Änderung der Versorgung vor sich. Sie wird gefolgt von einer Anpassung der Verarbeitung und einer Änderung der Entsorgung.

Solange sich die Arbeit anpassen kann, lernt sie. Wenn die Arbeit wegen Überlastung scheitert, so teilt sie sich in neue Arbeiten auf, die ihrerseits weiterlernen. Das alte Werk geht zwar zugrunde, wird aber durch neue Werke ersetzt. Ebenso geht der alte Geist nur so zugrunde, dass er sich in neue Geiste teilt und auf diese Weise lernt.

Von „Schäden" sprechen wir nur deshalb, weil wir auf die gewohnten Arbeitsresultate setzen. Sagen wir, dass jeder Schaden zugleich eine Chance ist, so bestätigen wir damit unbewusst die Fortpflanzung der Arbeit.

Die Selbst-Genese

Zellen scheiden verbrauchte Moleküle aus und nehmen frische auf, was als „Stoffwechsel" bezeichnet wird. Atome bauen ihre Atomschalen um, indem sie Elektronen abgeben oder aufnehmen. Atomkerne bauen einander um, indem sie Kernteile austauschen. Galaxien erneuern sich durch den Austausch von Sternen. Es gibt keine physikalische Entität, die nicht „wechselwirkt", die nicht an der allgemeinen Arbeit teilnimmt.

Erleidet eine Substanz Mangel, so absorbiert sie, nimmt sie neue Inhalte in sich auf. Erleidet sie Überschuss, so emittiert sie störende Inhalte.

Seine Arbeitsfähigkeit, sein Geist versetzt einen Körper in die Lage, sich zu bewegen. Die Aufnahme von Zufuhr erzeugt eine Annäherung an die Quelle der Zufuhr, eine Attraktion. Die Abgabe von Überschuss erzeugt eine Absonderung vom Emittat, eine Entfernung oder Repulsion.

Was sich bewegt, arbeitet an seinem Bestand. Es existiert nur solange, als es erfolgreich an seinem Bestand arbeitet. In weiterer Folge sind Bewegung und Existenz dasselbe wie die Mitarbeit.

Was existiert, das bewegt sich, weil und indem es an sich arbeitet, und auf diese Weise seinen Beitrag leistet. Was sich nicht bewegt, existiert nicht, indem es die Mitarbeit verweigert. Nur was an der ganzen Arbeit teilnimmt, arbeitet mit an der Existenz des Ganzen. Nur so ist es ein Teil der Natur.

Damit scheidet jede „unbewegte Bewegerin“ aus. Ohne Arbeit kann sie nichts bewegen. Arbeitet sie, so ist sie nicht unbewegt, sondern fleißig. Auch ihre Arbeit erscheint als Bewegung.

Die Allmacht ist umfassend, sie macht die ganze Arbeit, ist also tätig, solange die Arbeit währt. Nachdem eine Arbeit die nächste Arbeit erzeugt, ist die ganze Arbeit immer tätig. Sie verwandelt jedes Ende einer alten Arbeit in den Anfang einer neuen Arbeit. Die Allmacht ist die Selbst-Genese der Arbeit. Sie erzeugt sich selbst, sie zeugt und gebiert sich selbst.

Diesen Umstand haben die alten Mythen und Religionen intuitiv erfasst und in ihren *weiblichen* Gottheiten verehrt. Erst die patriarchalischen Gesellschaften haben das Geschlecht ausgetauscht.

In der Folge musste die Allmacht der Allmächtigkeit weichen. Die Herren müssen bloß zeugen, das heißt auch „anschaffen“, nicht jedoch austragen, gebären und nähren. Damit verschwand das reale Wirken aus den besseren „Oberstuben“. Die ganze Arbeit wurde an die Untertanen abgetreten. Aus der Allmacht wurde das Kommando der Arbeit.

Die Fortpflanzung der Bewegung

Um eine Bewegung fortzupflanzen, muss jene Arbeit verteilt werden, welche die Bewegung herstellt. Nur jene Objekte, die weiter mitarbeiten, bewegen sich neu, ihrer geänderten Versorgung und Entsorgung angepasst.

Die neue Arbeitsteilung entscheidet über die Aufteilung oder Verzweigung der Bewegungen. Die Bewegung kommt nicht anders voran als die Arbeit. Soll eine frühere Bewegung wiederholt werden, so ist die frühere Arbeit zu wiederholen, erneut zu leisten.

Dabei gibt es keinen Anfang, der nicht auch ein Ende ist. Wo die alte Arbeit endet, beginnt die neue Arbeit und so auch die neue Bewegung. Wo die neue Arbeit einsetzt, endet mit der alten Arbeit die alte Bewegung. Die neue Verteilung der Arbeit löst die alte ab. Das tut der Zusammenarbeit keinen Abbruch, sondern macht sie umgekehrt erst möglich und wirklich.

Was beim Geben und Nehmen ausgetauscht wird, das ändert zwar die einzelnen Bewegungen, aber nichts am Vorgang des Austausches. Die Arbeit geht weiter, unbeschadet davon, was aktuell ausgetauscht wird.

Die Werke ändern sich, die besonderen Produkte. Die Arbeit passt sich zwar an, bleibt aber stets Arbeit. Die Anpassung der Herstellung erzielt die einzelnen Produkte, die auftauchen und untergehen, macht aber zugleich die Arbeit unsterblich. Der einzelne Tod der besonderen Arbeit ist der Garant der stetigen Auferstehung der ganzen Arbeit, ihres ewigen Lebens als Gesamtarbeit, als Allmacht.

Was auch immer gemacht oder hergestellt wird, erneuert das Machen, die Arbeit der Herstellung. Die Bewegung wird immer neu hergestellt, weil jede alte Arbeit eine neue zeitigt. Die Bewegung ist unzerstörbar, denn sie bringt die Wiedergeburt der Arbeit zur Erscheinung. Was immer ist, muss auch immer erscheinen. Was immer neu auftaucht, ist immer.

Die Rakete

Eine Rakete verlässt die Erde und ihr Schwerefeld. Wie sollen wir das ohne Kräfte bewerkstelligen? Fragen wir anders: welche Arbeiten sind erforderlich?

Der Schub einer Rakete beruht auf dem Ausstoß der Verbrennungsgase. Das „Stoßen" ist die Arbeit der Emission. Sie muss wirksamer sein als das Gewicht, als die Schwere der Rakete, als ihre Absorption.

Die Erde macht die Rakete nicht schwer. Die Rakete ist nur schwer, solange sie aus der Erde absorbiert. Verlässt die Rakete die absorbierbare Emission der Erde, so ist sie schwerelos.

Nicht die Erde hat sich verändert, sondern die entfernte Rakete. Sie hat ihre Arbeit verändert. Sie hat aufgehört, aus der Erde wirksame Lieferungen anzunehmen. Sie hat ihre irdische Absorption zwar nicht ganz beendet, aber deren Dominanz.

Die schwerelose Rakete absorbiert aus dem Weltraum ebenso stark wie aus der Erde. Die Schwerelosigkeit beruht auf allseitig ausgeglichener Absorption. Was kann im Weltraum absorbiert werden? Dieselbe „Strahlung", welche die Erde absorbiert. Ist das die Wärme der Sonne?

Die Strahlung

Ob die Strahlung aus Material oder Energie besteht, aus Partikeln oder Wellen, das macht hier noch keinen Unterschied. Von der Strahlung „wissen" wir lediglich, was die Physik messen kann und zu berichten weiß.

Was sie berichtet, das hängt von den Maßen, von den Frequenzen und Wellenlängen ab. Kein Mensch hat eine zutreffende Vorstellung von Strahlung, aber alle glauben an sie.

Dieser Glaube ist nicht falsch. Strahlung entsteht durch Emission, besteht also notwendig aus dem *Emittat*, aus den freigesetzten Inhalten. Diese sind für jede Quelle spezifisch. Eine Quelle wird an dem erkannt, was sie spendet. Teilen wir die Emittate in Sorten ein, so auch die Quellen.

Falsch ist jedoch die Vorstellung, die Strahlung käme ohne eine Inhalts-abgabe (sic!) der Quelle zustande. Liefert die Quelle nur Maße, so liefert sie nur Vergleiche. Dann gehen wir leer aus. Die Strahlung muss aus dem Gemessenen bestehen, nicht aus dessen Maßen.

Gemessen können nur vergleichbare Entitäten werden. Kommen sie nicht aus der Quelle, so haben sie keine Quelle, keinen Ursprung. Sie existieren dann nicht. Kommen sie aus einer Quelle, so sind sie deren frühere Inhalte. Das ist unvermeidlich. Auch eine Quelle von Wasser kann nur liefern, was sie vor der Freigabe beinhaltet. Hat sie kein Wasser, spendet sie keines, so ist sie keine Quelle.

Die Wurfparabel

Um die Erde zu verlassen, muss die Emission der Rakete gegen die Erde größer, wirksamer sein als ihre Absorption aus der Erde. Das Geben muss das Nehmen überwiegen. Das Geben, die Emission kann nur solange andauern, als Treibstoff verbrannt werden kann.

Ein Geschoß ist am Scheitel der parabelförmigen Bahn schwerelos. Dort wechselt die Arbeit der Emission in jene der Absorption. Während die Arbeit wechselt, sind das Geben und das Nehmen gleich groß. Ihre beiden Wirkungen heben sich gegenseitig auf. Der Scheitel ist der Wendepunkt der Bewegung, weil er der Wendepunkt der Arbeit ist.

Am Scheitel der Parabel wechselt die „kinetische Energie" des Steigflugs in die „potentielle Energie" der Lage. Davon erfährt das Geschoß nichts. Es erleidet keine Energien. Vielmehr arbeitet es an seinem Bestand und so auch an seiner Bewegung.

Im Steigflug emittiert das Geschoß die ihm einverleibte Hitze aus der explosiven Verbrennung des Pulvers. Am Höhepunkt erlischt diese kühlende Arbeit. Sie ist geleistet, erbracht. Die Arbeit der Emission schlägt um in die Arbeit der Absorption. In diesem Moment wird die Trägheit von der Schwere abgelöst. Deshalb ist das Objekt dort schwerelos. Seine Schwere fängt erst an, die Trägheit abzulösen.

Im Steigflug emittieren die brennenden, oxydierenden Moleküle gegenseitig. Ihre gegenseitige Emission übertragen sie auf jedes Hindernis. Das Geschoß übernimmt die Arbeit der Emission, und setzt sie seinerseits fort. Diese Arbeit ist seine „kinetische Energie". Umgekehrt ist die kinetische Energie das Maß der Emissions-Arbeit.

Nachdem das Kanonenrohr die Richtung der Emission vorgegeben hat, erfolgt die Emission gebündelt. Dabei nimmt die Geschwindigkeit des Steigflugs so ab wie die Emission. Kein Stoß kann ewig währen, geschweige denn an Tempo zulegen. Am höchsten Punkt des Fluges, am Scheitel der Parabel ist das Geschoß so kalt wie vor der Zündung des Pulvers.

Die „potentielle Energie" am Scheitel der Parabel ist kein „Potential", keine bloße Möglichkeit, sondern die Pflicht, neue Arbeit aufzunehmen. Nachdem die Emission erledigt ist, abgearbeitet ist, muss wieder die normale Arbeit erfolgen, in der Geben und Nehmen einander ausgleichen. Nun fehlt aber hier oben die geeignete Quelle für die Absorption. Die Erdoberfläche ist so weit entfernt wie die Parabel hoch ist.

Als Antwort erfolgt die Absorption aus der Distanz. Ein Molekül nach dem anderen ändert seine Arbeitsweise. Das Geschoß dreht sich. Es wendet seine absorbierende Seite der Erdoberfläche zu, und seine emittierende Seite gegen den Himmel, genauer, gegen den thermischen Horizont des Wurfes. Dort ist der Himmel unberührt, dort sind Hitze und Kälte gleich groß geblieben, weil Geben und Nehmen einander ausgleichen. Dort ist geometrisch die „Leitlinie" der Parabel zu finden.[3]

Das Fallen

Die Absorption nimmt zu, je mehr die Distanz zur Versorgungsquelle abnimmt. Das beruht darauf, dass die Versorgung umso besser wird, je weniger die Emission streut, sich seitlich verteilt. Denken wir an schalenförmige Zonen der irdischen Versorgung, an konzentrische Kugelschalen, so werden die unteren oder inneren Schalen immer dichter.

Nimmt mit der Versorgung die Absorption zu, so wird das Fallen immer schneller. Das anfangs zögerlich absorbierende Geschoß bringt am Ende die gesamte Hitze zurück, die es im Steigflug verbraucht hat. Das Geschoß wird bis zur Landung so glühend heiß wie bei der Zündung.

Die Luft gibt keine Stöße ab. Moleküle berühren einander nicht. Die Reibung beim Fallen besteht darin, dass die Luft ihre Emission abgibt, die vom Geschoß absorbiert wird. Die Reibung beim Steigen kam umgekehrt zustande. Da hat die Luft die Emission des Geschoßes absorbiert. Die Arbeitsteilung speichert die Überlastung und bringt sie wieder zurück. Die Arbeitsteilung gleicht die Zusammenarbeit aus.

Am Scheitel der Parabel wendet sich die „potentielle Energie" der Lage in die „kinetische Energie" des Fallens. Weil die Maße beider Energien gleich groß sind, wird der Unterschied der Arbeitsweise nicht bemerkt

3 Grafik + nähere Darstellung siehe: Gottlieb Twerdy, Was wirklich ist. Hamburg 2017, S. 44f.

und ignoriert. Das ist eine Fehlerquelle, die sich später ruinös auswirkt, nämlich bei der Formulierung der Relativitätstheorie und der Theorie der Schwarzen Löcher. Dazu kommen wir später. Hier sollten wir den Fehler vorerst verstehen und uns möglichst auch merken.

Die kinetische Energie des Fallens misst die Intensität der *Absorption*. Die kinetische Energie des Steigens misst die Intensität der *Emission*.

Die Masse

Beide Arbeiten sind nur solange gleich wirksam, als sie einander ausgleichen. Solange ist der Körper „stabil", was in der „konstanten Masse" ausgedrückt und vorausgesetzt wird. Die Masse wächst mit der Absorption und schwindet mit der Emission.

Die „träge" Masse am Startpunkt des Fluges entspricht dem Widerstand des Geschoßes gegen die Übernahme der thermischen Arbeit. Die Hitze der Explosion muss aufgenommen und abgearbeitet werden. Die Arbeit wird vermehrt, intensiviert, hingegen bleibt die „Masse", die Anzahl der Mitarbeiter gleich.

Die Überlastung zeitigt den Flug. Jedes Atom emittiert, so gut es kann, also gemäß seiner Arbeitsfähigkeit. Die Fähigkeit der Emission bestimmt sowohl den Flug als auch die Flugbahn. Der Zusammenhalt der Atome und damit die Masse bleiben nur bestehen, solange die Atome ihre Arbeitsteilung untereinander aufrecht erhalten können.

Die Masse verschwindet am Scheitel der Parabel, wo das Geschoß schwerelos ist. Wo die Arbeit momentan erledigt ist, erfolgt keine äußere Bewegung, sondern eine innere. Der Scheitel ist ein Ruhepunkt und so auch ein Drehpunkt, ein Wendepunkt der Arbeit.

Die „schwere" Masse am Endpunkt des Fluges entspricht der Übernahme der thermischen Arbeit durch die Erdoberfläche. Die bei der Zündung verlorene Hitze wird vom Geschoß zurück gebracht und von der Erde wieder aufgenommen.

Den halben Teil der Hitze hat die Erde bereits anfangs mit dem Rückstoß der Kanone aufgenommen, aber was das Geschoß an Hitze hinausgetragen, mitgenommen hat, bringt es nun zurück. Auch hier regelt die Arbeitsteilung die Zusammenarbeit.

Die Trägheit

Wo beide, das Geben und das Nehmen enden, dort endet mit der Arbeit die Bewegung, wie wir vielleicht denken. Das geschieht allerdings nie. Ein schwereloser Körper bewegt sich weiter mit dem Habitat, das er inzwischen besiedelt hat. Das neue, zuletzt erreichte Habitat führt ihn mit, indem es ihn weiterhin versorgt und entsorgt.

Dieses fügsame Verhalten erscheint als „Trägheit". Sie besteht darin, ohne Widerstand mitzuarbeiten. So perfekt wie die Arbeitsteilung ist die Zusammenarbeit, und so auch die gemeinsame Bewegung.

Es sind keine vererbten oder überlieferten Kräfte am Werk, sondern lediglich die vom Habitat auferlegte und übernommene Arbeit wird fortgesetzt. Die Bewegung folgt weiterhin ihrer Herstellung, dem Geben und Nehmen, auch dann, wenn nur mehr die Umgebung gegengleich tätig ist, nur mehr sie sowohl nimmt als auch gibt.

Der Satellit

Die Rakete lassen wir wie ein Geschoß zurück auf die Erde fallen. Aber was geschieht mit dem Satelliten, den sie transportiert hat? Kommt er nicht zurück, weil er die „Fluchtgeschwindigkeit" erreicht hat? Setzt er diese Geschwindigkeit für immer fort?

Eine Geschwindigkeit kann nicht fortgesetzt werden, weil sie keine Bewegung ist, sondern deren Maß. Die Geschwindigkeit ist ein Vergleich, ist geistigen Wesens. Die Bewegung ist eine Arbeitsfolge, ist geistigen und materiellen Wesens.

Wollen wir wissen, ob ein Satellit seine Bewegung fortsetzt, so müssen wir fragen, ob er seine *Arbeit* fortsetzt oder verändert. Entfällt mit der Rakete ihre Emission, ihr Schub, so bleibt nur die Absorption und die Emission übrig, die der Satellit selbst tätigt.

Wir haben den Satelliten der Trägheit übergeben. Sie ist die Zusammenarbeit mit dem Habitat. Der Satellit absorbiert, was die Sonne liefert, und emittiert, was ihm zu viel ist. Er setzt seine alte Arbeit ohne die Zugaben der Erde fort. Funktioniert das ohne die Sonne?

Verlässt der Satellit das Sonnensystem, so verlässt er die Lieferungen der Sonne. Der Satellit muss dann seine Absorption aus der Milchstraße tätigen. Der Satellit setzt seine alte Arbeit ohne die Zugaben der Sonne fort. Funktioniert das ohne die Galaxie?

Verlässt der Satellit die Milchstraße, so verlässt er die Lieferungen der Galaxie. Ob irdische Atome damit zurechtkommen, das wissen wir nicht. Können sie keine Lieferungen anderer Galaxien verarbeiten, so enden mit ihrer Absorption ihre Bewegung und ihre Existenz. Sie lösen sich auf.

Die Verarbeitung kosmischer Lieferungen funktioniert auf der Erde, wo die Grundversorgung gegeben ist. Es ist aber nicht bekannt, ob irdische Atome ausreichend versorgt werden, wenn sie das Sonnensystem und später die Galaxie verlassen. Die Trägheit kann das nicht entscheiden, weil sie nur das Verhalten im Habitat misst, das Habitat also voraussetzt.

Das Maß der Emission erzeugt die Illusion, die Emission könne ohne Absorption getätigt werden. Tritt so eine Arbeit ein, bedeutet sie allerdings die Auflösung der Substanz. Sie emittiert ihre Inhalte ohne Erneuerung.

Wie ergeht es dem Satelliten zuvor, bevor er an der Frage der Existenz rüttelt?

Ein Satellit im Sonnensystem wird beschleunigen, wenn er die Emission anderer Planeten aufnehmen und verarbeiten kann. Das wird zur „gravitativen Beschleunigung“ genutzt, indem der Satellit andere Planeten umrundet. Die Bewegung wird schneller, indem die Arbeit gesteigert wird. Sie wird umfangreicher oder öfter wiederhalt, sie erfolgt intensiver.

Die Physik geht davon aus, dass Satelliten nur dann langsamer werden, wenn sie auf Widerstand treffen, etwa auf kosmischen Staub. Ansonsten wird die einmal erreichte „Fluchtgeschwindigkeit“ ohne Verlust beibehalten. Die Theorie sagt, die unsterbliche Geschwindigkeit sei der konstanten Kraft geschuldet, die dem Satelliten verliehen, mitgegeben wurde.

Beim Mitfliegen büßt die Kraft nur deshalb keine Kraft ein, weil sie ein unbeugsames Maß ist. Da treibt der Glaube an die Kraft den Satelliten. Umgekehrt prüft der Satellit den Glauben an die Kraft.

Die Sonden Pioneer 10 und 11 wurden aus unbekannten Gründen langsamer, als sie das Sonnensystem verlassen sollten. Das wurde festgestellt, bevor der Kontakt verloren ging.[4] Zu den Sonden Voyager 1 und 2 gibt es noch reduzierten Kontakt, aber die Daten sind noch in Auswertung.

Die Bewegung wird umso langsamer, je schwächer die Absorption wird. Es gibt keine Arbeit ohne Zufuhr und Abfuhr. Eine geeignete Versorgung muss aufrecht bleiben. Dazu ist eine externe Quelle notwendig. Für die Sonden sehe ich drei Möglichkeiten:

a) Sie finden eine neue Versorgung. Dann fallen sie in diese Quellen.
b) Die Sonden kehren wie Kometen um, sie wenden sich der alten Versorgung wieder zu. Sie beschreiben dann wie die Rakete oder die Geschoße eine Wurfparabel.
c) Die Sonden emittieren ihre eigenen Inhalte, ohne ihre Verluste durch Absorption zu ersetzen. In diesem Fall löst sich ihre Substanz auf. Das wird vielleicht als Erosion wahrgenommen, solange Kontakt besteht.

---

4 Wikipedia, Pioneer-Anomalie.

Das Licht

Eine Bewegung wird umso schneller, je tiefgreifender sich der Körper erneuert. Die Erneuerung schreitet von außen nach innen fort. Das liegt daran, dass die freizusetzenden Inhalte zuerst an die Peripherie verlagert werden müssen. Erst dann können sie ihrerseits abreisen.

Am schnellsten bewegen sich jene Einheiten, die sich ohne Rückhalt oder Rückstand erneuern. Sie bewahren keine „Masse", keine Inhalte für sich, sondern tauschen alle ihre Inhalte aus. Das Geben erfolgt so umfassend wie das Nehmen. Jede „Trägheit" geht dabei verloren. Es gibt kein Beharren mehr, sondern nur Dynamik. Der Grund ist, dass die Arbeit nichts hinterlässt. Sie erfolgt umfassend oder vollständig. Nichts verbleibt als Inhalt, alles wird von da nach dort aufgelöst und neu hergestellt.

Dabei denken wir freilich an das Licht, dessen Geschwindigkeit als maximal gilt. Die Geschwindigkeit ist aber keine Bewegung, sondern deren Maß. Das Maß unterstellt, dass das Licht „durchkommt", dass masselose Photonen von der Quelle bis zur Senke auf Reisen sind. Was keine Masse hat, kann allerdings auf keine Weise beschleunigt werden.

Weil keine Körperlichkeit erhalten bleibt, ist strittig, ob Partikel oder Wellen reisen und ankommen. Es sei mal dieses, mal jenes Ergebnis gültig. Das unerklärliche Phänomen wird als „Dualismus" erörtert.[5] Das Ergebnis hängt vom Verfahren ab. Ist ein Weg offen, so werden Partikel gemessen. Sind zwei oder mehr Wege offen, dann werden Wellen gemessen.

Die Arbeit nimmt alle Wege, die offen stehen. Sind es mehrere, so wird die Arbeit aufgeteilt. Sie mischt sich vor und hinter den Hindernissen, was als „Interferenz" von Wellen beobachtet, aber nicht verstanden wird. Ist nur ein Weg offen, so pflanzt sich die Arbeit nur hier fort.

Was als „Partikel" gemessen und aufgefasst wird, ist aber nicht nach einer Flugreise gelandet, sondern wurde am Ziel erzeugt. Der als Nachweis angesehene „Punkt" ist kein gelandetes Photon, sondern ein erodiertes Atom, das auf seine Überlastung mittels Emission geantwortet hat.

Albert Einstein hat den Nobelpreis dafür erhalten, dass er die Energie bestimmt hat, die ein Photon zum „Herausschlagen" eines Elektrons benötigt. Diese Energie hat er in die Masse des bewegten Photons umgerechnet. Einstein ging davon aus, dass ein Objekt unterwegs sein muss, und dass es am Ziel zu Zusammenstößen mit anderen Objekten kommt.

Es gibt aber keine Treffer. Was keine Masse hat, kann auf keine Weise stoßen. Das Photon widerspricht der Mechanik. Das Licht transportiert

---

5 Siehe auch S. 139.

keine Objekte. Vielmehr erscheint der Transport von Arbeit als Licht. Das Licht ist die Fortpflanzung der Arbeit.

Ein Atom kann nur dann erodieren, wenn seine Erhaltungsarbeit überlastet wird. Das Atom setzt die Elektronen frei, die es nicht „halten", das heißt, nicht länger versorgen kann. Umgekehrt fliegen jene Elektronen fort, die nicht mehr ausreichend oder falsch versorgt werden.

Ohne „engagierte Kräfte" gibt es freilich keine Bombardierung. Das Atom wird durch Überarbeitung überlastet, nicht durch Einschläge irgendwelcher Art verstümmelt. Das Photon auf Reisen ist ein gedankliches Konstrukt. Das mechanische Denken kann sich eine Bewegung ohne reisendes Objekt nicht vorstellen.

Es sind jedoch keine Reisenden unterwegs, sondern lediglich die Arbeit pflanzt sich fort, breitet sich aus, verteilt sich. Welche Arbeit das Licht ist, das wird im nächsten Kapitel erörtert.[6]

Hier ist vorerst festzuhalten, dass die Vorstellung von Licht nicht über die eingesetzten Messverfahren hinauskommt. Der Glaube an das Maß dominiert den Glauben an das Licht.

Werden Masse und Energie umgerechnet, so werden zwei Maße umgerechnet. Das gemessene Objekt bleibt davon unberührt. Das vermutete Ding in der Bewegung wird von der Vorstellung formuliert, die auf mechanischen Erfahrungen und Verfahren beruht.

Geht aber die Masse leer aus, so endet die Mechanik notwendig. Ohne Masse gibt es keinen arbeitsfähigen Körper mehr, keinen Akteur, und so auch keinen Hersteller der Bewegung mehr.

Das Messen „der Photonen", der vermeinten Objekte, kann die Frage des Dualismus nicht entscheiden, weil das Maß von den beiden widersprüchlichen Messverfahren abhängt, die den Dualismus *erzeugen*. Nicht das Licht ist dualistisch, sondern das Messen.

Was am Ziel „gemessen" wird, das hängt davon ab, wie das Messen erfolgt. Sind zwei oder mehr Spalten im Hindernis offen, so verteilt sich die Arbeit auf alle gangbaren Wege. Das Ziel wird rhythmisch geflutet und zeigt jene „Wellenmuster", die es zur Selbsterhaltung *herstellt*.

Ist nur ein Spalt offen, so setzt sich die Arbeit auf diesem einen gangbaren Weg fort. Das Ziel zeigt seine überlasteten Atome, die sich mittels Emission gerettet haben. Dass der mögliche Arbeitsablauf materiell vorgegeben, fix installiert wird, und so auch vorweg entschieden wird, das wird übersehen.

---

6 Siehe dazu auch Seite 135.

Die Lichtgeschwindigkeit ist kein Indiz für ein fliegendes Objekt. Wie jede andere Geschwindigkeit ist sie ein Vergleich von Maßen. Das Maß des Weges wird durch das Maß der Zeit geteilt. Das Verhältnis von Zahlen kann weder eine Bewegung herstellen, noch ein fliegendes Objekt. Zu jeglicher Herstellung kommt nur die Arbeit in Frage.

Die Verbindung von Quelle und Senke

Wird etwas ausgetauscht, so tauchen Quelle und Senke auf. Die Quelle gibt, die Senke nimmt. Quelle und Senke sind getrennt, funktional verschieden, indem sie verschieden arbeiten.

Damit ist noch nicht gesagt, wie weit Quelle und Senke räumlich getrennt sind. Sie können einander fast berühren, oder auch in verschiedenen Galaxien leben. Entscheidend ist nicht der Abstand, sondern die beiderseitige Integrität oder Begrenztheit.

Quelle und Senke weisen verschiedene Formen auf, das sind unterschiedliche Grenzen des Inhalts. Ihre Form oder inhaltliche Grenze wird von der Reichweite ihrer internen Arbeit bestimmt. Wo die Rotation seiner Teile anfängt und aufhört, dort ist die Grenze des Körpers.

Was Quelle und Senke verbindet, das ist der teilweise Austausch ihrer Inhalte. Was sie austauschen, das muss sich zwischen ihnen befinden und auf diese Weise die Verbindung herstellen.

Die allgemeinste Verbindung stellt das „Plasma" her. Diesen Begriff prägte 1923 der Elektrotechniker und Nobelpreis-Chemiker Irving Langmuir.[7] Das Plasma besteht aus subatomaren Teilen und Inhalten, die sich untereinander mischen, vereinen und trennen, während sie strömen.

Kristian Birkeland begründete um 1900 mit seinen Experimenten die „Plasmaphysik", welche seither aufwächst. Sie erforscht die Arbeitsweise des Plasmas, wie es sich formiert, wie es strömt und wirkt. Das Plasma arbeitet nicht mechanisch, sondern „elektromagnetisch". Protonen gelten als positive, Elektronen als negative Ladung. Andere Bestandteile sind noch nicht messbar und deshalb unbekannt.

Die Strukturen der Himmelskörper formieren sich gemäß dem „Plasma-Modell" nicht, weil die Körper schwer und träge sind, sondern weil sie elektrisch geladen sind.

Im Gegensatz dazu leugnet das „Gravitations-Modell" eine Ladung der Himmelskörper, oder gar eine Ladung des „leeren" Raumes. Die klassische Physik anerkennt jedoch den empirischen Befund, dass überall im

7 Anthony L. Peratt, Physics of the Plasma Universe, New York 2015, S. 2

Kosmos „magnetische Felder“ anzutreffen sind. Bewegen sich diese, so erzeugen sie von sich aus unvermeidlich „elektrische Felder“.

Die Austragung des langjährigen Disputs überlassen wir der Physik. Er ist methodisch begründet. Es wird sich langfristig wohl jene Methode durchsetzen, die weniger Thesen voraussetzt und mehr empirische Funde voraussagen kann.

Die Verbindung von Quelle und Senke besteht aus dem Austausch von Plasma, den sie untereinander pflegen. Das Plasma ist notwendig zwischen ihnen. Es füllt den Zwischenraum oder besser, stellt ihn sogar her.

Der Raum kann nicht vorfabriziert sein. Dazu fehlen die Mittel und Arbeitsweisen. Ein vorausgesetzter Raum ist eine Idee, die sich nicht selbst verwirklichen kann. Nimmt sie irgendwelche Helfer in Anspruch, so erzeugen diese den Raum. Wir rufen das Plasma zu Hilfe, das die Körper trennt. Es kommt von den Quellen und strömt zu den Senken.

Nimmt der Raum das Gegebene, das Plasma, so füllt er sich mit dem Genommenen, mit dem Plasma. Gibt der Raum Plasma ab, so nehmen die Körper es auf.

Die Arbeit wird geteilt, indem sie gegensätzlich erfolgt. Die Zusammenarbeit ergibt die Koexistenz. Körper ohne Raum sind ebenso unmöglich wie ein Raum ohne Körper. Ist das Plasma die Fülle des Raumes, so sind Körper ohne Plasma ebenso unmöglich wie das Plasma ohne Körper.

Wollen wir das nicht, so beharren wir auf dem leeren Raum. Mit der Produktion von Plasma hört aber der Austausch auf, den Quellen und Senken aufrecht erhalten. Mit der Arbeit hören auch die Quellen und Senken auf zu bestehen. Der Raum wird in der Tat ganz leer.

Nur wir sind noch da und tun uns wirksam kund, womit wir den Raum wieder füllen, diesmal mit unserem Plasma. Wir lösen uns auf und bringen so die Welt wieder in Gang. Niemand könnte es besser als uns ergehen. Am Plasma führt kein Weg vorbei.

Der Raum wird von der Reichweite der Arbeit bestimmt. Er *ist* diese Reichweite. Es sind jedoch zwei Arbeiten im Gange, jene der Körper und jene des Plasmas. Sie ergänzen und widersprechen einander. Sie bilden von innen und von außen eine gemeinsame, nur relativ gültige Grenze.

Der Innenraum der Körper steht ihrem Außenraum gegenüber, dem Plasma. Der Innenraum des Plasmas steht seinem Außenraum gegenüber, den Körpern. Das Plasma mag die Körper durchströmen, wird aber dabei zu körpereigenem Plasma verarbeitet. Deshalb sind innen und außen *relativ* gültig, das heißt, in Beziehung zueinander gültig.

Was den Raum durchreist, wird klassisch als „Strahlung" bezeichnet. Sie soll allein aus „Energie" bestehen, also ohne Materie auskommen. Da durchreisen die Maße der Arbeit den Raum.

Die Bewegung der Strahlung besteht aus „dem Strahlen". Die Strahlung strahlt. Sie bewegt sich infolge dem Strahlen der Strahlen. Der Pleonasmus übertüncht die logische Schleife.

Auch die Energie kann sich auf keine Weise bewegen, weil ihr dazu die Energie fehlt. Es geht ihr nicht besser als der Kraft, die ohne Kraft nicht vorankommt. Die Energie ist ein Maß, wie sich Bewegungen verändern, kann aber weder ausreiten noch einschreiten.

Die Energie ist ein Artefakt der Beobachter, eine von der Vernunft angefertigte Erklärung. Die Beobachter können auch nicht einschreiten. Sie können nur messen und rechnen.

Die Physik weiß sich allerdings ganz praktisch zu helfen. Schaltet sie Energien ein, so führt sie externe Arbeiten hinzu. Sie fügt sie ein in das reale Geschehen, in die Arbeit der Natur. Die frische Arbeit gilt aber nicht, es zählt nur ihr Maß, die Energie. Das neue Maß macht sich an der Masse zu schaffen, am Maß der alten, bereits vergegenständlichten Arbeit.

Strahlen können nicht strahlen. Da wird unterstellt, dass das Objekt der Strahlen dasselbe sei wie die Bewegung der Strahlen. Objekt und Bewegung sollen dasselbe sein, ein Gemenge aus Masse und Energie. Das funktioniert bei den Maßen, aber nicht in der Natur.

Das Gemessene kann so oder so gemessen werden, vielfach verglichen werden. Es kann aber nur auf eine Weise sein, nämlich so, wie es an sich arbeitet. Wie arbeiten Strahlen?

Sollen Strahlen arbeiten, so müssen sie Strahlen geben und nehmen. Das ist aber ausgeschlossen, sofern sich Strahlen nicht teilen und vereinen. Tun sie das, dann bestehen Strahlen aus Plasma, das sich teilt und vereint. Die Strahlen sind dann nur die Wege, auf welchen sich die Arbeit des Plasmas fortpflanzt, verteilt und so auch ausbreitet. Strahlen sind eine Geometrie der Arbeit.

Wie pflanzt sich die Bewegung fort?

Kein Mensch entsteht aus dem Umstand, dass er ein Mensch ist. Der Mensch muss erzeugt, das ist gezeugt, ausgetragen und geboren werden. Dann muss er seine Existenz, sich selbst, erarbeiten. Die logische Abfolge der Arbeitsschritte kann nicht umgangen werden.

Keine Bewegung entsteht aus dem Umstand, dass sie die Bewegung ist. Was erst wird, das ist noch nicht. Was schon ist, das wird nicht mehr.

Werden kann nur, was hergestellt wird. Was fertig ist, wird nicht mehr hergestellt. Was weiter bestehen soll, muss an sich arbeiten.

Die Bewegung muss hergestellt werden, bevor sie stattfindet. Was immer die Bewegung fabriziert, hervorbringt, ist in jedem Fall eine Arbeit. Nachdem jede Arbeit aus Geben und Nehmen besteht, muss die Bewegung dem eigenen Nehmen folgen und das eigene Geben fliehen. Die Bewegung folgt der Absorption und flieht die Emission.

Die Bewegung kann sich nicht selbst herstellen. Sie kann keine ihrer Teile absorbieren oder emittieren. Die Bewegung ist auf ein Subjekt angewiesen, das Inhalte absorbiert und emittiert.

Die Bewegung braucht die Arbeit zu ihrer Genese. Die Arbeit muss von einem Akteur getätigt werden.

Die Arbeit ist verschieden von ihrem Produkt. Das Produkt ist verschieden von seiner Herstellung. Die Arbeit ist der Hersteller der Bewegung. Die Bewegung ist ihr Produkt, ihr Werk.

Die Arbeit erscheint in ihrem Werk, in der Bewegung. Das Produkt offenbart seine Herstellung. Die Bewegung ist die Frucht der Arbeit, ist ihre Offenbarung.

Der eigenen Absorption eines Subjekts muss eine fremde Emission voraus gehen. Gibt es keine Quelle, so gibt es kein Emittat, das absorbiert werden könnte. Die Bewegung braucht das Geben und das Nehmen, also die ganze Arbeit, um aufzukommen.

Eine Bewegung im leeren Raum ist nicht möglich. Gibt es keine Versorgung, so gibt es keine Absorption. Setzt eine Substanz ihre Emission fort, so löst sie sich auf. Sie wird zu Plasma, das den Raum füllt.

Was aufgenommen wird, und was nicht, das entscheidet die Erhaltungsarbeit der Senke, die von ihrer Arbeitsfähigkeit geformt wird. Jede Absorption wird vom Geist der Senke geleitet und kontrolliert. Fehlt der Senke die Arbeitsfähigkeit, fehlt ihr der Geist, so ist sie keine Senke. Ohne Geist kann sie nicht absorbieren.

Die Erhaltungsarbeit entscheidet auch, was emittiert wird, und was nicht. Die Emission wird vom Geist der Quelle geleitet und kontrolliert.

Die Senke verwandelt sich in eine Quelle, während sie ihren Zugang verarbeitet. Die Arbeitsfähigkeit wechselt vom Nehmen zum Geben. Der Geist der Senke verwandelt sich in den Geist der Quelle. Fehlt die Verwandlungsfähigkeit des Geistes, so scheitert mit der Arbeit die Existenz.

Die Quelle kann keine Kraft auf die Senke ausüben, weil eine eintreffende Kraft die Arbeit der Senke stören würde. Befehle aus der Ferne machen die eigene Arbeitsfähigkeit zunichte. Das lernt schon jedes Teilchen ganz faktisch, ohne jegliches Bewusstsein. Geist aus der Ferne zerstört den tätigen Geist, die Selbstkontrolle der Arbeit.

Das Maß des Raumes

Nur wenn die aus Plasma bestehende Verbindung ignoriert wird, nur dann können Quelle und Senke als „bloß räumlich getrennt“ gedacht und behauptet werden. Der Raum wird dann als *leer* voraus gesetzt und auf diese Weise zum geometrischen Abstand degradiert, zum Maß des Raumes.

Das Plasma wird durch jene Kräfte ersetzt, die seit Albert Einstein von der „Krümmung der Raumzeit“ ausgehen. Umgekehrt gerät diese Krümmung rasch in Verdacht, ein methodischer Ersatz für den Austausch von Plasma zu sein.

Einstein hat zwar jenen gallertigen „Äther“ erfolgreich aus der Physik verbannt, der die Wellen des Lichts tragen sollte, er hat aber nicht auch das Plasma aus dem Universum beseitigt. Solange Quellen aktiv sind, wird das niemandem gelingen. Liefert eine Quelle nur Leere, so ist sie keine Quelle.

Die Quelle kann nur geben, was zuvor ein Teil ihres Inhaltes war. Die Senke kann nur nehmen, was zu einem neuen Teil ihres Inhaltes wird. Anders kommt ein Austausch nicht zustande. Umgekehrt besagt das, dass notwendig Teile des Inhalts ausgetauscht werden. Teile des Inhalts sind Teile der Substanz. Der Austausch von Plasma ist substanzieller Art. Das Plasma ist die ausgetauschte Substanz.

Sein und Werden

Der Austausch von verbrauchtem Inhalt ist notwendig, um den Bestand zu erneuern und zu entwickeln. Ohne Arbeit kein Sein, weder da noch dort. Die Existenz der Substanz wird auf emsige Weise gesichert. Geschieht die Erneuerungsarbeit, so setzt als Folge die Bewegung ein. Die Substanz erneuert sich von hier nach dort. Was veraltet, entschwindet in der anderen Richtung. Existenz ist nur möglich mittels der Bewegung, die aus der Arbeit hervorgeht.

Dinge sind nicht, sondern werden von hier nach dort. Nur was sich bewegt, existiert. Existieren heißt, sich bewegen mittels Mitarbeit. Es gibt kein bleibendes Sein, sondern nur ein stetiges Werden. Alle Produkte sind nur werdend, sind nur im Werden.

Nur die Arbeit ist seiend, indem sie sich selbst immer neu herstellt. Sie bleibt dabei aber nicht gleich. Die Arbeit setzt sich nie anders fort, als sie sich neu, als neue Arbeit hervorbringt. Selbst das eigentliche Sein, jenes der Arbeit, ist ein Werden. Das Sein und das Werden der Arbeit sind ident, indem sich die Arbeit selbst erneuert.

Der Unterschied von Sein und Werden besteht darin, dass das Sein das Ergebnis seines Werdens in sich einschließt. Das ganze Sein umfasst alles Werden. Alles Werden ist aufgehoben im ganzen Sein.

Das ganze Sein ist dasselbe wie die ganze Arbeit. Sie umfasst alle werdenden Arbeiten. Jede einzelne Arbeit, die wird, die auftaucht und untergeht, wird von der ganzen Arbeit aufgehoben.

Die besondere Arbeit erlischt in der ganzen Arbeit, nachdem sie sich vollbracht und ihre Ergebnisse eingebracht hat. Im ganzen Sein sind alle Werke *aufgehoben*, ebenso bewahrt wie erloschen und verwandelt.

Alle einzelnen Arbeiten machen die Arbeit so ganz wie das Sein. Das Werden der besonderen oder einzelnen Arbeiten ergibt das Sein der ganzen oder allgemeinen Arbeit. Das ganze Sein ist nicht anders als sein Werden, das von allen Arbeiten sichergestellt wird.

Die Entdeckung des Plasmas

Nicht nur die „Teilchen" aller Art sind ein notwendiger Bestandteil der Materie, sondern auch das Plasma, das nicht partikuliert ist. Es vereinigt die Emittate der regionalen Quellen zu fließenden Strömen, die das Habitat versorgen und so auch formen.

Umgekehrt ist die Partikulation der Materie den Forschungsmethoden zuzuschreiben. Die Natur stellt ihrerseits keine Bruchstücke her. Sie fertigt zwar gesonderte Arbeitseinheiten wie Atome, isoliert sie aber nicht von ihrem Habitat. Jede Entität ist durch ihre Arbeit mit der Umgebung verbunden. Die Verbindung ist nicht trennbar.

Physikalisch wird das Plasma als Strom von Elektronen oder Protonen behandelt. Die beiden Ströme überlagern und verflechten sich wie Zöpfe oder Schraublinien zu „Birkeland-Currents". Der norwegische Physiker Kristian Birkeland hat sie um 1900 im Labor hergestellt und untersucht.

Die methodische Beschränkung auf Elektronen und Protonen liegt am Verfahren, das mathematisch und messtechnisch nur mit „geladenen Teilchen" zurechtkommt. Es sind aber alle Emittate zu betrachten. Das Habitat wird von ihnen gefüllt.

Das Habitat muss in weiterer Folge der Erhaltungsarbeit aller Insassen genügen. Zwischen den Körpern und ihrem Habitat findet ständig ein Austausch statt, der beiden Seiten zur Existenz genügt. Ansonsten wandern die Insassen ab oder lösen sich auf.

In den Strömen müssen nicht immer alle subatomaren Inhalte erfasst und vereint sein, die von den Quellen emittiert werden, und auch nicht alle zugleich. Der Zustand des Plasmas hängt vom Verhältnis der Quellen und Senken ab, das sich ständig ändert. Je weitläufiger die Absorption der Senken ausholt und erntet, desto magerer wird das Plasma. Je intensiver die Quellen emittieren, desto dichter wird das Plasma.

Umgekehrt entscheidet das gegenseitiges Verhältnis die regionale Verteilung von Quellen und Senken. Sie bilden Strukturen, die von Atomteilen bis zu Galaxienhaufen und Superhaufen reichen.

Wird das Verhältnis verändert, so wird die Struktur angepasst. Das dauert je nach Ausdehnung Nanosekunden oder Jahrmillionen.

Neben den dominanten Strömen wird es auch relativ ruhige Zonen, untergeordnete Seitenarme, rotierende Strudel und Turbulenzen geben. Hinweise darauf gibt die Verflechtung der Ströme. Ein analoger Vergleich mit den Ozeanen mag der Vorstellung helfen, nur fehlen hier der Meeresboden und das Festland als Gefäß des Wassers.

Die Ladungen, die getrennt bleiben, bilden zwei messbare Ströme. Der eine Strom ist positiv geladen, der andere negativ. Unterwegs erfolgt ihre Verflechtung umeinander. Es gelingt weder die Vereinigung mittels Ausgleichs der Ladungen, noch die Trennung.

Die Ströme fließen in gegengleicher Richtung, wenn sich zwei Quellen gegenüberstehen. Das können auch zwei Galaxien sein. Die eine Quelle emittiert Elektronen und ist zugleich eine Senke von Protonen. Die andere Quelle emittiert Protonen und absorbiert im Gegenzug Elektronen.

Die Emittate, die nicht mitströmen, besiedeln den Zwischenraum der Ströme. Er wird von entlegenen Quellen gespeist oder von anderen Strömen gequert, die sich langsam einfügen oder auflösen. Dort mischt sich das Plasma gemäß der eigenen Erhaltungsarbeit.

Eine Leere oder Lücke kann nicht auftreten, weil das Plasma nicht begrenzt werden kann. Es breitet sich so aus, wie es arbeitet. Überschüsse werden ringsum abgegeben, womit die Arbeit verteilt wird. Es entstehen Kugelwellen, das sind „Dichtewellen“, die sich wie im Wasser ausbreiten.

Beobachtet werden elektrische Entladungen von Plasmaströmen, wobei sich Elektronen und Protonen wieder zu Atomen vereinen. Die atomaren Überschüsse werden als Strahlung abgegeben. Die kosmischen Entladungen werden als „Sternen-Nebel“ bezeichnet.

Klassisch werden diese Nebel nicht dem Plasma, sondern „Kollisionen“ oder „Explosionen“ von Sternen zugeschrieben. Da sind freilich wieder Kräfte gefordert, die nicht hinkommen. Immerhin produzieren die Explosionen ihrerseits im Ergebnis wieder Plasma. Der Unterschied liegt also nur im Verständnis der Arbeit.

Das atomare Plasma

Die Vereinigung des Plasmas erfolgt nicht nur in kosmischen Entladungen, sondern auch im Atom. Das Atom ist nicht leer, wie Ernest Rutherford behauptete, weil er zwischen dem Kern und den Schalen keine Reflektoren von Elektronen fand.

Das Zurückwerfen oder Ablenken von Elektronen zeigt zwar Materie an, aber das „unbeschwerte" Durchreisen ist kein Indiz für die Nicht-Existenz von Materie. Rutherford unterstellte, dass jede Materie Elektronen reflektieren könne und müsse. Das ist nicht der Fall.

Das Plasma im Atom lässt Elektronen durch? Nein, es bildet neue Elektronen, die das Atom dann freisetzt. Die Messgeräte können aber nicht zwischen alten und neuen Elektronen unterscheiden. Das liegt daran, dass die verwendeten Isotope nur Empfang oder Abgabe melden, also ganze Elektronen erst voraussetzen, dann zählen und so auch suggerieren.

Der „Atomismus" stellt sich die Atome und Teilchen isoliert vor, von Leere umgeben. Dieses Konzept ist schlicht ignorant. Kein Gedanke kann die Leere herstellen. Kein Objekt kann seine Umgebung entleeren und sich dann selbst verabschieden.

Die Leere ist eine leere, gegenstandslose Idee. Nichts kann diese Idee füllen oder erfüllen, wahr machen. Ist nichts die Fülle der Leere, so entsteht keine Leere, sondern nichts.

Das mittels Leere isolierte Atom oder Teilchen ist zwar ein Gegenstand der Vorstellung, aber diese Vorstellung ist absurd. Wer sich isolierte Partikel vorstellt, geht an der Materie vorbei. Sie ist kein Splitterfeld, auch kein Informationsnetz, sondern eine arbeitende Struktur. Jeder Teil arbeitet entweder mit, oder zerstört seine Existenz.

Die „Partikulation" der Materie, der Glaube an Partikel geht aus dem Zertrümmern der Atome hervor. Dabei werden alle Nebenprodukte übersehen, die technisch nicht greifbar sind, die dem Schlachtfeld der Kollision unentdeckt entkommen.

Sie werden als nicht vorhanden abgetan, so als wäre die Greifbarkeit das Kriterium der Existenz. Dabei erfolgt das Greifen mittels Nebelkammern, Magnetfeldern und Spurenlesen. Eine so verfertigte und bewiesene Leere ist hausbacken, der eigenen Methode geschuldet.

Die Leere zwischen den Partikeln ist allerdings unverzichtbar für das Partikel-Modell. Es verendet früher oder später in der ewigen Suche nach den „unteilbaren Elementarteilchen".

Elementar sind nicht die gefundenen oder erzeugten Teilchen, sondern lediglich deren Maße. Das Finden leidet unter dem logischen Zirkel der Voraussetzung des Gesuchten. Das gilt auch dann, wenn sich das Gesuchte auf gelöste Gleichungen stützt. Der Grund ist, dass die Zahlen der mathematischen Physik nur aus Maßen gewonnen werden können.

Nur Maße können Zahlen liefern. Hingegen liefert das Gemessene niemals Zahlen, weil es keinem Vergleich wirklich entspricht.

Das Vergleichen und Zählen ist und bleibt eine Arbeit des Menschen, auch wenn es höchst leidenschaftlich und genauestens erfolgt.

Solange die Teilchen *irgendwie* verbunden sind, egal auf welche Weise, ist die Materie nicht zerstückelt, sondern bildet sie eine gefügte Struktur, ein sich selbst fügendes Gebilde, nämlich das Werk der eigenen Arbeit.

Das vorige „Irgendwie" obliegt den Teilchen. Wenn sie gegenseitig an sich arbeiten, an ihrem Bestand, dann besteht ihre Verbindung aus ihrer Arbeitsteilung. Wir können die Arbeit nicht von den Teilchen trennen, weil es ohne Arbeit weder Existenz noch Bewegung gibt.

Werfen wir die Arbeit beiseite, weil wir sie den Teilchen nicht zutrauen, so werfen wir auch die Teilchen beiseite. Versuchen wir das, weil wir Geist und Arbeit angeblich gepachtet haben, so wollen wir lediglich das Kommando der Arbeit übernehmen und behalten. Gelingt es der Physik, die Arbeit eines Atoms zu kommandieren? Mittels Statistik?

Die „Wechselwirkung" unterstellt den Austausch von Partikeln, die den Kräften gehorchen, hin und her fliegen, dabei die Leere durchqueren, und schließlich aneinander wirken.

Diese Vorstellung von gegenseitiger Wirkung entsagt der Kausalität, dem klassischen Fundament der Mechanik. Das neue Denkschema bietet nur den Verzicht auf die alte Logik, aber weder eine Erklärung noch einen Sinn der neuen Auffassung. Die Leere wird ebenso unterstellt, wie die von ihr isolierten Partikel, und wie die Gegenwart der Kräfte. Die Unterstellung wird nicht thematisiert, sie erfolgt unbewusst, aber methodisch.

Eine Fülle des Raumes wurde bislang nicht gefunden. Gemessen wird die Leere als *Hintergrundstrahlung* mit 3° Kelvin. Das Maß besagt nur, dass irdische Atome nicht absorbieren, weil sie gesättigt sind.

Dass die Materie arbeitet, das ist undenkbar. Nur das Maß ist Gegenstand der Physik. Nur das Maß genügt der Wissenschaft. Was nicht gemessen werden kann, das darf nicht anerkannt werden, lautet das Prinzip.

Kein Physiker, keine Physikerin kann gemessen werden. Physikalisch gesehen, gibt es sie beide nicht.

Die Verbindung von Quelle und Senke ist *materieller* Art, sofern die Quelle und die Senke es sind. Sind Quelle und Senke *geistiger* Art, so ist es auch ihre Verbindung. Es besteht weder eine Notwendigkeit, noch eine Möglichkeit, beide Seinsweisen oder Verbindungsarten zu trennen. Vielmehr kommt es darauf an, beide Austauschformen richtig miteinander zu verbinden. Geist und Materie sind in der Arbeit der Natur vereint. Es gibt niemanden, der die Arbeit der Natur spalten könnte.

Die Herstellung der Natur

Ich verstehe die Materie als das *Produkt* der Arbeit, und den Geist als die *Arbeitsweise* der Arbeit. Sobald gearbeitet wird, ist eine Arbeitsweise im Gange, ist der Geist tätig, und wird zugleich ein Produkt hergestellt, nämlich die Materie angefertigt. Geist und Materie sind nicht trennbar, denn sie sind die beiden Teile der Arbeit, welche die Natur vollbringt.

Die Arbeit der Natur stellt die Natur her. Die Natur ist das Werk, das Produkt ihrer Tätigkeit. Die Natur stellt sich selbst her. Die selbsttätige, autarke Arbeitsweise ist der Geist der Natur, ist ihre selbständige Methode, sich herzustellen. Die Natur ist die Einheit von Geist und Materie, also von Arbeitsweise und Produkt.

Die Natur ist nicht teilbar in Geist und Materie, weil sich Arbeitsweise und Produktion nicht trennen lassen. Wird ein Produkt hergestellt, so ist die Arbeitsweise erfolgreich. Die Materie realisiert den Geist. Die Materie macht den Geist wahr. Die Materie genügt dem realen, materiellen Dasein des Geistes.

Die Materie reicht hin, genügt dem Zweck, den Geist wahr zu machen. Die Materie ist die *hinreichende* Bedingung des Geistes. Ohne Materie kann der Geist nicht wirklich werden, weil sonst die Bedingung seines Bestehens nicht erfüllt ist. Ohne Materie kann der Geist nicht sein.

Wohnt der Geist dem Produkt nicht inne, so wurde er nicht realisiert. Der Geist ging dann fehl, er wurde nicht hergestellt. Zeigt hingegen das Werk den Geist seiner Herstellung, so offenbart die Materie den Geist, der ihr innewohnt. Die Materie ist die Wohnstatt des Geistes.

Ist eine Arbeitsweise im Gang, so wird ein Produkt hergestellt. Ist der Geist tätig, so wird die Materie erzeugt. Der Geist stellt die Materie her. Ohne den Geist gibt es keine Arbeitsmethode, findet keine Arbeit statt, wird also keine Materie angefertigt. Die Materie hat nicht nur ihre Herstellung, sondern auch deren Herstellungsweise zur Voraussetzung, den Geist. Der Geist ist eine *notwendige* Bedingung der Materie.

Beide Teile der Natur, Geist und Materie, erzeugen einander gegenseitig. Sie gehen ineinander ein und auseinander hervor. Dabei wechselt die Arbeit die Seiten, die sie bearbeitet. Tritt ein Fehler in der Herstellung der Materie auf, so wird der Geist verbessert. Die Arbeit korrigiert ihre Arbeitsweise. Ist die Arbeitsweise ungenügend, so versagt die fabrizierte Materie den Dienst. Sie wird aufgelöst und die Herstellung wird verbessert. Abermals wird der Geist korrigiert.

Der Geist funktioniert auch ohne Bewusstsein. Schlägt eine Arbeit fehl, so geht sie nicht weiter. Ihr Geist endet mit ihr.

Es setzt eine neue, andere Arbeit ein, die andere Produkte zeitigt. Alle Werke arbeiten weiter an ihrem Bestand, aber nur jene bleiben bestehen, deren Arbeit gelingt. Die anderen gehen von selbst unter.

Untergehen heißt, in allgemeiner Arbeit enden, die Besonderheit verlieren, die eigene Arbeit aufgeben. Die Arbeit reinigt sich durch Misserfolg von falschen Versuchen. Es wird nur jener Geist fortgesetzt, den die überlebende Arbeitsweise herstellt. Es überlebt nur jener Geist, der die richtige Arbeitsweise *ist*.

Die Arbeit stellt den richtigen Geist her als ihre lebensfähige Arbeitsweise. Eine fehlgeleitete Arbeit verwirft ihren falschen Geist, indem sie endet. Es bleibt nur jene Arbeit übrig, am Werk, die arbeiten kann, also über den richtigen Geist verfügt. Im Ergebnis wird nur richtige Arbeit geleistet. Erst das Bewusstsein kann auf falscher Arbeit beharren, beendet damit jedoch das Leben, auf dem es beruht, von dem es hergestellt wird.

Die *notwendige* Bedingung der Materie, der Geist, wird durch die Arbeit der Natur erfüllt. Die Arbeit stellt die Materie her als ihr Produkt. Sie erfüllt damit ihre Bedingung, über den Geist, über eine Arbeitsweise zu verfügen. Anders kann sie nicht produzieren. Die Arbeit bedingt und erfüllt sich selbst, indem sie ihren Geist herstellt.

Auch die *hinreichende* Bedingung des Geistes, die Materie, wird durch die Arbeit der Natur erfüllt. Solange Materie angefertigt wird, wird der Geist realisiert, der die Anfertigung geleitet hat. Wird kein Geist materialisiert, nicht der Materie einverleibt, so entsteht keine Materie, geht die Arbeit fehl. Die Arbeit erfüllt ihren Geist, indem sie die Materie dem Geist entsprechend herstellt.

Nie kann ein Teil der Arbeit ohne den anderen Teil agieren. Scheitern beide, Geist und Materie, oder haben sie Erfolg, so beginnt eine neue Arbeit. Die Arbeit pflanzt sich unter allen Umständen selbst fort. Sie generiert Geist und Materie stets neu, besser angepasst, und generiert auf diese Weise sich selbst. Die Arbeit erzeugt sich selbst, indem sie lernt, sich selbst bildet und entfaltet.

Die Arbeit ist die Bildung des Selbst, so auch die Bildung der Natur. Die Natur ist das Selbst der Arbeit, ihre Genese und ihre Erfüllung. Das Selbst ist das Wesen der Natur. Das Selbst verwirklicht sich selbst durch seine Arbeit. Die Natur macht dasselbe. Natur und Selbst sind ident. Sie sind beide das Erzeugnis derselben, eigenen Arbeit.

Was die Arbeit macht, ist sie selbst, nämlich die ganze Arbeit, ist zudem die Natur als ihr Werk, und das Selbst als ihr Geist. Das Selbst ist der Geist der Arbeit. Die Natur ist das Werk der Arbeit. Die Arbeit ist das Ganze aus Geist und Werk.

Die Arbeit ist die Einheit von Selbst und Geschöpf. Die Arbeit ist das Eine, das sich selbst hervorbringt, sich teilt und vereint, sich auf jede Weise ganz macht. Das Eine schafft sich und seine Geschöpfe.

Die Arbeit formt und bearbeitet sowohl den Rohstoff der Arbeit, das Plasma, als auch ihre Organe, die Akteure, die Substanzen und Himmelskörper. Die Arbeit umfasst ihre Werkzeuge und Hilfsmittel, sowie ihre Zwischenprodukte und Resultate. Sie werden zuerst von der Arbeit hergestellt, und agieren dann als selbständige Arbeitseinheiten.

Die Arbeitseinheiten sind die „Arbeitsorgane". Sie bilden sich gemäß ihrer Arbeitsweise, gemäß ihrem Geist, und bilden zudem Strukturen, Arbeitsgemeinschaften. Die Strukturen entsprechen der Arbeitsteilung und diese der Zusammenarbeit. Die ganze Arbeit gibt ihre Arbeit an ihre Organe ab. Die Allmacht fügt sich aus den Organen, die sie herstellt.

Die Arbeit erzeugt den *ersten* Zweck, die Existenz. Die Organe folgen diesem Zweck auch weiterhin, indem sie an ihrem Bestand weiterarbeiten, indem sie ihre Erhaltungsarbeit leisten.

Die Erhaltung der Existenz ist der *zweite* Zweck, den die Arbeit in die Welt setzt.

Der *dritte* Zweck ist die Gestaltung der Existenz mittels Erzeugung und Selektion weiterer Zwecke. Diese Fähigkeit erfordert bereits Leben, wie jenes der Pflanzen, aber noch kein Bewusstsein. Schon die grundlegende Arbeit ist zweckmäßig, nicht erst die lebendige. Die Arbeit folgt den Zwecken, die sie aus sich hervorbringt. Ihr Geist ist teleologisch.

Gegenstand der Arbeit ist ihr Produkt, die Materie. Die Materie ist zweckmäßig. Die Materie ist nicht nur das *Objekt* der Bearbeitung, sondern auch das *Subjekt* der Mitarbeit. Aus diesem kausalen Grund und zu diesem finalen Zweck ist die Materie arbeitsfähig strukturiert. Jede Arbeitseinheit leistet ihren Beitrag, und ist dazu geistig befähigt. Anders kommen sie und die ganze Arbeit nicht zustande.

Scheitert eine Struktur, so wird sie aufgelöst und durch ein neues Organ ersetzt. Der kausale Grund ist das Scheitern der Arbeit und der finale Zweck ist ihr Gelingen. Der kausale Grund und der finale Zweck sind ident im Wendepunkt der Arbeit. Die Arbeit verwandelt ihren Grund in ihren Zweck, wenn sie von der falschen zur richtigen Arbeit fortschreitet.

Der finale Versuch ist der Beginn der Arbeit. Der akute Irrtum ist ihr Fehlschlag, ihr Ende. Das Versagen ist das kausale Ende der alten Arbeit und zugleich der finale Grund für die neue Arbeit, die ihre Zwecke und Methoden anpasst. Der finale Erfolg ist das Resultat der lernenden Arbeit.

Die Kausalität ist die Weiche zwischen den Akten, ist die Korrektur der Arbeit, die insgesamt zweckmäßig erfolgt. Die Kausalität ist das Instrument der Finalität, ist das Mittel der Realisierung.

Der Erfolg der Arbeit beruht auf dem richtigen Geist, der während der Arbeit erarbeitet wird. Der richtige Geist startet die jeweils nächste Arbeit. Die Arbeit lernt, indem sie arbeitet.

Der neue Geist eröffnet neue Möglichkeiten der Arbeit. Sie setzt neue Zwecke, indem sie diese erprobt. Die Aufteilung der Arbeit ist der Ursprung der Möglichkeit.

Die Möglichkeit ist die Agenda des neuen Geistes, den die Arbeit hervorgebracht hat, und den sie nun verwirklicht, in Materie verwandelt. Ohne die Arbeitsteilung gibt es keine Möglichkeit, die Arbeit neu zu gestalten.

Die Arbeitsteilung erzeugt den neuen Geist, der die neuen Ziele der Arbeit formuliert, die neue Arbeitsweise verfasst und die künftige Arbeit sinngemäß kontrolliert.

Der Sinn

Der Sinn ist die Realisierung des Zwecks. Wird ein gesetzter Zweck erfüllt, macht ihn die Arbeit wahr, so war die Arbeit sinnvoll. Auch der Sinn braucht kein Bewusstsein. Zwar wird das menschliche Bewusstsein später versuchen, allen Sinn für sich zu beanspruchen, aber der Sinn lässt sich nicht vereinnahmen. Er wohnt der Arbeit urwüchsig inne, weil die Arbeit Zwecke setzt und erfüllt.

Macht die Arbeit Sinn, so wohnt er dem Produkt, der Materie inne. Das Sinn-Machen beruht auf der Arbeitsweise, auf dem Geist. Wird der Geist im Sinn des Produkts realisiert, verwirklicht, so wohnen beide, Geist und Sinn, der Materie inne. Der Sinn wird der Materie nicht anders einverleibt als der Geist.

Damit der Geist Sinn machen kann, muss er das Ziel der Arbeit bestimmen. Der Geist muss die Zwecke setzen, welche die Arbeit verfolgt. Der Geist muss der Arbeit nicht notwendig vorausgehen, aber er muss sie führen oder lenken.

Verfolgt die Arbeit andere Zwecke, so werden Geist und Sinn getrennt. Dazu braucht die Arbeit aber divergierende Arbeitsweisen, also wenigstens zwei Methoden. Unterdessen kann sie nur eine Methode ausüben. Deshalb kann die Arbeit Geist und Sinn nicht entzweien. Solange eine Arbeit im Gange ist, folgt sie ihrem Geist und macht sie Sinn.

Entsteht die Materie, so fügt sie sich dem Geist. Auf diese Weise wird ihr der Sinn einverleibt. Alle Werke der Arbeit sind sinnvoll, alle Materie ist sinnvoll. Wir können keine Materie finden, die wir nicht als notwendig für den Bestand der Welt erachten.

Die Zusammenhänge zwischen Materie und Sinn kennen wir aus unserem Leben, insbesondere aus unserer menschlichen Arbeit. Ohne Sinn wollen wir weder arbeiten noch leben. Sind wir dazu gezwungen, so werden wir krank.

Dieselben Zusammenhänge gelten auch für die umfassende, ganze Arbeit, welche die Natur herstellt. Dort können wir freilich nicht eingreifen. Niemand kann die Natur zwingen oder „bezwingen“. Versuchen wir das auf „unserem“ Planeten, so werden wir scheitern. Wir „wissen“ fast nichts, nicht einmal, ob wir immer allein waren, oder es jetzt sind.[8]

Wir glauben an unsere Arbeit, verneinen aber die Arbeit der Natur. Wir pochen auf unseren Sinn, so als könnte die menschliche Vernunft höheren Sinn zeitigen. Das macht uns unvernünftig.[9]

Sinn kann nur jener Geist machen, der die Arbeit *faktisch* leitet. Dieser Geist ist allerdings die Arbeitsweise des Planeten Erde, nicht unser menschlicher Geist. Wo der humane Geist seine Reichweite verlässt, überschreitet, da produziert die menschliche Arbeit nur Unsinn und Tod.

Beschränken wir die Arbeit des Geistes auf das Gehirn, so übersehen wir, dass auch die Gehirne ein Erzeugnis der Natur sind, und zwar zweckmäßige, sinnvolle Organe. Gehirne müssen dem Sinn folgen, den die Natur herstellt. Anders kommen sie nicht zustande.

Der Sinn der Natur kann den Zwecken der Natur nicht widersprechen, weil der Geist der Natur zweckmäßig arbeitet, und der Sinn nur die Realisierung der Zwecke ist. Die Arbeit der Natur erzeugt alle Akteure, die sie für die Realisierung des Zwecks benötigt. Umgekehrt sind alle Entitäten sinnvolle Organe der Arbeit. Das gilt auch für die Gehirne.

---

8 Heinrich & Ingrid Kusch, Geheime Unterwelt, Bad Vöslau 2023, S. 211.

9 Wie entscheidet die Vernunft? (a)Für die Materie sind die Gesetze der Physik maßgeblich. (b) Für die Gesetze der Physik ist die Materie maßgeblich. (c) Die Gesetze der Materie und der Physik sind beide maßgeblich. (d) Die Gesetze der Physik und der Materie stimmen überein. (e) Die Gesetze der Physik sind die Gesetze der Materie. (f) Es gibt keine Gesetze der Materie. (g) Die Materie folgt keinen Gesetzen.

In der Natur sind Geist und Materie vereint, weil sich die Natur mittels ihrer Arbeit selbst herstellt. Die Natur ist das Erzeugnis ihrer sinnvollen Arbeit. Die Arbeit der Natur ist die sinnvolle Hervorbringung der Natur, ist das Sinn-Machen des Selbst.

Die Allmacht

Schalten wir eine Allmacht ein, damit sie die Natur herstellt, so ändert sich zunächst nichts am Ergebnis, an der Materie. Es ändert sich auch nichts an der Arbeitsweise, am Geist.

Die Allmacht macht alles, ist also die ganze Arbeit. Die Allmacht und die Natur unterscheiden sich nicht, sie sind beide die ganze Arbeit. Sie stellen dasselbe Ergebnis her, nämlich sich selbst. Sie können auch nicht verschiedene Zwecke setzen, oder unterschiedlichen Sinn anstreben, weil das Ergebnis nur eines ist.

Wir setzen nur verschiedene Namen, weil wir die ganze Arbeit nicht begreifen. Die Natur gilt uns als Produkt und die Allmacht als Produzentin. Wir teilen die ganze Arbeit in das Werk und das Kommando.

Was Werk und Kommando umfasst, einschließt und gegenseitig hervorbringt, das ist die Produktion, die Herstellung. Ohne das Kommando kein Werk und ohne Werk kein Kommando. Die Herstellung ist die Arbeit, die das Produkt als Materie und das Kommando als Geist umfasst.

Die ganze Arbeit ist die Einheit von Produkt und Produzentin. Die ganze Arbeit ist das Eine. Das Eine und das Ganze sind ident mit dem Selbst, oder mit der Allmacht, alle sind sie die ganze Arbeit.

Beschränken wir die Allmacht auf die Allmächtigkeit, so geschieht keine Arbeit. Es wird nichts hergestellt. Es tritt kein Produkt zutage, weil die Allmächtigkeit zwar alles kann, aber nichts tut. Die Vorstellung der Allmächtigkeit gilt vielmehr der lückenlosen Kontrolle der Arbeit.

Die Allmächtigkeit soll zwar die Kontrolle ausüben, für Ordnung sorgen, aber selbst nicht arbeiten. Überlässt sie die Arbeit ihrer Dienerschaft, der Materie, so erhebt sie diese zur Allmacht. Das können wir nicht ändern. Gefällt uns das nicht, so müssen wir lediglich aufhören, die Allmacht auf die Allmächtigkeit zu beschränken.

Die ganze Arbeit kontrolliert sich selbst. Sie ist nicht nur allmächtig, sondern auch umfassend tätig. Unsere Ängste, Wünsche oder Kontrollphantasien können sie nicht erreichen, geschweige denn beeinträchtigen.

Die ganze Arbeit macht unterdessen auch uns wirklich, während wir unsere Beiträge so recht und schlecht einbringen. Wir sind nur so, verfasst und geformt, wie wir mitarbeiten, weil wir nicht anders hergestellt, realisiert werden können, als durch unsere Arbeit. Auch wir sind Organe der ganzen Arbeit und leben nur, solange wir zweckmäßig am Ganzen mitwirken. Was unserer Einfalt als „Übermacht“ begegnet, das ist lediglich die Einsicht oder Ahnung, dass an der Herstellung des Ganzen noch andere Arbeiten beteiligt sind.

Der unbewegte Beweger

Aber wir bringen doch unsere Kräfte ein! Müssen diese nicht die ganze Arbeit ändern, wenigstens ein wenig? Beweist unsere Wirkung nicht, dass sich die ganze Arbeit unserer Kräfte bedient? Die Allmacht heißt doch auch „Gott“. Bedient sich Gott nicht seiner Kräfte, genauso wie unserer? Erweist sich das religiöse Konzept nicht endlich als richtig?

Wir behaupten zur Probe, was die Bewegung hervorbringen soll, das bewegt sich selbst nicht. Die Ursache der Bewegung wartet nicht darauf, bewegt zu werden. Kräfte sind „unbewegte Beweger“. Sie nehmen entweder Anleihe bei jenem Gott, der die erste Bewegung startet, oder sie fungieren selbst „göttlich“.

Da sagen wir, die Kräfte tun etwas, was der Mensch nicht tun kann, sich aber vorzustellen versucht. Er wüsste die Welt jedenfalls gern so geregelt, jenseits seiner Vorstellung oder Gabe. Die Regelung muss eine Gabe von Gott sein, eine „göttliche“ Gabe, denkt der Mensch.

Kräfte wirken gemäß dieser menschlichen Vorstellung, ohne sich zu rühren. Sie wirken „spirituell“, so wie der menschliche Geist es denkt, begehrt oder fordert. Ob „Gott“ dabei mitwirkt, ist noch nicht entschieden.

Immerhin, die Kräfte folgen auf die erwünschte Weise dem Gebot des menschlichen Geistes. Sie lassen die Materie nicht im Abseits liegen, sondern bewegen sie gemäß dem Auftrag oder Wunsch. Die Materie ist folgsam, sie lässt sich das gefallen, was dem Menschen gefällt.

Das Gebot wirkt offenbar ursächlich, erklärt die Vernunft dem prüfenden Geist. Kräfte fügen sich der Vernunft – und die Vernunft fügt sich den Kräften. Wer daran zweifelt, ist nicht vernünftig.

Der Glaube an die Kraft wird zum Prüfstein der Vernunft. Die Vernunft regelt die geistige Auswertung der Empirik. Die Vernunft erklärt den Sinnen, was sie begründet, aus welchem Grund ganz richtig wahrnehmen.

Die Kraft wird zwar nicht sinnlich wahrgenommen, weder gehört noch gesehen, aber sie wird gefühlt. In der Folge wird sie geistig als wahr hingenommen, angenommen, als real beurteilt. So will es die Vernunft, die das Fühlen erklärt.

Die Wahrheit der Kräfte ist vernünftig, ihre Leugnung unvernünftig. Die Vernunft gebietet die Wahrnehmung der Kraft. Das Gebot lautet jetzt, nachdem sich der Wunsch irgendwie erfüllt hat: glaube an die Kraft.

Woran wird nun eigentlich geglaubt? An die Wirksamkeit der voran gestellten, vernünftig erklärten Ursache.

Wird eine andere Ursache gefunden, als jene der Kraft, so tut sie denselben Zweck, genügt sie denselben Kriterien des Urteils. Die Ursache, gleich welcher Art, macht sich im Denken selbständig. Sie muss nur vernünftig sein.

Die Vernunft sagt: Hier ist eine Ursache XY, und da ist ihre Wirkung. Der logische Schluss verändert sich nicht. Die Kausalität ist die gleiche. Sie verlangt ja nicht mehr, als Ursache und Wirkung zu verketten.

Hängt das Urteil an der Kausalität, so genügt jegliche vernünftige Ursache XY zur kausal logischen Erklärung der Wirkung.

Sagen wir einmal, die Ursache XY sei ein Engel, Teufel oder Dämon, vielleicht ein verborgener Zwerg. An solche Ursachen wurde früher geglaubt, vor der Wissenschaft. Die Naivität hatte den Vorteil, dass ein Wille der Ursache innewohnte, oder ihr unterstellt werden konnte.

Die eigentliche Ursache war somit der Wille, ob göttlich, teuflisch oder sonstwie im Geiste entstanden. Wirkte dieser Wille, dieser Geist, so entstand die Bewegung, ganz so, wie es der Mensch gewohnt war. Die Erfahrung entsprach dem Glauben, und umgekehrt der Glaube der Erfahrung.

Nur der Wirkungsbereich unterschied den Menschen von den Fabelwesen. Wirkte kein Wille, fehlte er, so blieb die Bewegung aus. Die Bewegung hing direkt an der Willenskraft des Geistes. Fielen Steine vom Himmel, dann kraft eines Willens. Sie waren dann dämonisch, teuflisch, oder göttliche Straf-Gesandte. Aber in jedem Fall musste ein Wille die Bewegung befehlen und beseelen.

Dem fabelhaften Treiben schuf das Konzept der Kraft entschieden Abhilfe. Schluss mit den Mythen, Projektionen, Einbildungen, Phantasien. Die Kraft kann gemessen und berechnet werden. Sie ist objektiv, sie schafft die Dämonen aus der Welt, die Kreaturen des Subjekts. Gelingt ein Experiment, so siegt die Wissenschaft über den Aberglauben. Ein neues Zeitalter bricht an, die Domäne der Zahl und ihrer Meister.

Das Zahlenkleid der Kraft

Die Kraft bekommt das Kostüm der Zahl verpasst. Jede Kraft ist ordentlich gemessen oder exakt berechnet, am besten beides. Versuch und Irrtum werden von der Übereinstimmung der verglichenen Zahlen abhängig, von den Maßen der Kraft. Die Kraft wird von der Zahl domestiziert, sie wird häuslich und dienstbar gemacht. Die Zahl macht die Kraft wissenschaftlich, vom Geist beherrscht.

Das Maß der Kraft ist die wissenschaftliche, die exakt bezifferte, verlässlich gezählte Kraft. Was gemessen wird, gilt wieder als Maß. Am Maß führt kein Weg vorbei. Aber führt er zum Gemessenen?

Das Gewicht von fünfzig Kilogramm ist unbestreitbar ein Gewicht. Gibt es das Gewicht, so gibt es die Schwerkraft, die das Gewicht erwirkt, verursacht, erzeugt. Die Schwerkraft liefert ihr Maß, das Gewicht von einem oder mehr Kilogramm. Das Maß bestätigt die Ursache, die Kraft.

Das Gemessene ist allerdings weder ein Gewicht, noch eine Ursache, noch eine Kraft, sondern zum Beispiel ein Sack Mehl. Die Waage vergleicht das Gewicht des Mehls mit anderen Gewichten. Interessiert nur das Gewicht, so wird das Gemessene auf das Gewicht reduziert. Das Maß streift jeden Unterschied zum Gemessenen ab.

An das Maß wird bedingungslos geglaubt. Kommt das Mehl nicht auf die Waage, so hat es kein Gewicht. Der Wind trägt es fort. Ist das Mehl so schwer oder so leicht wie die Luft?

Ob es ohne „festgestelltes“ Gewicht eine Schwerkraft gibt, oder welche, das kann die Voraussetzung nicht beantworten. Sie sagt, es müsse die Schwerkraft in jedem Fall geben, sonst fliegt alles davon. Aber wie schwer wiegt der Wind? Und in welcher Richtung?

Die Abstraktion des Maßes vom Gemessenen streift die Materie ab. Das ist eine geistige Einschränkung. Der menschliche Geist wird dabei reduziert. Er kann der realen Arbeit nicht mehr folgen, in der Geist und Materie untrennbar sind.

Werden Zahlen mittels Vergleich ausgetauscht, so wird jene Arbeit unterstellt, die von den Zahlen beziffert wird. Das Hantieren mit Zahlen ist das Hantieren mit Portionen von Arbeit. Lediglich die Art der Arbeit ist unbekannt. Das tut den Zahlen keinen Schaden, sondern macht sie erst nützlich. Die Zahl abstrahiert von jeder Genese, von jeder Arbeit, aus der sie herkommt, von der sie hergestellt wird.

Alle Maße bestehen aus Zahlen, die einander genügen und bestätigen. Was ein Maß hat, liefert ein Maß. Das Maßgebende ist wirklich. Da es wirkt, ist es eine Ursache. Was ein Maß hat, kann nicht fehlen, muss gegeben sein. Die bemaßte Ursache ist über jeden Zweifel erhaben.

Aus der unbekannten Kraft wird das bekannte Maß der Kraft. Damit begnügt sich das Denken. Sein Erfolg genügt ihm für die Praxis. Sie besteht in jedem Fall aus angewandter Arbeit, setzt also die verdrängte Arbeit voraus. Kommt es auf das richtige Ausmaß der Arbeit an, so fungiert das Maß tatsächlich als maßgeblich.

Die Einheit des Maßes nennt nicht die erforderliche Arbeit, sondern ersetzt sie durch die erforderliche Kraft. Die Kraft tritt an die Stelle der Arbeit, die sie lediglich misst. Das Maß erhebt sich zur Ursache des Gemessenen. Das Maß der Arbeit verdrängt die Arbeit.

Laut Physik ist die „Arbeit" das Produkt von Kraft und Weg. Das Maß der Kraft mal dem Maß des Weges ergibt das Maß der Arbeit. Es ist nur von Maßen die Rede. Die gemessene Arbeit taucht nie auf. Da produzieren die Maße die Arbeit. Die Arbeit wird von ihren Maßen hergestellt. Die physikalische Welt steht Kopf.

In der Natur funktioniert das Kopfstehen freilich nicht. Nur das Subjekt der Bewegung kann seinen Weg herstellen. Nur der Akteur der Arbeit kann absorbieren und emittieren, sich mittels Arbeit erneuern und so von da nach dort fortsetzen. Das sehen wir schon daran, dass die Bewegung auch dann erzeugt wird, wenn sie nicht beobachtet oder vermessen wird. Das Maß kommt als Ursache immer zu spät, es läuft hinterher.

Schlimmer noch, das Maß der Kraft tritt an die Stelle der Dämonen. Die Kraft im Kleid der Zahl wirkt auf die gleiche gespenstische Weise, ist dieselbe Ursache. Die vom vernünftigen Maß gezügelte Kraft ist dämonisch, sie hat den Willen nicht ersetzt, sondern einverleibt.

Der Wille zur Bewegung setzt sich dank der Kraft durch. Der Wille ist nicht mehr göttlich oder dämonisch, sondern vom Menschen gezähmt geworden. Er dient jetzt als Kraft der Wissenschaft. Soll eine Bewegung geschehen, so erfolgt das dank der gefügigen Kräfte, dank der vernünftig gemachten Maße der Bewegung.

Das Vernünftig-Machen erfolgt durch das Rechnen und Messen, die einander bestätigen, und so auch die Vernünftig-Machung bewahrheiten. Das Rechnen ersetzt das Denken. Wer nicht an Maße glaubt, bleibt nicht lange ein Mitglied der Glaubensgemeinde, oder wird nie ein solches.

Der göttliche Wille

Kräfte agieren nicht willkürlich, sondern gesetzmäßig, sagen ihre entschiedensten Vertreter. Über die Wirksamkeit der Kräfte entscheiden die Gesetze der göttlichen Vernunft; oder jene des göttlichen Wollens, da sei kein Unterschied. Was Gott will, das ist immer vernünftig. Sein Wille verkörpert den Geist schlechthin, das Gesetz an sich. Ein höheres Gesetz ist nicht möglich, nicht denkbar.[10]

10 Die Gesetze Gottes sind für die Natur maßgeblich, lautet nun das Diktum.

Der Mensch habe sich zu fügen, gerade so, wie die ganze Natur es tut. Das sehen wir doch hoffentlich ein, wenn wir es schon nicht selbst sehen wollen oder können.

Wir hören, das göttliche Wollen erfolgt gesetzmäßig. Die Kräfte werden von Gott erschaffen und geregelt, damit sie geordnet, das ist vernünftig, gesetzmäßig wirken. Wir hören aber, was Menschen verkünden. Hier erheben Menschen ihre Vorstellungen zu göttlichen Regeln.

So will es der Glaube. In Zeiten der Not sollen Opfergaben nachhelfen, die von Gott schlecht ignoriert werden können. Verbleibt ein schlechtes Gefühl, das den Gedankengang beeinträchtigen könnte, so wird es als frevelhaft unterdrückt. Ist auch die Logik eine Opfergabe?

Wer nicht an den Vater glaubt, kann nicht von ihm gerettet werden? Nein, das wäre eine Vorschrift, die der Mensch aufstellt, ohne befugt zu sein. Ein Vater kann retten, wen er will.

Nur wer an den Vater glaubt, kann von ihm gerettet werden? Nein, die Rettung kann auch ohne den Glauben an den Retter erfolgen. Der Glaube spielt bei der Rettung keine Rolle.

Das Motiv des Glaubens ist es, Zweifel und Angst abzuschütteln. „Nimmt Gott eine Sache in die Hand", so ist alles in Ordnung, tröstet sich der Mensch. Die Kräfte sind der Wille Gottes, sie setzen sich als gottgewollt durch. Für Trost ist gesorgt, auf Kosten des Verständnisses. Wie könnte umgekehrt das Verständnis für Trost sorgen?

Auffällig ist, dass die Rettung *vor* den Kräften der Natur erfolgen soll. Die Kräfte sind übergroß. Im Widerstreit mit den Kräften ist der Mensch machtlos. Der Mensch sucht Hilfe vor denselben Kräften, die lediglich sein Glaube in die Welt setzt. *Gott* soll die größte *Kraft* sein, die Allmacht, und auf diese Weise Schutz gewähren.

Dabei sind „Allmacht" oder „Gott" nur verschiedene Namen für die ganze Arbeit. Nur sie kann alles herstellen. Wenn die ganze Arbeit alle Werke und Wirkungen herstellt, dann entsprechen alle Produkte ihrer Arbeitsfähigkeit, ihrem Geist. Kommt der menschliche Geist nicht mit, so liegt das an ihm, nicht an der Arbeit der Natur.

Erkennt der Mensch, dass die Kräfte nur Maße der Arbeit sind, so enden seine Furcht und seine Schutzsuche. Vielmehr gilt es dann, die Arbeit des Habitats zu erforschen, zu verstehen und richtig mitzuwirken. Wer keine Angst vor der Arbeit der Natur hat, befreit sich vom „Schicksal" und seinen Kräften. Das Mirakel wird durch die richtige Zusammenarbeit ersetzt, das ist, durch die richtige Arbeitsteilung.

Der erste Anstoß

Ist der erste Anstoß erfolgt, sagt die Vernunft, so pflanzt sich die Bewegung von selbst fort, indem die Körper einander unentwegt weiter stoßen. Die statistische Gastheorie von Ludwig Boltzmann folgt diesem Bild, und lehrt es beharrlich. Der Elektromagnetismus widerspricht: Atome berühren einander nicht, weil sich Elektronen gegenseitig abstoßen. Das Stoßen wird vom Abstoßen zunichte gemacht.

Kehrt die Statistik zu ihrem geistigen Anfang zurück, an ihren methodischen Ursprung, so wird sie zur Geburtshelferin der Welt. Vor ihr, der Statistik, kann nichts gewesen sein, denn es bleibt nichts Zählbares übrig, wenn rückwärts gezählt wird. Was keine Zahl liefert, das ist nicht, erkennt die Statistik. Was kein Maß liefert, darf nicht gelten, ergänzt die Physik.

Wer oder was hier den ersten Anstoß liefert, Gott oder der Urknall, das macht keinen Unterschied. Erfolgt er nicht, so gibt es keine Bewegung. Da es die Bewegung aber gibt, muss der erste Anstoß erfolgt sein.

So sieht es die mechanische Logik, das mechanische Weltbild. Es lehnt religiöse Vorstellungen zwar ab, greift aber auf sie zurück, sobald es ohne sie nicht zurechtkommt. Gott oder Urknall erzeugen dank ihrer urtümlichen Kraft die erste Bewegung, die sich dann selbständig macht.

Allerdings macht der erste Anstoß der Bewegung die folgenden Kräfte eigentlich überflüssig. Sie sind nur mehr dort im Einsatz, wo die Bewegung einen Umweg machen soll. Die zuerst angestoßene Bewegung stößt jede weitere Bewegung ebenso zielsicher wie treffsicher an. Jede Bewegung bringt die Kraft mit, die für die richtige Richtung und das richtige Tempo sorgt, und das bei jeder folgenden Bewegung.

Der „Impuls" geht niemals unter. Er ist das verlässliche Erbe des ersten Anstoßes. Die „Erhaltung der Energie" kommt „völlig unanstößig" auf die Welt. Ihre Mutter ist ein Nichts, das nie war, aber knallte. Das fehlende Nichts konnte freilich auf keine Weise befruchtet werden.

Der verklärte Wille

Die lenkenden und umlenkenden Kräfte sorgen dafür, dass die Bewegung nicht untergeht. Die Kette des Stoßens ist streng kausal geschlossen. Kein Stoß darf ausbleiben, sonst verschwindet die Bewegung.

Weil die Bewegung offenbar nicht untergeht, ist die Kette vollständig. Das verkündet die Logik, wenn sie zurück schaut. Die Kausalität erwächst aus der logischen Rückschau, im Nachhinein. Umso unerbittlicher ist die

Logik der Kausalität. Jede Kraft steht in ihren Diensten. Jede Kraft muss kausal wirken, als Ursache tätig sein.

Zwar pflanzt sich die Bewegung nach ihrer ersten Ingangsetzung selbständig fort, aber für einen Kurswechsel sind Kräfte unverzichtbar. Sie vollstrecken das aktualisierte Wollen des Urhebers.

Die Kraft ist so kausal vernünftig wie Gott geworden, und umgekehrt, Gott ist nun so kausal vernünftig wie die Kraft verfasst worden.

Tauchen Kräfte auf, so sind sie Boten Gottes, welche die Bewegung ordnen. Gott erfüllt den menschlichen Auftrag, die flugunfähigen Kräfte zu transportieren und einzuweisen. Er bedient sich dazu solcher Instruktoren, die selbständig, ohne Kraft fliegen können.

In der Folge verschwindet der Unterschied zwischen Engel und Kraft. Was die Bewegung lenken kann und muss, das ist entweder ein Engel oder eine Kraft, hat aber jedenfalls dieselbe Wirkung.

Engel oder Kraft sind zur selben Vorstellung von Ursache geworden. Wer es modern mag, spricht von Kraft oder Energie, wer nicht, von Engeln. Es geht aber nur mehr um die Kontrolle der Bewegung, die vom ersten Anstoß abweicht. Es geht nur mehr um aktuelle, frische Blüten der Kausalität.

Das Stoßen muss zuweilen dem Ziehen Platz machen, das am Anfang schlecht installiert werden konnte, weil jeder Abstand fehlte. In schlechten Lehrbüchern tauchen gezeichnete Engel als fliegende Zugmaschinen auf.

Es soll die Gleichwertigkeit, die Äquivalenz von Schwere und Trägheit dargestellt werden. Ob gezogen oder geschoben wird, das macht im Maß der Bewegung keinen Unterschied.

Dass die Engel gehorsam sind, das wird nicht ausgesprochen. Die Unterstellung des Gehorsams zeigt aber das Dilemma auf: Es geht noch immer um die Vollstreckung des Willens.

Nicht nur die erste Bewegung wird gewollt, entspringt dem bloßen Willen, sondern auch jeder nachfolgende Eingriff erfolgt willentlich. Die Boten jeglicher Art ändern nichts am gewollten Ursprung der Bewegung.

Insgeheim wird da die totgesagte Materie beseelt, anders kann sie keinem Willen folgen. Die Materie wird gefügig gemacht. Die Kräfte erhalten die Kontrolle, ganz gleich, woher sie kommen, Kontrolle muss sein.

Die Allmächtigkeit

Herkömmlich wird nicht die Allmacht als Gottheit verehrt, sondern die Allmächtigkeit. Gott soll die Kontrolle ausüben, die uns versagt ist.

Aber wozu?

Damit es uns gut geht.

Wir machen der Allmächtigkeit erstens Vorschriften, für welche Ordnung sie sorgen soll, und zweitens untersagen wir ihr das Arbeiten. Das ist neu: der Herr soll so herrschen wie es dem Knecht gefällt. Aber wer macht nun die Arbeit?

Wir unterwerfen uns einer von uns begehrten Herrschaft, und unterwerfen ihr obendrein die gesamte Natur. Das klappt freilich nicht.

Sollte die Allmacht uns erhören, so ändert das die ganze Arbeit nicht. Sie ist schon ganz. Unsere Versuche, die Herrschaft human oder sonstwie einzurichten sind schon ein Bestandteil der ganzen Arbeit. Sie duldet unsere Ideen jeglicher Art, ohne sie zu beurteilen. Das überlässt sie uns.

Die ganze Arbeit kann sich nur so selbst verändern, dass sie die Arbeit anders verteilt. Die ganze Arbeit fordert uns zwar zur Mitarbeit auf, schreitet aber über uns hinweg, sofern wir die Arbeitsteilung verweigern.

Die ganze Arbeit ändert ihre Arbeitsweise nicht auf Wunsch oder Geheiß, weil sie ihre Methoden nur selbst herstellen kann. Könnte sie Zurufen oder Eingaben folgen, so wäre sie unvollständig, nicht die ganze Arbeit. Die Ganzheit duldet weder eine Zutat noch eine Abgabe.

Rufen wir eine weniger ganze Arbeit auf, die Natur herzustellen, so kann sie nur einen Teil der Natur fabrizieren, sagen wir, den menschengerechten. Der Rest ist dann inhuman. Zudem wird er von einer anderen, ebenfalls unvollständigen Arbeit hergestellt. Die beiden Arbeitsteile geraten womöglich in Konflikt zueinander, und freilich auch ihre Fabrikate.

Die geteilte Natur kann in diesem kritischen Fall nur so vereint werden, dass aus den beiden halben Arbeiten wieder eine ganze Arbeit wird. Unser Ansinnen ruft frühere Stadien der Arbeit zurück ins Dasein, die aber schon erledigt sind. Unser Ruf kann nicht erfüllt werden, bleibt ungehört. Besteht eine Natur, so ist ihre Arbeit notwendig die ganze.

Ist die Arbeit ganz, so ist es nicht nur ihr Werk, sondern auch ihr Geist. Der ganze Geist ist aber kein Fertigprodukt. Er kommt nicht aus der Dose. Die Allmacht entwickelt und entfaltet ihren Geist immer nur so, wie sie arbeitet. Dabei arbeitet sie immer an einem Gegenstand des Geistes, nämlich am Produkt, am Werk, an der jeweils werdenden Materie.

Die Materie ist das Objekt des Geistes, und so auch sein Gegenstand. Der Widerstand der Materie ist ihre alte, bisherige Arbeitsweise, ist ihr alter Geist. Nur wenn der Widerstand der Materie überwunden wird, lernt der Geist dazu. Er erneuert sich in seinem Wirken und formt ein neues Werk. Die Materie wird erst dadurch gefügig, dass sie die neue, vom Geist eingebrachte Arbeitsweise als die ihre aufnimmt und fortsetzt. Dann sind Geist und Materie wieder vereint zur einheitlichen Arbeit.

Nur die Arbeit am Gegenstand entfaltet den Geist. Ohne Gegenstand ist der Geist gegenstandslos, das heißt auch, arbeitslos. Ohne Arbeit kann sich keine Arbeitsweise entwickeln. Der Geist braucht die Materie, um zu entstehen und sich zu verbessern.

Ohne Gegenstand gibt es keinen Stand, ganz gleich welcher Art, auch nicht den Stand des Geistes, auch nicht den „Verstand". Verstehen können wir nur etwas. Dieses „Etwas" ist der Gegenstand des Verstehens. Ohne die Materie, ohne seinen Gegenstand gibt es keinen Geist.

Ohne Widerstand gibt es keine Arbeit. Die Arbeit ist die Überwindung des Widerstands. Sie ist die Lösung des Widerspruchs zwischen Alt und Neu. Die alte Materie und der alte Geist müssen beide neu werden. Erst dann ist die Arbeit erneuert. Die Arbeit generiert sich selbst, indem sie den Widerspruch zwischen Alt und Neu löst.

Die Ganzheit

Die Arbeit wird nicht anders ganz, als sie ihre beiden Teile zu sich vereint. Die Ganzheit ist die Einheit der Teile. Sie ist keine von außen hergestellte oder einberufene Ganzheit, sondern das innerste Wesen der Arbeit. Wenn die Arbeit tätig ist, macht sie sich ganz, stellt sie sich ganz her. Sie kann keinen Teil hintan stellen, vernachlässigen oder nachkommen lassen.

Der Geist, die Arbeitsweise ist von der Arbeit nicht ablösbar. Ohne Methode, ohne Geist kann nicht gearbeitet werden. Wird auf irgendeine Weise gearbeitet, so wird eine Arbeitsweise ausgeübt, wird der Geist angewandt. Dabei lernt der Geist aus jedem Arbeitsschritt. Der nächste Schritt erfolgt bereits dem verbesserten Geist, der die Arbeitsweise korrigiert.

Das *Lernen* ist ein Teil der Arbeit. Weil sich die Arbeit aus Geist und Materie zusammensetzt, kann ohne Materie nicht gelernt werden. Nur am Gegenstand kann der Geist korrigiert werden, und in der Folge wachsen. Der Erfolg des Lernens zeigt sich nur im verbesserten Werk, also in der verbesserten Materie.

Versuch und Irrtum setzen kein Bewusstsein voraus, sondern die Arbeit. Ein taugliches Arbeitsergebnis überlebt, ein untaugliches nicht. Schlechte Resultate werden aufgelöst und durch bessere ersetzt. Schlecht ist ein Werk dann, wenn es seine eigene Arbeit nicht fortsetzen kann. Es geht mit seiner untauglichen Erhaltungsarbeit unter. Auf diese Weise setzt sich die richtige Arbeit immer fort, indem die falsche Arbeit ausstirbt.

Soll ein Versuch *geplant* werden, so ist ein Bewusstsein voraus gesetzt. Die Arbeit erfolgt zuerst in Gedanken, bevor sie real ausgeführt wird. Der Irrtum ist eine Erfahrung, die von der Erwartung abweicht. Die Erwartung muss in einem Gedächtnis gespeichert sein, damit der Vergleich gelingt.

Sprechen wir von „Versuch und Irrtum", so gehen wir immer von unserem Stand des Geistes aus. Das ist aber zu kurz gedacht. Der Geist setzt sofort mit jeder Arbeit ein, weil er die Arbeitsweise ist.

Das Lernen erfolgt faktisch, auch ohne Bewusstsein. Die Arbeitsweise leitet die Arbeit ohne jeden Gedanken, also auch ohne jeden Zweifel. Der Geist leitet jede Arbeit, weil ohne Arbeitsweise keine Arbeit geschieht. Die Arbeitsweise regelt das Geben und das Nehmen nicht wie ein Kontrollorgan, nicht von oben oder außen, sondern ist selbst die Art und Weise, wie gegeben und genommen wird. Der Geist ist letztlich nichts anderes als die Fertigkeit des Gebens und Nehmens.

Dem steht nicht im Wege, dass sich verschiedene Organe die Arbeit untereinander aufteilen. Umgekehrt macht die Kombinierbarkeit des Geistes erst die Arbeitsteilung möglich, und so die Zusammenarbeit.

Sollte ein Organ ohne Geist aufkommen, so könnte es auf keine Weise arbeiten. Es fiele aus dem Sein. Mitarbeiten können nur Organe mit Geist. Je mehr Arbeitsorgane sich vereinen, desto komplexer wird die Fähigkeit des Geistes. Die Natur wartet aber nicht auf den Menschen. Sie wartet nicht einmal auf das Leben. Jede Entität muss mitarbeiten, sonst wird keine Arbeit ganz. Jede Entität bringt mit ihrer Arbeitsweise ihren Geist ein. Nur so verfügt die ganze Arbeit über den ganzen Geist.

Umgekehrt können sich nur so viele Arbeitsorgane vereinen, als der jeweils entstehende Geist steuern kann. Das ist der Grund, warum sich *Strukturen* bilden. Jede Untereinheit muss weiter ihre Arbeit machen, also ihr Geben und Nehmen steuern. Was darin versagt, ist keine Einheit und löst sich auf. Was sich erfolgreich erhält, das bewahrt seinen Geist und seine Materie, in Summe seine Arbeit und damit sich selbst. Der Geist des Selbst ist die erfolgreiche Arbeitsweise der jeweiligen Einheit.

Die Einheiten bilden Organe und Strukturen nicht anders, als sie ihren Geist kombinieren, zusammenfügen, das ist, arbeitsteilig anwenden. Die Strukturen wachsen so auf wie ihre Arbeitsteilung, die vom Geist geschaffen und gelenkt wird.

Die Anwendung des Geistes lenkt die Arbeit, und die Lenkung der Arbeit entfaltet den Geist. Der Geist ist die Kontrolle der Arbeit, und diese Kontrolle verbessert sich mittels Erlernens der Arbeit.

Kontrolle und Lernen geschehen aber nur während der Arbeit, nicht auch nebenher. Wird der Geist von der Arbeit abgehoben, so fehlen ihm der Gegenstand und die Anwendung. Der abstrakte Geist entleert sich selbst und geht an seiner Öde zugrunde. Das sehen wir auch daran, dass jede dogmatische Herrschaft endet. Das Dogma ist zu abstrakt, zu abgehoben. Die Herrschaft hat ihren Gegenstand verloren und wütet umsonst.

Wird das biologische Leben zur Voraussetzung des Geistes erklärt, so wird die materielle Arbeit der Natur geleugnet. Sie ist aber Teil der ganzen Arbeit und Voraussetzung des Lebens. Zuerst stellt die Natur geeignete Habitate her, dann die passenden Lebensformen. Dazu erzeugt die Arbeit spezielle Organe, welche die Zwecke ihrer Arbeit vergleichen und festlegen können. Solche Organe nennen wir Zellen und Nervenzellen, sowie ihre Arbeitsgemeinschaft „Gehirne“.

Eine Gegenprobe

Wir besuchen die Allmacht und schlagen ihr vor, sie möge sich der Kräfte bedienen, für die wir eine unvergängliche Schwäche hegen. Die Allmacht erhört uns. Sie stellt versuchsweise Kräfte ein. Wie geht sie vor?

Die Schwerkraft wird wunschgemäß so erzeugt, dass die Massen aneinander ziehen. Als verlässliches Zugmittel steht die Leere zur Verfügung. Kann aber die Leere ziehen, so ist sie nicht leer. Zugkräfte füllen den leeren Raum und geraten alsbald in Konflikt miteinander.

An den Knoten muss die „Resultierende“ errechnet werden. Dabei wächst der Aufwand, je mehr kleine und kleinste Massen berücksichtigt werden. Das überschlägige Rechnen lehnt die Allmacht ab, es widerspricht ihrer Allwissenheit. Sie ignoriert weder die Kleinen, noch die Kleinsten. Was wir von ihr wollen, ist nicht machbar. Keine Allmacht kann uns folgen.

Also wird die Methode gewechselt, neuer Geist übernimmt die Regie. Jetzt wird das Plasma so verdünnt, dass die Objekte ihre Absorption steigern. Dazu ist nicht mehr zu tun, als dass sich die Objekte zu weit voneinander entfernen. Sie sind zu träge, zu reiselustig. Sie fliehen ihre Emission, bis ihnen die Versorgung ausgeht. Woher soll nun frischer Nachschub kommen? Die Quellen sind bereits so weit entfernt, dass nur die Steigerung der Absorption Abhilfe schafft.

Die Allmacht findet das Reglement durchaus praktisch, eine Kontrolle ihrerseits erweist sich als überflüssig. Entsteht ein Mangel an Plasma, so wird die Absorption verstärkt. Bei Überschuss an Plasma nimmt hingegen die Emission zu. Diese Arbeit aller Anwesenden genügt zur Genese ihrer Bewegung. Die Schwerkraft herzustellen, das wird von allen Anwesenden als nutzloser Zusatzauftrag verworfen.

Die ganze Arbeit übt und akzeptiert immer nur die einfachsten Verfahren, um nicht sich, die ganze Arbeit, zu vermehren. Diese Übung ist ihr Prozedere der Selbstfindung. Ihr selbstloses Verfahren besteht darin, die Arbeit möglichst gut zu verteilen. Nichts macht sie allein. Alles machen die anderen, die nicht so völlig ganz sind.

Das ist das wahre Schicksal. Was da ist, muss mitarbeiten. Nein, es ist gar nicht da, sondern muss erst werden. Werden heißt mitmachen. Das gilt auch für uns. Womit sind wir unzufrieden?

Wir denken an geliebte Kräfte. Sind die Kräfte in unseren treuen Gedanken, so sind sie eben aus diesem Grund schon ein Teil der Natur. Wie könnten denn die Gedanken aus der Natur verbannt werden?

Die Allmacht lässt uns gewähren. Nachdem Kräfte nicht reisen können, bleiben sie uns treu. Sie sind nur dort zugegen, wo sie aufkommen, wo sie geboren werden. Ihr Geburtsort ist die Vorstellung und so auch ihr Verbleib. Kräfte bleiben in unserem Glauben zuhause. Sie mögen vielleicht unser Denken gefangen nehmen, mitarbeiten müssen wir trotzdem.

Die Allmacht nimmt es hin, dass sich unser Geist, so wie jeder andere Geist auch, erst entwickeln muss, bevor er seine Arbeit lenken kann.

Wollte die ganze Arbeit einen fertigen Geist haben und ausüben, so könnte sie nicht mehr alle Arbeit machen. Die ganze Arbeit wäre schon erledigt. Alles wäre schon perfekt hergestellt. Es bliebe keine Arbeit übrig. Die ganze Arbeit würde sich selbst vernichten. Diese Vorstellung überlässt sie uns. Unsere Logik ist nicht auch die ihre.

Auch die Verehrung der Kräfte wird uns überlassen. Wird eine Kraft als Ursache postuliert, ins logische Dasein gerufen, so verbleibt sie genau dort, in unserer Logik. Wird *keine* Kraft postuliert, so taucht sie nie auf.

Real bleibt es in beiden Fällen bei der Änderung der Bewegung. Eine uns gefällige Erklärung im Denken kann ausbleiben, oder mag andere Formen annehmen. Das ist allein Sache der Vernunft, noch dazu unserer selbstgefälligen Vernunft.

Unsere Vernunft ist bereits ein Teil der ganzen Arbeit. Wir sind nur dann vernünftig, wenn wir mitarbeiten. Einzelne Bewegungen können wir mittels Änderung der Arbeitsteilung umleiten, mehr nicht. Arbeiten wir gegen die ganze Arbeit, gegen die Natur, so werden wir ausgemustert.

Dass wir bislang *hinreichend* vernünftig waren, erkennen wir daran, dass wir noch existieren. Unser Beitrag wird ebenso geduldet wie geschuldet. Die Vernunft muss in dem Rahmen aufwachsen, den uns die Natur als Habitat anbietet, als „unseren" Lebensraum. Keine Unvernunft ist verheerender als die Selbstherrlichkeit, denn diese endet letal.

Ohne die Erhebung einer Kraft zur Ursache der Bewegung bleibt die Bewegung gleich. Auch ohne die Ursache bleibt die Bewegung unbeschadet. Jede Wirkung wird erarbeitet, ist also ein Werk der ganzen Arbeit. Dabei sind jegliche Eingaben wirkungslos, ob nun vernünftig oder nicht, weil die Ganzheit weder vermehrt noch vermindert werden kann.

Wir können der Allmacht nicht ins Handwerk pfuschen. Unser Besuch bei der Allmacht ist zu Ende, wir gehen gesenkten Hauptes nach Hause.

Was eine Arbeit der Natur in unserem Sinne verändern kann, das ist lediglich die zweckmäßige Mitarbeit. Die Zusammenarbeit wird dann untereinander neu aufgeteilt. Die Ganzheit wird dann anders zusammen gefügt, das ist auch, mit neuen Verfahren hergestellt. Das ist auch im Sinne der Ganzheit, weil wir ein Teil von ihr sind.

Der Unterschied liegt nicht im Sinn, sondern in der Reichweite der Arbeit. Alle Teile der ganzen Arbeit folgen letztlich demselben Sinn.

Wird die ganze Arbeit besser verteilt, so wird sie besser erledigt. Die ganze Arbeit folgt ihrem verbesserten Geist, der von allen Akteuren gemeinsam entwickelt wird. Mit jeder verbesserten Methode wird die ganze Arbeit klüger, das aber nur, solange sie real gemacht wird.

Es ist die ganze Arbeit, die über jede Entität hinweg schreitet, die nicht mehr richtig mitarbeitet. Was wir den „Tod" nennen, das ist die Ablöse einer Arbeitseinheit. Die Abfolge der Akteure ist der Garant der ganzen Arbeit, und so auch des Lebens. Wenn wir „heimkehren", so kehren wir in die allgemeine Arbeit zurück. Unsere Besonderheit ist unsere Mitarbeit. Erlischt diese, so wird die Besonderheit von der Allgemeinheit aufgenommen, von der ganzen Arbeit.

Die „Wanderung der Seelen" besteht darin, dass der Geist jeder offenen Arbeit bestehen bleibt. Die Nachfolger der Akteure übernehmen die nicht erledigte Aufgabe. Sie folgen dem aufgenommenen, dem überlieferten Geist, er lenkt ihre Arbeit. Die Seele kommt erst zur Ruhe, wenn die Arbeit getan ist. Das ist nicht die Erwerbsarbeit, auch nicht die soziale oder menschliche Arbeit, sondern die Arbeit der Natur. Die ganze Arbeit wird nur so ganz, dass kein Teil liegen bleibt.

Die „Reinkarnation“ oder Wiedergeburt der Seelen besteht darin, dass jede offen gebliebene Arbeit wieder aufgenommen wird. Wer schlecht gearbeitet hat, wird solange wieder geboren, bis er seinen Beitrag erbracht hat. Die Erlösung von der Arbeit besteht darin, dass sie erledigt wird.

Ins „Nirwana“ tritt ein, wer keine offene Arbeit hinterlässt. Im Nirwana gibt es kein Geben und Nehmen, sondern ewige Ruhe. Das Nirwana ist die Idee einer arbeitslosen Existenz. Sie ist die Daseinsweise der ganzen Arbeit, weil die Allmacht keine Arbeit selbst macht, sondern alle Arbeiten delegiert. Die Erlösten werden Teil der ganzen Arbeit, besagt diese Idee. Die Erleuchteten beschauen die ganze Arbeit, sie schauen die Allmacht.

Die Wasserkraft

Freilich brauchen spekulationsfreie Pragmatiker eine mehr handgreifliche, nahezu handfeste Gegenprobe. Dazu leiten wir Wasser um. Die erstreckte, verlängerte Arbeit des Wassers kann teilweise abgezweigt werden. Wir sprechen dann von „Wasserkraft“. Ernten wir da nicht unleugbar eine Kraft, die wir auf unsere Mühlen gelenkt haben?

Das Wasser gibt und nimmt nur Wasser, deshalb sehen wir seine interne Arbeit nicht. Wir sehen nur das Produkt, das Wasser. Dem Wasser eine Arbeitsweise zuzugestehen, also Geist, das missfällt uns grundlegend.

Da müssten wir ein Stück von unserem Pachtgut abtreten. Wasser wird aber nur deshalb für dumm erklärt, von uns, weil wir allein klug sein wollen. Beides misslingt uns. Unsere Erklärung leidet an Ignoranz.

Würde das Wasser nicht arbeiten, seine Ganzheit nicht ständig wieder herstellen, so könnten wir nicht mit Wasser arbeiten. Das Wasser würde unsere Mühen ignorieren. Nur weil das Wasser seine Arbeit leistet, kann es unseren Beitrag würdigen. Das Wasser kann seine Arbeit nur dann an unsere Arbeit anpassen, kann unsere Arbeit nur dann in seine Arbeit aufnehmen, wenn das Wasser seine Arbeitsweise beherrscht.

Zur Anpassung seiner Arbeit bedarf das Wasser keines Bewusstseins, keines Gedankens. Arbeitet das Wasser, so beherrscht es seine Arbeitsweise, verfügt also über den fähigen Geist des Wassers. Die Arbeit des Wassers ist sowohl materiellen wie geistigen Wesens. Das befremdet uns vielleicht, kann aber das Wasser nicht ändern. Wir müssen unseren Geist ändern, um das Wasser zu verstehen.

Der ganze Geist

Haben allein wir Menschen den Geist gepachtet, von Gott erhalten oder der ganzen Arbeit abgezweigt, so steht es schlecht um sie. Die Arbeit der Natur kann dann mangels Arbeitsweise nicht stattfinden. Unser Geist müsste alle Arbeit leiten. Wir sind aber doch recht späte Nachzügler, und kommen auch weiterhin immer zu spät. Weil wir nicht anschaffen können, rufen wir Gott zu Hilfe, sein Geist soll nach dem Rechten sehen.

Die ganze Arbeit antwortet auf keine Weise. Die Allmacht setzt ihre Arbeit unbeirrt fort. Zweifel kennt sie nicht. Von unseren Bedenken erfährt sie nichts. Diese gelten immer nur unserer eigenen Arbeit, und das zurecht. Bringen wir keine Mitarbeit ein, so bleibt die ganze Arbeit unbeschadet tätig. Weder Gott noch die ganze Arbeit hören auf uns. Auch diese Eigenschaft teilen sie ohne jeden Disput mit der Allmacht.

Dass sich unsere Einbildung nicht bewahrheitet, allein über Geist zu verfügen, ermöglicht uns das Überleben. Die Natur richtet sich nicht nach unseren Auffassungen, weder von Glück noch Unglück. Die ganze Arbeit ignoriert unser Selbstverständnis und erweist sich auf diese Weise als uns gnädig. Wir sprechen dann lieber von der „Gnade Gottes“. Was ist der Unterschied?

Die Allmacht und Gott sind beide die ganze Arbeit, weil sie dasselbe herstellen, nämlich alles. Ihre Gnade ist ihre Arbeitsweise, ihr Geist. Wir können nicht der Allmacht den Geist absprechen – um ihn dann Gott zuzusprechen. Das geht logisch nicht, es ändert nichts.

So eine Aufteilung bedarf unserer Willkür, deren Einfalt aber die Natur nicht verändert. Die Natur ignoriert unsere Willkür, weil auch Irrwege des Geistes bereits ein Teil der ganzen Arbeit sind. Ein Teil der Arbeit geht immer schief, und wird durch richtige Arbeiten abgelöst. Das ändert nichts an der ganzen Arbeit.

Der menschliche Geist ist nichts anderes als die menschliche Arbeitsweise, weder weniger, noch mehr. Es gelingt uns nicht, den Geist insgesamt zu vereinnahmen. Der Geist wohnt jeder Arbeit inne, eben als ihre Arbeitsweise. Was unsere Fähigkeiten übersteigt, das können wir nicht ausführen. Wo unser Geist endet, dort geht unsere Arbeit nicht weiter, oder fängt sie gar nicht erst an. Unser Geist ist die Grenze unserer Arbeit.

Ist auch die ganze Arbeit durch ihren Geist begrenzt? Der Geist der ganzen Arbeit hat dort seine Grenze, wo die ganze Arbeit aufhört. Aber wie geschieht das?

Die ganze Arbeit macht alles, das aber nicht sofort. Sie verteilt und erweitert sich gemäß ihrer Arbeitsweise, gemäß ihrem Geist. Die ganze Arbeit wächst so, wie sie lernt. Die ganze Arbeit ist so offen wie ihr Geist. Das Ergebnis steht nicht fest, sondern wird stets neu erarbeitet.

Setzen wir einen zeitlichen Anfang der Arbeit, damit sie sich ausbreiten kann, so verlangen wir eine erste Arbeit. Vor ihr wurde nicht gearbeitet, sondern geruht. Will sich die erste Arbeit regen, so braucht sie Rohstoffe, Arbeitsmittel, Werkzeuge, Akteure. Diese muss sie zuerst herstellen. Es muss also eine Arbeit vorausgehen, die Vorarbeit.

Die Vorarbeit unterscheidet sich aber nicht von der Arbeit. Beide stellen dasselbe Produkt her, beide verwenden dieselbe Arbeitsweise, gebrauchen denselben Geist. Die Arbeit geht der Arbeit voraus. Wir können keine erste Arbeit festlegen oder verlangen. Wir können der ganzen Arbeit nicht mitteilen, wie sie anfangen soll. Der Grund ist, das erledigt sie selbst. Sie fängt überall dort an, wo sie aufgehört hat.

Das können wir uns zwar nicht vorstellen, aber das ist auch nicht unsere Aufgabe. Wir sollen nicht die ganze Arbeit machen, sondern lediglich mitarbeiten. Unsere „Vor-Stellung" erfasst nur das, was wir in Gedanken vor uns hinstellen können, um es prüfend zu betrachten. Dazu eignen sich nur Objekte unseres Geistes, nur solche Ideen, die unser Gehirn verfassen kann. Die ganze Arbeit können wir ebenso wenig verfassen wie ihren umfassenden Geist, ihre lückenlose Arbeitsweise.

Können wir der ganzen Arbeit keinen zeitlichen Anfang verpassen, so auch keinen räumlichen. Die ganze Arbeit beginnt nicht in einem singulären Punkt, auch nicht in jedem Punkt, sondern sie fängt dort an, wo sie aufhört, und umgekehrt, sie hört dort auf, wo sie anfängt.

Das liegt daran, dass sich die ganze Arbeit in besondere Arbeiten aufteilt. Eine Arbeit geht aus der anderen Arbeit hervor.

Gehen alle besonderen Arbeiten unter, so geht daraus die allgemeine Arbeit hervor. Geht die allgemeine Arbeit unter, so gehen daraus die besonderen Arbeiten hervor. Die ganze Arbeit stellt ihre Ganzheit immer selbst her, und zwar so, dass sie jede Arbeit umfasst, in sich einschließt. Die ganze Arbeit umfasst alle Arbeiten und jede Arbeit.

Wollen wir eine zeitliche Reihenfolge einfügen oder beobachten, so sagen wir, die neue Arbeit muss aus der alten hervorgehen. Unser Wille kann aber nicht beeinflussen, ob die neue Arbeit alte Methoden wieder verwendet, oder neue Arbeitsweisen einsetzt. Das bleibt der Arbeit überlassen. Wir können keine Reihenfolge einfügen, keine Zyklen, keine Muster, keine Richtung. Die ganze Arbeit erzeugt sich selbst, sie ist autark.

Wir sind zwar Mitarbeiter, können aber nur in unserem Habitat mitwirken. Auf die ganze Arbeit hat das zwar Einfluss, das aber nur im Rahmen der Arbeitsteilung der Habitate. Wenn wir die Erde leblos machen, wird das die Milchstraße nur geringfügig ändern.

Das Denken

Denkt ein unbewegter Beweger, so bewegt er seinen Geist. Er verändert dessen Inhalt, dessen Gedanken. Ist sein Geist unbeweglich, so denkt er nicht. Damit kann auch Gott kein unbewegter Beweger sein. An der Bewegung führt kein Weg vorbei, auch geistig nicht.

Die ganze Arbeit kann aber nicht denken? Also führt in Wahrheit kein Weg an Gott vorbei?

Da müssen wir klären, was „denken" heißt. Beschränken wir das Denken auf die Tätigkeit des menschlichen Geistes, so muss die Materie als nicht denkend beurteilt werden. Sie kann dann auch nicht arbeiten, jedenfalls nicht im menschlichen Sinne.

Kann die Materie nicht arbeiten, dann kann sie sich auch nicht bewegen. Sie muss auf Kräfte warten, die dem menschlichen Denken entspringen. Weil der Mensch zu spät auftritt, und räumlich zu vereinzelt, müssen die Kräfte von Gott hergestellt werden.

Stellt Gott die Kräfte her, so arbeitet Gott. Der Grund ist, dass wir selbst nur beschränkt denken können. Gott ist die Abhilfe für unsere Beschränktheit, die wir uns zuerst auferlegen, oder eingestehen, und die wir dann beseitigen wollen. Gut, machen wir das.

Wir beschränken das Denken jetzt nicht mehr auf unser Denken. Nicht nur der menschliche Geist ist tätig, sondern jeglicher Geist. Als Geist behandeln wir die Arbeitsweise, die *in* (sic!) einer Arbeit getätigt wird.

Der Geist muss nicht bloß auftauchen und anschaffen, sondern in der Arbeit tätig werden. Der Geist muss arbeiten, sonst geht die Arbeit schief. Gelingt die Arbeit, so war sie geistreich. Hat nun die Arbeit dabei gedacht?

Dagegen sperren wir uns, weil das Denken unser Vorrecht sein soll. Damit kehren wir zurück zum obigen Fall. Wir sind beschränkt und installieren eine göttliche Abhilfe.

Um nicht im Kreis zu gehen, dürfen wir uns nicht sperren. Der Geist ist in jeder Arbeit tätig und wirksam. Das besagt nicht, dass die Arbeit denkt, sondern dass sie nicht lediglich materiell, sondern auch geistig arbeitet. „Geistig arbeiten" und „Denken" sind verschiedene Tätigkeiten.

Die *geistige Arbeit* kontrolliert die materielle Arbeit. Dabei muss nicht gedacht werden. Dabei *kann* gedacht werden. Schneller kommt die materielle Arbeit voran, wenn sie unbedacht fortschreitet.

Das *Denken* stellt Ideen her. Gelten die Ideen verschiedenen Objekten, dann sind die Ideen *Begriffe*. Gelten die Ideen Veränderungen, dann sind sie *Arbeitsregeln*, die aber nur dann als solche aufscheinen, wenn sie menschliche Arbeit planen. Ansonsten werden Kräfte und Ursachen bemüht, weil die Arbeit der Materie unbekannt ist. In Summe gelten die Ideen den Werken, den Ergebnissen der Arbeit. Die gedachten Werke bestehen noch nicht, sind aber herstellbar. Sie sind möglich.

Solange das Denken mit Ideen beschäftigt ist, arbeitet das Gehirn mit möglichen Resultaten der Arbeit. Wirkliche Resultate werden noch nicht hergestellt. Es sind noch keine Arbeiten entschieden. Sie werden noch in Erwägung gezogen, noch miteinander verglichen. Die Ideen werden abgewogen, auf Plausibilität oder Machbarkeit geprüft.

Das Denken tastet sich erst vor zur wirklichen Arbeit, zur leiblichen, materiellen Arbeit. Das Denken ist eine Vorbereitung der eigentlichen Arbeit. Das Geben und Nehmen werden im Geist geübt, in Gedanken, um die Ergebnisse abzusehen und abzuwägen. Das Denken ist der Plan der Arbeit, das Erlernen der Arbeit. Das Denken soll Fehlschläge vermeiden. Das Denken ist die Beurteilung kommender Arbeit.

Die reale Arbeit beurteilt sich nicht selbst. Sie denkt nicht über sich nach, sondern vollzieht ihre Arbeitsweise, vollstreckt ihren Geist. Ein Stern philosophiert nicht über seine Emissionen, sondern liefert sie so, wie das seiner Arbeitsweise entspricht. Ein Stern mag mehr geben als nehmen, aber das wissen wir nicht. Das glauben wir nur.

Umgekehrt glauben wir, dass Schwarze Löcher mehr nehmen als geben. Unser Glaube schwankt. Unsere Hypothesen leiden daran, dass sie zu einseitig sind.

Erst wenn wir die Arbeit des Sterns begreifen, im Kleinen nachmachen können, erst dann können wir auch seine Arbeitsweise erkennen, seinen Geist. Sterne müssen nicht denken, um geistig zu arbeiten. Sie müssen jedoch geistig arbeiten, weil sie das auch materiell tun.

Jede Arbeit geschieht geistig und materiell. Jede Arbeitseinheit arbeitet geistig und materiell. Anders kann sie weder existieren noch sich bewegen. Unser Denken kann erst folgen, wenn es mitarbeitet. Dazu muss es seine Selbstgefälligkeit und Beschränktheit aufgeben.

Dass eine jede neue Bewegung anders hergestellt werden muss als die alte Bewegung, dass also inzwischen eine andere Arbeit im Gange ist, das entgeht der Beobachtung aufgrund der Voraussetzung.

Wir denken, Bewegungen lassen sich von Kräften verbiegen oder umlenken. Dabei umschwirren die Kräfte die Bewegung, als wäre diese eine vorgezeichnete Bahn. Es gibt aber weder die Linie im Raum, noch die Möglichkeit, sie zurecht zu biegen. Selbst wenn die Kräfte fliegen könnten, wüssten sie nicht, wie sie unsere Vorstellung erfüllen sollten.

Umgekehrt ist die Vorstellung verpönt, eine undenkbare Zumutung, die Materie könne irgendwie arbeiten. Sie mag vielleicht geben und nehmen, aber erstens sei das ohne Kräfte unmöglich, und zweitens ist keineswegs von ausgetauschten Inhalten die Rede.

Es gehe nicht um „Feinstoff, Äther" oder dergleichen nicht messbares, unwissenschaftliches Zeug, sondern um ausgetauschte Wirkungen. Sie sind messbar, also real. Spekulation hat in der Physik nichts verloren. Alles, was über die Wirkung hinaus geht, ist als Hirngespinst fehl am Platz.

Es ist das historische Verdienst der Wissenschaft, sich jenseits und auch gegen alle Interpretationen zu entwickeln. Genau darin liegt der einzige Fortschritt, der überhaupt möglich ist. Warum nehme ich das nicht endlich zur Kenntnis?

Natürlich nehme ich das zur Kenntnis. Das Problem liegt darin, dass sich Kenntnis und Denken unterscheiden. Was kennen wir, und worüber denken wir nach? Ist da kein Unterschied, so kommen beide nicht zustande. Als „Kenntnis" gilt das Fabrikat des Denkens. Das Denken muss dazu arbeiten. Warum sollte es seine Arbeit nicht gelegentlich überprüfen? Die beste Gelegenheit dazu bietet sicherlich der Zweifel.

Aber hören wir weiter. Eine „Wechselwirkung" ist den „Energien" geschuldet. Wenn etwas wirken oder arbeiten kann, dann sind das die Energien. Nur sie können untereinander ausgetauscht werden und somit Bewegungen verwandeln. Die Kräfte haben längst ausgedient.

Wird weiter nach den „vier Grundkräften" gesucht, so ist das nur eine verkürzte Redeweise. Gemeint sind jedenfalls die Energien, die überall im Raum anzutreffen sind, aber verschiedene Reichweiten und Wirkungen aufweisen.

Aus den Kraftfeldern sind „Energiefelder" geworden. Erneut fragen wir, wie die Besiedelung oder Bestückung der Felder erfolgt. Wie reisen Energien an?

Nehmen sie Kräfte zu Hilfe, so bleiben sie mit der Kraft zuhause, im Denken stecken. Nehmen sie Energien zu Hilfe, so teilen sie das unendlich regressive Schicksal der Kraft. Keine Energie kann das Vehikel einer anderen Energie sein oder werden, weil sie selbst auf ihren Transport wartet.

Mit anderen Worten, der Raum bleibt ganz leer von Energien. Auch sie liegen gefangen in der Vorstellung, im Glauben an sie. So sehr das auch geglaubt werden mag, keine Energie kann fliegen oder reisen. Energien kommen nirgendwo hin, sind also auch nirgendwo.

Aber nehmen wir die Wechselwirkung zur Kenntnis. Die eine Seite wirkt, die andere auch. Wie geschieht das? Die eine Seite gibt, die andere nimmt. Beide Seiten geben und nehmen, arbeiten also. Die Wechselwirkung ist ein schamhaftes Kostüm der Arbeit. Es wird aus korrekten Maßen geschneidert. Alle Regeln der Arbeit müssen für die Wechselwirkung gelten. Wie könnte etwas gleichzeitig gegeben und genommen werden?

Gibt es keinen Unterschied zwischen dem Genommenen und dem Gegebenen, so geschieht eine geistlose Arbeit. Sie scheitert und endet. Weichen wir auf die zeitliche Abfolge aus, so verschieben wir nur das Problem. Zuerst werden fünf Etwas gegeben, dann fünf Etwas genommen. Das mag zur temporären Entlastung zweckmäßig sein.

Aber in diesem Fall stimmt die Arbeitsweise nicht. Wieso soll sich die Arbeit einmal überlasten, dann entlasten und schließlich wieder überlasten? So ein Geist ist falsch und muss untergehen. Die richtige Arbeit wird ihn ersetzen und die Überlastung vermeiden. Es muss einen Unterschied im Geben und Nehmen geben, sonst wird die Arbeit unterlassen.

Sind *ganze* Atome am Werk, so wird sich der Unterschied zwischen Kern und Schalen kundtun. Die Atomkerne tauschen das aus, was Protonen brauchen. Die Atomschalen wechseln das aus, was Elektronen brauchen. Erfolgt das gleichzeitig, so sind positive und negative „Ladungen" gegengleich unterwegs. Zumindest sind die Ladungen das, was vom Austausch gemessen werden kann.

Sind lediglich *Atomteile* am Werk, so wird die Sache ungleich schwieriger. Wir wissen nicht, was sie tun, geschweige denn, warum und wie sie etwas tun. Alle „Elementarteilchen" kommen zum Zug, wenn „Wechselwirkungen" angesagt sind.

Hier erfolgt der Eintritt in das Reich der „vier Grundkräfte". Sie gelten als verantwortlich, als herrschend. Die Trümmer des Atoms folgen ihren Gebietern, den Kräften, und tun das, ohne eine Arbeit anzufassen. Im Reich der Kräfte wird nicht gearbeitet, sondern gehorcht. Das funktioniert natürlich nur ohne Geist oder Denken.

Die Herstellung der Gravitation

Die Fernwirkung

Schon Isaac Newton erkannte, dass die „Gravitation“ nicht in der Ferne ziehen kann, wenn es keine Verbindung gibt. Was zieht womit an den Körpern? Wie ziehen getrennte Körper aneinander?

Sein Gesetz postuliert eine „Gravitationskraft“ oder „Anziehungskraft“ als wirksame Verbindung, deren Ursprung oder Wesen er suchte, aber nicht finden konnte. Noch in seinem Testament verlangte Newton, die *Ursache* der Gravitation müsse weiterhin erforscht werden.

Seine Epigonen ignorierten jedoch den Auftrag und feierten das entdeckte „Naturgesetz“ als maßgeblich, als die Bewegung bestimmend. Was „*maß*-geblich“ ist, das liefert oder „gibt“ allerdings nur das *Maß*, nicht auch das Gemessene. Das ist hier die Bewegung der Annäherung. Wie kommt sie zustande?

In der Natur gibt es keine Maße, die Natur ist maßlos. Maße sind eine Erfindung und Zugabe des Menschen, sie sind bezifferte Vergleiche. Das Maß ist geistigen Wesens, das Gemessene ist hingegen auch materiellen Wesens. Das verklärte „Naturgesetz“ ist ein Vergleich von gemessenen und errechneten Zahlen. Das Gesetz regelt nur die Vergleiche des Menschen. Das Gemessene wird nicht einmal erwogen. Das Maß muss genügen.

Newton betonte, dass er nur ein *Maß* der Wirkung gefunden habe, nicht auch deren Ursache oder deren Ursprung. Newton beharrte zu fragen: Wer oder was stellt die Gravitation her?

Er wusste, dass das entdeckte Maß nicht ursächlich wirken, also keine Kraft sein kann. Kein Maß kann das Gemessene herstellen. Der Liter kann die Milch nicht herstellen, das Kilogramm nicht das Brot. Die Tonne ist einmal Öl, das andere Mal Wasser. Das Maß taugt nur dann, wenn sein Inhalt beliebig ausgetauscht werden kann. Zudem ist das Maß konventionell festgelegt. Es ist ein Ergebnis des menschlichen Geistes.

Das Maß der Natur ist nicht Natur, sondern ein bezifferter Vergleich der Natur. Nachdem der Mensch die Zahlen beisteuert, ist das Maß der Natur ein Vergleich, den nur der Mensch herstellt. Womit vergleicht der Mensch die Natur?

Der Mensch vergleicht seine Wirkung mit jener der Natur. Der Mensch glaubt dabei an die Wirkung von Kräften, vergleicht aber in der Tat die Ergebnisse seiner Arbeit mit jenen der Arbeit der Natur. Die Kräfte werden der Arbeit vorgeschoben, sie verdrängen die Arbeit.

Nun könnten wir doch einfach sagen, die Kräfte arbeiten an Stelle der Arbeit. Das macht doch keinen Unterschied. Aber leider funktioniert das nicht. Die Verdrängung der Arbeit hat nämlich weitere Folgen.

Das Maß wird zum Gegenstand des Messens erhoben. Es beziffert weder die Kraft noch die Arbeit, sondern lediglich sich selbst. In diesem logischen Zirkel verschwindet das Gemessene, die Arbeit der Materie.

Die Materie wird ersetzt durch die geistige Voraussetzung, dass die Materie ihren bezifferten Vergleichen, den Maßen stets Folge leistet. Die widerspenstige Materie wird ersetzt durch das gefügige Maß der Materie. Da verdrängt der Geist die Materie.

Was maßgeblich ist, wird zum Gesetz erhoben. Das Gesetz liefert zwar Maße der Materie, jedoch nicht auch Materie. Das Maß übernimmt die Kontrolle, nicht über die Materie, sondern über das Denken.[11]

Messe ich mein Gewicht, so erhalte ich eine Zahl, die mich nicht enthält. Ich bin kein Gewicht, keine Anzahl von Kilogramm. Mein Gewicht reduziert mich zu einer Vergleichszahl, die ich nicht sein kann, ganz gleich, was ich mir als Gewicht vorstelle. Ein jedes Gewicht ist nur ein Vergleich mit anderen Gewichten.

Mein Gewicht beziffert, aber erklärt weder mein noch ein anderes Gewicht. Das Maß macht sich jedoch bald selbständig. Ich laufe mit meinem Gewicht herum wie mit einer Plage. Das Maß besteht neben mir. Ist mein Gewicht schuld, so bin ich meinem Maß ausgeliefert. Das Maß beginnt, mich zu erklären, zumindest maßgläubigen Menschen.

Das Maß kann nicht entscheiden, ob das Gemessene verwechselt, verkannt oder lediglich unterstellt wird. Das Maß kann das Gemessene nicht finden. Kein Maß kann mich entdecken, obwohl es mich misst. Das Maß ersetzt mich zugunsten von Vergleichsgrößen. Das Maß relativiert mich zu etwas Vergleichbarem. Das Maß übernimmt die Kontrolle.

Maße gehen logisch im Kreis, weil sie immer nur das finden, was sie voraussetzen. Jedes Gewicht ist ein Gewicht. Aber was ist seine Ursache? Was ist die „Schwere“? Eine Folge der „Schwerkraft“? Wird mein Gewicht dadurch hergestellt, dass etwas Gespenstisches aus der Erde herauskommt, das verlässlich an mir zieht?

---

11 „So sind für die Entwicklung eines Sterns ausschließlich physikalische Gesetze maßgebend; bei biologischen Systemen kommen jedoch weitere Prinzipien hinzu (ohne dass auch nur ein physikalisches Gesetz außer Kraft gesetzt würde).“
Gerhard Vollmer, Evolutionäre Erkenntnistheorie, Stuttgart 2023, S. 150

Die Kraft kann es nämlich nicht sein, was aus der Erde herauskommt, weil sich die Kraft nicht bewegen kann. Umgekehrt kann die Kraft auch auf keine Weise in die Erde hinein gelangen.

Liefert die Gravitation das *Maß* der gegenseitigen Annäherung, so liefert sie aus diesem logischen Grund nicht auch die Annäherung. Warum und wie Körper aneinander „ziehen", das bleibt von allen Vergleichen unbehelligt, in welchen Maßen die Annäherung erfolgt.

Es bleibt auch offen, ob die Körper wirklich aneinander ziehen. Das Ziehen ist ein geistiger Einschub, ein Postulat, ein Erklärungsversuch, eine vermutete Ursache der Annäherung, eben die „wirkende Kraft". Aber wird denn wirklich gezogen? Empirisch ist nur gesichert, dass eine beobachtbare Annäherung stattfindet. Das Messen erfasst keinen Grund, sondern begnügt sich mit der sinnlichen Erscheinung.

Das gemessene Objekt ist sich bewegende Materie. Die gemessene Bewegung ist eine Erscheinungsform der Arbeit, die materiellen und geistigen Wesens ist. Das Maß hingegen ist lediglich Geist.

Geist und Materie sind wesentlich verschieden, weil sie verschieden arbeiten. Im Fall einer Erkenntnis stimmt das Resultat der Zusammenarbeit überein. Bekannt ist aber lediglich die geistige Arbeit. Die materielle Arbeit fehlt und wird gar nicht erforscht.

Damit fehlt jede Aussicht, dass die geistige Arbeit jene der Natur abbildet. Beinhaltet die geistige Arbeit falsche Voraussetzungen, wie etwa jene, dass der kosmische Raum leer sei, so weicht die Bewegung ab, wenn sie das Sonnensystem überschreiten soll.

Beruht die Bewegung auf Kräften, und findet sie in der Leere statt, so geht sie unbeschadet weiter. Sie stützt sich dann auf menschliche Postulate und Vorstellungen. Ist ihr das zu wenig, so braucht sie andere Quellen.

Beruht die Bewegung auf der Erhaltungsarbeit, dann ist sie erstens auf eine Versorgung mit dem Plasma der umliegenden Quellen angewiesen, und zweitens auf die Entsorgung der verbrauchten Inhalte in das Plasma der Umgebung. Der Raum ist dann nicht leer, sondern besteht nicht anders, als er vom Plasma gebildet wird.

Das Plasma ist im zweiten Fall das Habitat der Körper und die Grundlage ihrer Bewegung. Die Frage wird empirisch entscheidbar, wenn die Raumsonden Pioneer und Voyager ihren Flug „aus unerklärlichen Gründen" weiter verlangsamen, und dazu noch Meldungen einlangen.

Die schwere und die träge Masse

Als Grund der Bewegung gilt die „Masse“ des Körpers. Sie ist wohlgemerkt ein Maß. Die Masse beziffert die „Trägheit“ und die „Schwere“. Die *Trägheit* misst das Beharren in der alten Bewegung. Die *Schwere* misst die Herstellung einer neuen Bewegung.

Es ist verkehrt, Trägheit und Schwere gleich zu setzen. Die alte Bewegung beruht auf der alten Arbeit. Die *Trägheit* misst die *Fortsetzung* der alten Arbeit. Die *Schwere* misst die *Aufnahme* von neuer Arbeit, welche die alte Arbeit erst ablösen und schrittweise ersetzen muss.

Wird die alte Arbeit weiter getätigt, so erfolgen Geben und Nehmen auf die bislang erprobte Weise. Der Körper erscheint als „träge Masse“, obwohl er so emsig wie gewohnt arbeitet.

Die *konstante* „Masse“ misst den Umfang der erfolgreichen Erhaltungsarbeit. Das konstante Maß bedeutet, dass Geben und Nehmen mit gleicher Wirksamkeit erfolgen. Je mehr verbrauchte Inhalte der Körper freisetzt, desto mehr frische Inhalte nimmt er auf.

So bleibt seine übliche Substanz oder Körperlichkeit erhalten, die im Vergleich als die gleiche Masse aufscheint. Es ist aber nur das Maß gleich geblieben, nicht auch der Körper. Er hat die gleiche Arbeit fortgesetzt, sich auf konstante Weise erneuert, seine Bewegung konstant hergestellt.

Für die Arbeit ist das Konzept der Trägheit blind. Es begnügt sich mit dem Befund, dass die alte Bewegung unverändert andauert, und folgert, dass die Kräfte gleichgeblieben sind. Sie liefern nur konstante Maße, gelten aber als konstante Ursache.

Wir bemerken, die Ursache hat gar nicht die Aufgabe, die Bewegung zu erzeugen, sondern muss nur das Maß der Bewegung hervorbringen, die Geschwindigkeit. Die Maße machen die Reihen dicht, um das Gemessene immer besser zu verbergen.

Nicht der Körper ist träge, sondern sein Maß ist es, die „träge Masse“. Die Kräfte gelten als so beharrlich wie das Maß, das sich nicht verändert. Das träge Maß bestätigt nicht nur die Trägheit der Geschwindigkeit, sondern auch jene der Kraft. Der logische Kreis schließt sich.

Wie ergeht es der Schwere?

Wird eine neue Arbeit notwendig, so ersetzt sie schrittweise die alte. Bei jedem Akt der Absorption wird frischer Inhalt aus einer neuen Zufuhr aufgenommen. Der frische Zugang muss verarbeitet werden, in eigene Substanz umgeformt werden, bevor verbrauchte Inhalte abgegeben werden.

Dazu muss der Inhalt sortiert werden, aus alt und frisch neu zusammengesetzt werden. Das ist schwere Arbeit. Von ihr ist nichts zu sehen. Sie bleibt als Rotation in der Substanz verborgen.

Die Selektion gelingt nur, wenn die interne Rotation abwechselnd ausgeweitet und wieder verengt wird. Was fortgehen soll, wird nach außen verlagert, in die Peripherie. Was Eingang findet, wird nach innen verlagert, in das Zentrum. Die Selektion beruht auf der Anpassung der internen Arbeitsweise. Was gut tut, findet Aufnahme. Was schadet, wird abgewendet. Was verbraucht ist, wird freigesetzt.

Umgekehrt findet ein Trabant nur dann Eingang in die Substanz, wenn er seinerseits aus dem Zentrum absorbiert. Er umrundet den Brennpunkt der Versorgung immer enger, bis er eine Zone erreicht, deren Dichte ausreicht. In diesem Orbit bleibt er dann? Nein, der Trabant stellt diesen Orbit selbst her. Er erzeugt eine Ellipse als seine Bahn. Sie wird allein vom Trabanten hergestellt, von seiner Erhaltungsarbeit.[12]

Der Trabant nimmt das Zentrum auf keine Weise wahr. Seine Absorption ernährt sich aus der Emissionswolke, die er vorfindet. Dass sie aus einer Quelle stammt, erfährt der Trabant nicht, geschweige denn, aus welcher Quelle. Das Nehmen gilt allein dem Genommenen.

Die Quelle der Versorgung wird erst geistig erschlossen, wenn ein Bewusstsein ausgebildet ist. Es verwechselt aber die akute Versorgung aus der Emissionswolke mit ihrem früheren Ursprung, mit dem Zentrum.

Kein System kann einen Teilnehmer „ausstoßen“. Dazu fehlen die Mittel. Fortgehen, ein System verlassen kann nur, was aus der Umgebung mehr absorbiert als aus dem Zentrum. Die Lieferung der Umgebung muss besser geeignet sein als die Lieferung von innen.

Ein System löst sich auf, wenn seine Versorgung zu schwach wird. Die Peripherie setzt sich zuerst ab. Sie absorbiert von außen und emittiert nach innen. Das Zentrum emittiert weiter von innen nach außen. Die gegenseitige Emission erzeugt die Trennung.

Setzt aufgrund frischer Versorgung eine neue Arbeit ein, so formt sie das System um. Was im Inneren neue Rotationsweisen zeitigt, erzeugt im Äußeren eine neue Bewegung. Nur soweit die Anpassung gelingt, wird die neue Arbeit erlernt und ausgeübt. Sichtbar wird nur die neue Bewegung.

Die Arbeit ist in der Tat im System „untergetaucht“, weil sie nur vom System getätigt werden kann. Sind wir kein Teil, so arbeiten wir nicht mit. Wir sehen dann nichts von der Arbeit. Hineinschauen können wir vielleicht einmal in die eigene Galaxie, um ihre Arbeit zu studieren.

---

12 Grafik + Erläuterung siehe: Gottlieb Twerdy, Was wirklich ist. Seite 90 ff

Die anwachsende „Schwere" misst das Lernen und das Neuwerden, die beide in der Tat noch schwerer sind als die konstante Erhaltungsarbeit.

Der Umgang mit der Umgebung

Die Aufnahme von frischem Inhalt ist ein Akt des Nehmens. Die Schwere misst das *Absorptionsvermögen*. Sie besagt, wie gut der Körper mit der frischen Zufuhr zurechtkommt. Je besser ihm die Aufnahme des Zugangs gelingt, desto mehr wird er davon absorbieren. Der Körper erneuert sich schrittweise aus der Lieferung, welche die Quelle als Emissionswolke zur Verfügung stellt.

Der Ankömmling nähert sich der Quelle, das aber nicht direkt. Er dringt immer weiter in dichtere Zonen der Emissionswolke vor. Seine Bahn um die Quelle wird enger, es zeigen sich die Spiralen der Attraktion. Die alte Arbeit wird fortgesetzt und zeitigt die Tendenz nach außen. Die neue Arbeit wird aufgenommen und nimmt zu. Sie zeitigt die Tendenz nach innen, die Spiralen werden enger.

Zum direkten Anflug oder „freien Fall" kommt es erst dann, wenn die alte Arbeit beendet ist. Die Trägheit ist erloschen und die Schwere übernimmt das Kommando. Nur die neue Arbeit führt dann das Geschehen, und so wird die Bewegung geradlinig hergestellt.

Die Schwere misst die *Attraktion*. Das ist keine Kraft, sondern die Verkleinerung des Abstands, die Annäherung. Die Attraktion ist ein geometrisches Maß, nichts weiter. Es ist unerheblich, von welcher Seite gemessen wird. Das Maß der Annäherung liefert das Maß der Schwere. Die Schwerkraft wird hinzugedacht.

Findet der Trabant keine andere Versorgung, so kommt es zur Vereinigung mit der Quelle. Beide Substanzen werden neu aufgemischt. Wie weit, das zeigt der Einschlagkrater. Die Arbeitsteilung wird so korrigiert, dass die Zusammenarbeit wieder rundum ausgeglichen funktioniert. Die vereinten Körper bilden eine *ergänzte* Arbeitseinheit im Habitat.

Die *Absorptionstätigkeit* des Einwanderers ist die „Ursache" der Gravitation, oder besser gesagt, ihr Wesen, ihre Natur. Der Eindringling besiedelt sein neues Habitat, seinen Orbit, wenn er intakt bleibt, weiter arbeiten kann. Kann er das nicht, so wird er ein Bestandteil der Versorgungsquelle. Seine Arbeit des Nehmens erzeugt seine Bewegung der Attraktion.

Das akute Verhalten der Quelle ist dabei völlig unerheblich. Sie muss nur ihre Emissionswolke freisetzen, eben das Habitat bereit stellen.

Es gibt keine direkte Verbindung zwischen der Quelle und der Senke. Schon gar nicht gibt es ziehende Kräfte. Keine Quelle hat Fanghaken. Dabei ist auch der Abstand unerheblich. Die Nahwirkung ist ebenso unmöglich wie die Fernwirkung.

Welche Rolle spielt die Größe?

Je massiver ein Körper ist, desto größer ist einerseits sein Absorptionsvermögen, andererseits sein Bedarf an frischen Inhalten. In Summe steigt die Schwere mit der Masse, mit der Zahl der absorbierenden Arbeitseinheiten, mit der Anzahl der Akteure.

Die Masse ist eine Zahl. Sie unterscheidet nicht nach der Tätigkeit oder Fähigkeit der Akteure, sondern liefern nur ihre Anzahl. Die Zahlen ignorieren das, was sie zählen. Sie begnügen sich mit der Relation, mit dem Vergleich zu anderen Massen.

Wird keine Masse „genormt", so sind sie alle umsonst, weil die Vergleiche beliebig bleiben. Keine Masse besagt, was sie gezählt hat. Jede Masse sagt nur, ob sie mehr oder weniger massiv ist.

Wie funktioniert die Trägheit?

Setzt ein Körper „träge" seine alte Arbeit fort, so ignoriert er die frische Zufuhr als ungeeignet. Neuer Zugang wird verweigert, indem die alte Selektion und Rotationsweise beibehalten wird, oder indem der Zugang unvermittelt wieder ausgeschieden wird. Das Angebot der Quelle, ihre Emissionswolke bleibt unwirksam.

In diesem Fall kommt es zur Trennung. Die Emission ist nun die dominante, die entscheidende Arbeitsweise. Die Trägheit misst das *Emissionsverhalten* des Körpers.

Je mehr der Körper ausscheidet, desto schneller entfernt er sich von seiner Hinterlassenschaft, und so auch von der störenden Quelle. Es liegt das Gegenteil der Attraktion vor, nämlich die *Repulsion*. Sie ist die Vergrößerung des Abstands, die Entfernung.

Die Fluchtbewegung wird von der Arbeit der Emission bestimmt. Nachdem die Arbeit abnimmt, nimmt auch die Fluchtbewegung ab. Sie wird langsamer und weniger krumm. Ihre Form ist die Hyperbel.[13]

---

13 Gottlieb Twerdy, Was wirklich ist, Hamburg 2017, S. 218.

Das Ende von Schwere und Träge

Schwere und Trägheit dürfen nicht vertauscht oder gleich gesetzt werden. Sie sind entgegengesetzte, einander widersprechende Erhaltungsweisen. Ihre Wirkung ist gegengleich.

Ihre Einheit ist die Erhaltungsarbeit der Substanz. Die Masse, das Maß der Substanz, ändert sich nicht, solange Nehmen und Geben einander ausgleichen, solange Schwere und Träge gleich groß sind. Das Maß unterscheidet allerdings nicht, wie das Gemessene zustande kommt.

Soll die Masse anwachsen, so muss die Arbeit der Absorption zunehmen. Dazu muss die Versorgung von außen zunehmen. Nimmt ein Schwarzes Loch Sterne auf, so sind die Sterne seine Versorgung. Sie werden aber verarbeitet, zu Plasma umgeformt. Es kommen nicht neue Sterne zum Vorschein, sondern Plasma. Dass das Schwarze Loch dabei an Substanz zunimmt, ist eine errechnete Hypothese, welche die Arbeit nicht kennt.

Soll eine Arbeit eine „unendliche Masse" herstellen, so muss sie unendlich lange und unendlich viel absorbieren. Das kann keine Arbeit tun. So viele Sterne stehen auch gar nicht zur Verfügung. Die spezielle Arbeit gerät in Konflikt mit der ganzen Arbeit, die Geben und Nehmen ausgleicht und so das Universum bildet. Es wird nicht von innen zerfressen. Die Hypothese kann also nicht stimmen.

Das Maß der Schwere kann nur deshalb ins Absurde galoppieren, weil schon lange auf die Träge vergessen wurde. Sie wurde im ignoranten Maß der Masse ertränkt. Sie ging unter. Dem Maß ist es egal, ob Schwere oder Träge gemessen werden. Das funktioniert aber nur, solange die beiden Größen gleichgesetzt werden dürfen.

Die Freiheit des Messens und Rechnens endet, sobald sich die Masse verändert. Nur solange eine Masse als gegeben, als vorhanden, und so auch als konstant vorausgesetzt wird, sind Schwere und Träge gleich groß.

Die als konstant vorausgesetzte Masse kann freilich auf keine Weise wachsen. Das geht logisch nicht. Wird die Konstanz aufgegeben, so setzt eine neue Arbeit ein. Sie besteht allerdings aus Nehmen und Geben, nicht nur aus dem Nehmen. Das Geben kann nicht verschwinden, nur weil sein Maß, die Trägheit nicht berechnet wird.

Bewegt sich ein Schwarzes Loch, so arbeitet es an seinem Bestand. Dazu muss es emittieren und absorbieren. Wird seine Masse berechnet, richtig oder falsch, so erfährt es davon nichts. Es bewegt sich unbeschadet von jeder Theorie.

Geht eine Arbeit unter, so lösen sich die Akteure auf. Sie werden zu Plasma und können nicht mehr weiterarbeiten.

Schwere und Träge enden notwendig gemeinsam. An ihrer statt arbeitet dann das Plasma weiter. Es setzt Schwere und Träge fort, als seine eigene Absorption und Emission.

Die „unendlich große Masse" des nimmersatten Zentrums wird restlos aufgelöst in dynamische Ströme. Sollte die Gravitation anreisen, und sich unendlich wichtig oder maßgeblich machen, so findet sie nichts, was sie fassen und halten könnte. Die Masse des Plasmas ist Null.

Physikalisch ausgedrückt ist das Plasma kein Gegenstand der Gravitation. Es gehorcht keinem Gravitationsgesetz. Das Plasma ist vorerst Gegenstand des Elektromagnetismus. Es gehorcht aber auch dessen Gesetzen nicht, sondern umgekehrt sind die Gesetze Versuche, die Arbeit des Plasmas richtig abzubilden.[14]

Weil die Erhaltungsarbeit dynamisch ist, existiert auch das Plasma nur in seiner Bewegung. Es gibt und nimmt Plasma. Es wird von hier nach dort. Es erneuert sich aus allen Quellen und versorgt alle Senken.

Das Schwarze Loch ist eine seiner Quellen, und die Sterne sind seine Senken. Das Schwarze Loch versorgt die Sterne mit Plasma. Sonst würden die Sterne nicht anreisen. Ohne Versorgung gibt es keine Absorption und so auch keine Gravitation, kein Maß der Absorption.

Die Rolle der Entfernung

Newton fand, dass die gegenseitige Entfernung zweimal wirksam ist. Das Produkt beider Massen (M) ist durch das Quadrat der Entfernung (R) zu teilen, sagt sein Gravitationsgesetz: $\mathbf{F} = G \cdot \mathrm{M} \cdot \mathrm{m} / \mathrm{R}^2$.

F ist die „gefundene" Kraft. Das Finden obliegt dem Geist. Die Kraft ist ein geistiger Fund, sie ist geistigen Wesens. Sucht der Geist den Gegenstand seines Fundes, so sucht er ein materielles Wesen, das genauso arbeitet wie das gefundene geistige Wesen.

Stimmt die Arbeitsweise überein, so wird das erkannt. Es kommt zur *Erkenntnis*. Sie entdeckt die Übereinstimmung der beiden Arbeiten. Anderes kann nicht erkannt werden. Wir erkennen keine Dinge. Wir erkennen nur die geistige Arbeit, die uns ein Ding macht. Genauer, wir erken-

14 Die Physik folgt den Gesetzen der Natur, könnten wir jetzt einwerfen. Die Gesetze sind aber nur Arbeitsregeln. Sie sind nicht verordnet, sondern funktionieren. Nachdem die Arbeitsweise der Geist ist, sind das auch die Gesetze. Sie sind der Geist der Natur. Sie zu erforschen, macht durchaus Sinn. Es fördert den eigenen Geist, so auch die Mitarbeit und schließlich die Überlebenschancen.

nen nur den Grund *wieder*, warum sich unsere geistige Arbeit wieder so anpasst wie beim ersten Mal, wie beim ersten Fund.

Die Arbeitsweise wird von beiden Seiten übereinstimmend erzeugt, einerseits vom Geist, andererseits von der Materie. Damit deckt die Erkenntnis das von ihr Erkannte auf. Die Idee „deckt sich" mit dem Objekt.

Es kommt zur *Entdeckung* jener gemeinsamen Arbeitsweise, welche die Übereinstimmung der beiden Arbeitsergebnisse herstellt. Es werden die Idee und das Objekt zusammen entdeckt, es wird die geeignete Zusammenarbeit entdeckt. Die Idee und das Objekt teilen ihre Herstellung. Die richtige Arbeitsteilung wird entdeckt, aufgedeckt, indem sie geübt wird.

Newton hat daran gelitten, dass die Entdeckung der Kraft ausgeblieben ist. Die Kraft hat sich nicht offenbart, nicht aufdecken lassen. Damit ist die Begründung seines Fundes ausgeblieben. Niemand konnte sagen, was den Fund herstellt, welches Ergebnis die Kraft ist, *was* sie ist. Welches Objekt könnte der Idee entsprechen? Das blieb offen.

Die Kraft ohne Sache wurde zur *Ursache* erhoben, zu einem Prinzip des kausalen Denkens. Der Geist hat seinen kostbaren Fund wie einen fundamentalen Stein in seinem Gebäude verankert, einerseits, um so den Stein sicher zu bewahren, und andererseits, um das Schwanken des Gebäudes zu verringern. Das eine Prinzip festigt das andere.

Wie geht es mit der Formel weiter?

Die „Gravitationskonstante" G beruht auf dem Vergleich des Fallens von irdischen Körpern. Das Fallen wird seit Galileo Galilei gemessen. Die Erde zieht mit den unsichtbaren, aber wirksamen Fäden der Kraft am fallenden Körper, lautet die Vorstellung.

Die Gravitationskonstante unterstellt, dass gleich große Massen einander mit gleich großer Wirkung anziehen, ansonsten im Verhältnis ihrer Größe. Der Grund ist unbekannt, denn niemand kennt die Schwerkraft. Sie ist und bleibt ein Postulat. Was real gemessen und in der Konstante G genormt wird, das ist die *Attraktion*. Die Größe der unterstellten Ursache, der Schwerkraft, wird erst nachträglich mit obiger Formel errechnet.

Massen ziehen nicht aneinander. Sie ziehen überhaupt nicht. Substanzen absorbieren die gemischten Darbietungen ihres Zwischenraums. Es ist das Plasma, das zwischen ihnen aufnehmbar ist. Es ist das Plasma des Habitats, des Lebensraumes. Es ist die Emission aller Insassen.

Körper können nur das besondere, jeweilige Plasma ihres Habitats absorbieren. Ansonsten verlassen sie das Habitat. Dass das kosmische

Plasma als Versorgung ausreicht, dem solaren Plasma an Wirkung gleicht, das ist eine nicht gestützte Annahme.

Nun interessiert uns der Einfluss der gegenseitigen Entfernung auf die beiderseitige Attraktion. Schreiben wir statt R^2 das beiderseitige Produkt R · R, so sehen wir alsbald, worum es geht.

Das Plasma verdünnt sich nach seiner Emission. Sobald die verbrauchten Inhalte von der Quelle freikommen, breiten sie sich im Raum aus, verteilen sie sich. Die Dichte einer Emissionswolke nimmt nach außen hin ab. Jede weitere Kugelschale bietet eine schwächere Versorgung.

Die schwächere Zufuhr von Plasma verringert die Absorption. Sie nimmt mit der Entfernung ab. Damit wird die Attraktion immer kleiner, je größer die Entfernung wird. Das eine Maß verzehrt das andere.

Das Plasma ist immer seltener anzutreffen und zu bearbeiten. Absorption und Emission werden seltener. Dass beide Arbeitsweisen einander unbemerkt ausgleichen, dafür sorgt die „stabile" Masse. Sie wächst oder schrumpft nur, wenn in der Arbeit Differenzen auftreten. Sind keine Arbeiten anzupassen, so bleibt der Körper gleich reich oder arm an „Masse". Die Anzahl der Akteure bleibt konstant.

Nachdem zwei Körper arbeiten, einander „anziehen", sind beide Massen miteinander zu multiplizieren (M · m). Das Arbeitsprodukt wird von beiden Seiten gemeinsam hergestellt, besagt die Rechenregel.

Das mathematische Multiplizieren bildet die beiderseitige Produktion ab, die gemeinsame, arbeitsteilige Herstellung des gemeinsamen Produkts. Das Rechnen erfolgt geistig, die Produktion materiell.

Was wird im Zwischenraum hergestellt?

Die große Masse (M) und die kleine Masse (m) stellen beide das ihnen gemeinsame Produkt her. Das kann nur Plasma sein. Der schlichte Grund ist, dass nichts anderes hergestellt wird. Stabile Massen absorbieren und emittieren nur Plasma.

Nur die Differenz zwischen den beiderseitigen Arbeitsergebnissen kann zwischen den Körpern auftauchen und wirksam werden. Ihre Verbindung besteht aus *spezifischem* Plasma. Es bildet die „unsichtbaren Fäden der Kraft". Das Plasma ist jenes Gemessene, das die Kraft misst.

Das *allgemeine* Plasma des Habitats wird weiterhin verarbeitet. Das sichert die Existenz der stabilen Massen. Das allgemeine Plasma wird aber durch das *spezifische* Plasma der Austauschpartner ergänzt.

Auf die frische Zufuhr reagieren beide Seiten mit vermehrter Arbeit. Sie steigern die *gegenseitige* Absorption *und* Emission. Was die eine Seite gibt, das nimmt die andere auf, um es zu verarbeiten.

Das Geben und das Nehmen finden auf beiden Seiten statt. Die Teilung der Arbeit ergibt die Zusammenarbeit. Die Arbeitsteilung erfolgt gegengleich ausgerichtet. Das spezielle, ausgetauschte Plasma strömt zwischen beiden Seiten hin und her. Die räumliche Verbindung wird materiell hergestellt. Sie besteht nicht aus Geometrie, sondern aus einem zweifachen Plasmastrom.

Das allgemeine Plasma des Habitats sichert weiterhin die *gesonderte* Existenz der beiden Austauschpartner. Sie nähern sich einander, obwohl sie getrennt sind, weil sie zusätzlich zur gewohnten Erhaltungsarbeit das spezielle Plasma verarbeiten. Die Annäherung kann nur erfolgen, solange die Partner existieren, an sich, an ihrem Bestand arbeiten. Sie arbeiten nun jedoch auch zusätzlich für einander, das ist, gegenseitig für sich.

Nun fällt uns auf, dass der Unterschied von Geben und Nehmen beim Rechnen methodisch verloren geht. Die „stabile Masse" schluckt beide Arbeitsweisen, auf der sie beruht. Der Unterschied von Trägheit und Schwere geht ebenso unter wie ihr Zusammenwirken.

Nur die „Masse" bleibt als Resultat übrig, ohne jede Erklärung, wie sie das bewerkstelligt. Die Körper werden zu ihrem Maß, zu einer Vergleichszahl reduziert. Das hilft beim Rechnen, stört aber das Denken.

Unterstellen wir, dass die Masse nicht so ausgeglichen arbeitet, wie ihr das zugemutet wird. Sagen wir, der kleine Körper absorbiert mehr als er emittiert. Seine Masse (m) wächst, weil seine Schwere zunimmt, sein Absorptionsvermögen.

Der kleine Körper (m) findet im großen Körper (M) eine Quelle frischer Versorgung und nähert sich ihr. Hingegen verliert der große Körper (M) an Masse, weil er den kleinen Körper versorgt. Der große Körper (M) emittiert mehr als er absorbiert.

So ein ungleiches Verhältnis ist zum Beispiel zwischen der Sonne und den Planeten anzunehmen. Die Trabanten leben gleichsam auf Kosten des Sterns. Dieser muss sich anderweitig versorgen.

Der Stern absorbiert das *galaktische* Plasma, das aus dem galaktischen Zentrum geliefert wird. Er macht daraus das *solare* Plasma, von dem die Planeten leben. Die Erde macht aus dem solaren Plasma das *irdische* Plasma, das die fallenden Körper zur Erde zurückbringt.

Bleibt das Verhältnis der Partner ungestört durch Dritte, so ändert sich das gemeinsame Produkt der Massen ($M \cdot m$) nicht. Es wird nicht festgestellt, wessen Arbeit warum zunimmt. Es wird keine Arbeit gesehen, und so wird auch keine beurteilt.

Nimmt die Entfernung ab, schwindet sie, so wächst ersatzweise die postulierte Kraft der gegenseitigen Anziehung. Der Glaube an die Kraft ersetzt die Arbeit.

Unterdessen nähern sich beide Körper aufgrund ihres anwachsenden Austausches. Auf beiden Seiten wird die Aufnahme und Verarbeitung des speziellen Plasmas vermehrt. Es hat eine Zusammenarbeit eingesetzt. Die Arbeitsteilung wird gegenseitig neu gestaltet. Was die beiden verbindet, ist keine Kraft, sondern ihre gemeinsame Arbeit.

Die Kraft ist ein *Maß* der Zusammenarbeit. Sie sagt nichts über die Art der Arbeit aus, wohl aber etwas über deren Intensität. Je größer die Arbeit wird, desto größer wird die Kraft.

Umgekehrt funktioniert das allerdings nicht. Die Arbeit wird nicht größer, wenn die Kraft zunimmt. Das liegt daran, dass die Kraft nichts tut. Die Kraft kann der Arbeit keine Arbeit abnehmen oder zufügen. Die Arbeit ist das Gemessene, das Primäre. Die Kraft ist das Maß, das Sekundäre.

Die Rolle des Raumes

Der Zwischenraum der Körper gilt bei Newton nur als gegenseitige Entfernung. Der „absolute Raum" fungiert als Maß des Abstands. Er ist abstrakte Geometrie und hat nur zählbare Volumina wie gestapelte Würfel zum Inhalt. Der Zwischenraum ist frei von jeglicher Materie, ist leer. Er ist rein geistig konzipiert. Nur die Kraft des Geistes vermag ihn zu füllen oder zu überbrücken.

Jede reale Verbindung ist fort gedacht, beseitigt durch die Beschränkung auf das Maß des Abstands. Damit tut sich jene logische Lücke auf, an der Newton litt. Sie ist der tradierten Methode geschuldet. Die materielle Verbindung wird zuerst fortgedacht, um später gesucht zu werden.

In der Natur funktioniert das Konzept der Leere freilich nicht. Die Natur kann nicht beseitigt werden. Sie schlägt sich selbst keine Löcher, ganz gleich, welche Maße diese haben sollen. Was soll ein Loch in der Natur sein? Eine Fehlstelle der Natur, ihr ewig schwarzes Ende?

Ist dort keine Natur, so ist dort die Nicht-Natur. Ist das der reine Geist? Wer hat ihn gereinigt? Wovon gereinigt? Muss der Geist nicht ein Teil der Natur bleiben, um die Arbeit zu dirigieren?

Die Leere ist die Vertreibung der Materie durch den Geist. Er will oder soll alleine herrschen. Versucht er das, so findet er, dass nur die Arbeit beherrscht werden kann. Die geistlose Materie kann nicht beherrscht werden. Vielmehr muss sie zur Arbeit veranlasst, aufgefordert werden, nur die Arbeit kann angeleitet, geführt, geordnet werden.

Also beginnt der Geist, die Arbeit anzuleiten. Er ruft die Materie herbei und erklärt ihr, was wie zu tun sei. Zu spät bemerkt der Geist sein Missgeschick. Er hat die Leere beseitigt. Er hat die Materie nicht vertrieben, sondern zur Arbeit gerufen.

Testen wir den geplagten Geist. Soll eine Senke wie das Schwarze Loch aufhören zu emittieren, und stattdessen nur mehr absorbieren, dann beendet sie das Geben und setzt das Nehmen fort. Das einseitige Nehmen setzt voraus, dass die Umgebung nur mehr liefert, ihrerseits nicht mehr absorbiert. Geschieht das, so hört allerdings jede Annäherung auf.

Die „unendliche Gravitation“ stirbt den frühzeitigen Tod der fehlenden Absorption. Die Senke kann ihre „anziehende Kraft“ nicht länger ausüben, weil sie keine Versorgung mehr zur Verfügung stellt. Die dem Schwarzen Loch zugesagten Opfer können nicht weiter anreisen, weil sie keine Emissionswolke mehr vorfinden, die sie versorgt.

Jede Arbeit besteht immer aus Geben und Nehmen. Soll ein Teil aufhören, so kommt die Arbeit nicht länger zustande. Damit bleiben nicht nur alle Bewegungen auf der Strecke, sondern fallen auch alle Kräfte aus.

Das Kraftfeld

Albert Einstein brachte das Konzept der Fernwirkung zu Fall. Er erklärte, dass eine physikalische Ursache oder Wirkung nicht schneller als das Licht reisen könne. Wie sollte nun ein tausend Lichtjahre entfernter Stern plötzlich, „instantan“ ziehen?

Seine Zugkraft oder Gravitation musste erst anreisen, sich entfalten oder aufrollen, und das musste eben tausend Jahre dauern. Die „instantane Fernwirkung“ der Gravitation wurde als nicht realisierbare Idee erkannt, als Fiktion. Ursachen reisen nicht so gut und gerne wie gedacht.

Zur Abhilfe des „Fernwirkungs-Dilemmas“ war von Michael Faraday das „Kraftfeld“ eingeführt worden. So ein Feld wird von den Kräften besiedelt, um unmittelbar, ohne Verzug zu wirken. Ein Objekt, das ein Feld durchquert, wird sofort von den dort schon wartenden Kräften erfasst und gesteuert. Die räumliche und zeitliche Trennung ist aufgehoben, die Wirkung setzt ohne Hindernis ein.

Kann den Kräften die Anreise erspart werden?

Um die Anwesenheit im Kraftfeld herzustellen, ist entweder eine frühere Anreise der Kräfte gefordert, die vor ihrer gefragten Wirkung erfolgt. Oder das Feld muss die Kräfte vor Ort herstellen. Dazu war bis Einstein kein Verfahren bekannt, und war auch nicht gesucht worden.

Untersuchen wir kurz die erste Variante. Ohne die vorzeitige Anreise entsteht kein Kraftfeld. Nun funktioniert die vorverlegte Anreise allerdings eben so wenig wie die akute Anreise. Weil mangels Vehikel keine Kraft reisen kann, kommt keine Kraft im Feld an.

Das Feld ist lediglich das Postulat, dass die Kräfte bereits zugegen sind, sobald sie gefragt werden. Das Postulat ist aber kein gutes Vehikel, es kann keine Kräfte hinschaffen. Das Feld ist eine Fiktion, es kommt nie zustande, geschweige denn vorzeitig.

Unterstellen wir, dass die Kräfte vor Ort sind, sobald sie gebraucht werden, so unterstellen wir, dass die Ursachen der Bewegung dort wirken, wo das erwünscht ist. Da transportiert der bloße Wunsch nach der Wirkung die Ursache an den Wirkungsort. Es wirkt der Glaube an die Ursache, und das sofort an jedem Ort, wo sie gefragt ist.

Allerdings macht so ein Glaube die Ursache zunichte. Die Seinsweise von Glaube und Ursache ist jene des Wunsches. Die Erfüllung folgt dem Wunsch, weil sie gewünscht wird. Die Ursache ist überflüssig, weil sich der Wunsch von alleine erfüllt.

Der Wunsch ist überaus reiselustig. Als Vehikel steht ihm die Einbildung zur Verfügung. Die Projektion wirft die vorgestellte Kraft hinaus in das vorgestellte Feld. Die gemäßigte, vom Maß gezähmte Vernunft findet das Vorgestellte dort, wo es vom Wunsch fertig ausgebreitet wurde. Aber dann erklärt der Wunsch, von „Arbeit“ habe er noch nie etwas gehört. Er rührt keinen Finger, er ist auf das Wünschen spezialisiert.

Die Krümmung der Raumzeit

Die zweite Variante der Feldherstellung, jene vor Ort, wurde von Albert Einstein aufgegriffen. Die Gravitation entstehe dadurch, dass sich die „Raumzeit“ in Gegenwart großer Massen krümme.

Als Raumzeit fungiert der mathematische Vergleich von zwei Koordinatensystemen. Eines fliegt mit dem Licht, das andere mit dem Objekt. Werden die Gleichungen mathematisch gelöst, so wird das Objekt erfolgreich im Licht verortet, im anderen Koordinatensystem. Die beiden Maße erklären sich gegenseitig als maßgebend, als relativ wirksam.

Die Verortung in der Raumzeit erfolgt mittels jener Koordinaten, die das „reisende“ Licht begleiten. Die Raumzeit wird vom Licht aufgespannt und das Objekt wird darin festgemacht. So funktioniert die Methode.

Das Licht reist aber nicht. Das Licht ist nur der Arbeitstakt des Plasmas. Weder da noch dort fliegen Partikel, Wellenpakete oder Energien herum. Vielmehr reist die Arbeit als Aufruhr des Plasmas.

Eine Welle ist die Fortpflanzung der Arbeit, ihre Verteilung und Erledigung. Das funktioniert so wie auf dem Wasser, wo wir zuschauen können. Die ringförmigen Wellenberge verteilen die Arbeit der Emission. Die ringförmigen Wellentäler verteilen die Arbeit der Absorption. Die Ringe verteilen die Arbeit nach außen, bis sie mitsamt der Arbeit verebben.

Die Arbeit wird im Plasma mit Lichtgeschwindigkeit verteilt. Die Arbeit reist mit Lichtgeschwindigkeit, nicht auch das Licht. Das Licht ist die Frequenz, mit der Emission und Absorption im Plasma wechseln, also Wellenberg und Wellental einander ablösen.

Wird dieser Arbeitsrhythmus vom Auge aufgenommen, genauer, von der Retina, den Zellen der Netzhaut fortgesetzt, und von den Neuronen im Gehirn ausgewertet, dann „sehen wir Licht", wie wir sagen.

Wir sehen nur, indem wir eine Arbeit übernehmen und fortsetzen. Das gelingt nur soweit, als wir unsere eigene Arbeit anpassen. Dazu steht allein der Arbeitstakt, die Frequenz zur Verfügung. Das Plasma und das Auge sind substanziell so verschieden, dass nur der Arbeitsrhythmus „durchkommt", das Verfahren von Übergabe und Übernahme überlebt.

Die Arbeit breitet sich aus, und so auch die Frequenz, der Arbeitstakt. Der Wellenberg wird allerdings dort abgearbeitet, wo er aufgetaucht ist, ebenso das Wellental. Die Welle ist ortsfest. Sie steigt und fällt, mehr nicht. Korkbrösel auf dem Wasser zeigen das ganz augenscheinlich.

Die Wellenringe verteilen sich so wie die Arbeit. Ein Ring nach dem anderen kommt an die Reihe, die Aufruhr zu verarbeiten. Kein Ring wandert nach außen, alle bleiben wo sie sind, alle entstehen und vergehen.

Auch vorgeschaltete Instrumente können nur die empfangene und übernommene Arbeit auswerten und auf diese Weise „Licht" melden. Was sie messen und auswerten, ist der eigene, bereits angepasste Arbeitstakt. Sie verkünden die neue Frequenz ihrer eigenen Arbeit, nicht hingegen eine Beute namens „Lichtquant, Energiequantum, Photon" oder dergleichen.

Die Arbeit „stabiler" Massen

Das „Raumzeit-Modell" der Gravitation vergleicht die Maße zweier Arbeiten. Das Objekt absorbiert das Plasma, in dem es unterwegs ist. Sein Absorptionsvermögen regelt seine Geschwindigkeit.

Unterdessen verteilt das Plasma seine Arbeit mit Lichtgeschwindigkeit. Der Vergleich der beiden Geschwindigkeiten funktioniert solange, als die beteiligten Massen stabil sind, also die Emission gleich groß wie die Absorption ist. Wachsen oder schwinden die Massen, so scheitert der Vergleich, er kommt nicht zustande.

Die Absorption der Massen verdünnt das umgebende Plasma, ihre Emission verdichtet es. Große Massen sind große Akteure, sie arbeiten mit großer Reichweite und in großem Umfang. Ihre Absorption und ihre Emission von Plasma sind beide weitläufig und intensiv.

Die Bewegung des Objekts folgt der Absorption, es fliegt in das dichtere Plasma hinein. Das Objekt verlässt seine Emission, das verbrauchte Plasma. Das Objekt wird vorne neu, reift in der Mitte mittels Rotation, und entschwindet hinten. Das ist die Bewegung. Die Substanz wird schrittweise ausgetauscht. So kommt der Körper voran. Er wird von alt nach neu. Er geht vom alten Dasein in das neue Dortsein über.

Leider hat Einstein die Emission fallen gelassen, und nur die Absorption weiter untersucht. Sein Raumzeit-Modell behandelt nur das Absorptionsverhalten. Das rührt daher, dass Einstein *stabile* Massen voraussetzte. Aufgrund des gleichen Maßes hat er die Wirkung von Trägheit und Schwere gleich gesetzt. Es sei egal, ob der Körper gezogen oder geschoben werde, die resultierende Bewegung sei dieselbe. Das stimmt aber nur, solange die Masse konstant bleibt.

Die Masse bleibt nur gleich, solange Absorption und Emission gleich wirksam sind, im Maß gleich groß sind. Dazu muss die Verarbeitung des Zugangs gelingen. Die Zufuhr kann wachsen oder schwinden, aber die Abfuhr von verbrauchtem Inhalt muss gleichermaßen mitwachsen oder mitschwinden. Absorption und Emission müssen einander gegengleich bleiben, einander widersprechen. Nur so können sie einander ausgleichen.

Die Masse ist ein Maß der Körperlichkeit, welches das Arbeitsvermögen des Körpers real voraussetzt, aber geistig leugnet. Das Arbeitsvermögen ist der Geist des Körpers. Er wird dem Körper abgesprochen. Der Geist wird im menschlichen Denken durch das Arbeitsergebnis ersetzt und verdrängt, durch die „tote Masse".

Die Masse ist aber kein Körper. Sie ist ein Maß, ein Vergleich, der vom menschlichen Geist abhängt. Letzterer kann zwar die Masse für tot erklären, aber den Körper nicht töten. Die Erklärung gilt ihm ja nur selbst, sie ist ein Selbstzweck des menschlichen Geistes. Das Maß der Masse erfasst den Körper auf keine Weise. Jedes Urteil, das nur auf der Masse beruht, ist überheblich, einseitig und falsch.

Der Körper ist keine Masse, sondern eine Arbeitseinheit, die an der ganzen Arbeit teilnimmt. Der Körper ist materiell das Resultat seiner Arbeit. Der Körper ist geistig seine Arbeitsweise. Der Körper übt seinen Geist aus, um sich herzustellen. Seine Arbeit besteht aus Geist und Materie. Der Geist ist im Körper materialisiert, verwirklicht.

Die Materie des Körpers setzt die Arbeitsweise fort, den Geist des Körpers. Wird die Einheit der Arbeit getrennt, so erlischt die Existenz.

Das Gehege der Kräfte

Aufgrund der Gleichsetzung von Trägheit und Schwere bildet die Raumzeit nur die Dichte des verfügbaren Plasmas ab. Nur was aufgenommen wird, nur das soll die Bewegung hervorbringen und entscheiden. Das Maß der Bewegung begnügt sich mit der halben Arbeit.

Die Emission ist zwar für die Herstellung der Bewegung ebenso notwendig, steigert aber deren Maß nicht, die Geschwindigkeit. Damit geht die halbe Arbeit spurlos verloren. Nur das Maß der Absorption wird maßgeblich. Die Bewegung wird frontal und extern gesteuert, und noch dazu von ihrem Maß, von der Geschwindigkeit.

Das Raumzeit-Modell sieht die Bewegung so an, als könnte die Raumzeit konsumiert werden. Das Objekt folgt sozusagen seinem Appetit, während die Raumzeit für Sättigung sorgt. Kann die Raumzeit sättigen, so ist sie wie eine Suppe „kräftig" genug. Irgendwie wohnt ihr die Kraft inne. Die Raumzeit wird zum Gehege der ziehenden Kräfte.

Rückseitig wird das Plasma wieder verdichtet, mittels Emission, aber diese zweite, gleichermaßen wirksame Arbeit bleibt unberücksichtigt. Die Raumzeit drückt oder schiebt nicht, vielmehr folgen die Körper unbehelligt ihrer Trägheit. Die Trägheit sollte ebenfalls in der Raumzeit zuhause sein, ist aber stillschweigend in der stabilen Masse untergegangen.

In der Natur strömt der Körper durch das Plasma, und strömt das Plasma durch den Körper hindurch. Die beiden Arbeiten erfolgen gegengleich. Gibt das Plasma, so nimmt der Körper. Gibt der Körper, so nimmt das Plasma. Erfolgt eine gegenseitige Bearbeitung, so erfolgt auch diese gegengleich. Eine Arbeit gleicht die andere aus.

Der Körper durchdringt das Plasma, und das Plasma durchdringt den Körper, indem sich beide Arbeiten durchdringen.[15] Zwischen dem Körper und dem Plasma besteht jenes Gleichgewicht, das von der gemeinsamen, aber gegengleichen Arbeit hergestellt wird.

15 Wo ein Ding ist, ist zugleich ein anderes. Die Substanz ist durchdringlich.

Die Arbeitsteilung, die geteilte Zusammenarbeit von Körper und Plasma ist es, welche die *beiden* Bewegungen herstellt. Sie erfolgen gegenläufig. Während sich der Körper nach vorne bewegt, strömt das Plasma nach hinten, und umgekehrt. Weil die Arbeit reziprok ist, gegengleich, sind es auch die beiden Bewegungen.

Der Ortswechsel

Die Bewegung des Körpers muss vom Körper selbst, und zwar in seinem Inneren hergestellt werden. Das erfolgt mittels der Verarbeitung des Plasmas. Sie unterscheidet sich nicht von der Erhaltungsarbeit.

Was innerlich der Erhaltung dient, der Entwicklung, der fortschreitenden Existenz, das erscheint äußerlich als Bewegung. Die innere Arbeit, das Dasein zu sichern, erscheint äußerlich als das Von-Da-Nach-Dortsein, als Fortschritt oder Werden der Substanz.

Die Bewegung besteht nicht aus einem „Ortswechsel", wie gemeinhin gedacht wird. Dieselbe Arbeit, welche die Bewegung erzeugt, generiert auch das Werden des Ortes. Der Ort des Körpers wird nur soweit neu, als der Ort zugleich alt wird und vergeht. Der Körper hat keinen Ort, weil er keinen Aufenthalt hat. Der Ort kann nicht gewechselt werden.

Werden Orte gewechselt, so werden sie ausgetauscht. Die Körper ziehen von einem Ort zum anderen, hinterlassen also die Orte. Die Orte bleiben dann leer zurück, womit wir wieder im leeren Raum landen. Der Ortswechsel ist dieselbe Fiktion wie der leere Raum.

Ein Ort wird nur so hergestellt wie die Bewegung des Körpers. Der Ort mag als der kleinste Teil der Bahn gelten, aber er ist so dynamisch wie die Bewegung. Die Bewegung folgt keiner Bahn, sondern der Arbeit. Die Arbeit muss auch die Bahn hervorbringen.

Die Bahn entspricht dem Werden des Körpers. Das Werden erscheint als Vordringen in das Habitat. Die Bahn kann von außen beobachtet, gemessen und konstruiert werden, muss aber vom Körper hervorgebracht, im Inneren hergestellt und veräußert werden.

Die Bahn ist das Verhältnis zweier Arbeiten. Die gegengleiche Arbeit des Plasmas ist nicht sichtbar. Sie scheint nicht auf, muss aber stattfinden. Sie formt die stille, verschwiegene „Umgebung", in der die Bewegung des Körpers stattfindet, das vorausgesetzte Habitat.

Auch die Umgebung wird nicht gewechselt, wird von der Bewegung nicht ausgetauscht. Das Habitat wird nicht verlassen, sondern bereist. Es muss vorhanden bleiben. In der Bewegung begegnen einander zwei gegengleiche Arbeiten. Beide werden ausgeführt. Beide führen einander aus, lernen einander kennen, genau das ist die Reise.

Die Bahn ist kein vorfabrizierter, fertiger Arbeitsweg. Das liegt daran, dass jeder Arbeitsschritt erst bevorsteht, erst getätigt werden muss. Die Arbeit wird zudem angepasst, sofern sich ihre Bedingungen ändern. Die Bedingungen der Arbeit werden von der Arbeit des Plasmas geformt.

Der Himmel der Bewegung muss erst hergestellt werden. Das ist die Aufgabe des Plasmas. Es stellt den Himmel der Bewegung her.

Der Trichter der Raumzeit

Wo die Dichte des Plasmas infolge Absorption geringer wird, dort entsteht eine Region des Sogs. Sie wird geometrisch als „Trichter der Raumzeit" abgebildet. Was in den Trichter „fällt", wird unzureichend mit Plasma versorgt. Das Plasma verschwindet in einer Senke, und strömt von allen Seiten nach, was den Trichter ergibt.

Vom Mangel betroffene Objekte steigern ihre Absorptionstätigkeit, was als ihre „Gravitation" erscheint. Es ist aber nicht der Trichter, der die Gravitation erzeugt. Vielmehr wird die Absorption gesteigert.

Der Trichter ist nur ein Abbild des Maßes, wie sehr die Arbeit zunimmt. Das Maß kann nicht unterscheiden, wer die Arbeit macht. Die Abweichung der Bewegung bemisst sich von beiden Seiten gleich groß. Das Maß beziffert die Wirkung einer unbekannten Arbeit.

Die Gravitation ist ein Verhalten, eine Arbeitsweise des nahenden Körpers, nicht irgendeine Kraft der Masse. Zahlen und Einheiten erzeugen nichts. Die vermeintliche „Anziehung" seitens der Quelle ist in Wahrheit eine tätige Anreise seitens der in die Versorgung vordringenden Senke.

Die gemessene *Attraktion* ist der Agenda des Anreisenden geschuldet, nicht einer Sogwirkung des Zentralkörpers. Die Quelle der Versorgung muss lediglich ihre Plasmawolke liefern.

Diese erweist sich jedoch als unzureichend für die Erhaltungsarbeit. Um den Bestand zu retten, wird die Absorption verstärkt. Damit wächst die Geschwindigkeit. Die Masse im Zentrum beschleunigt nichts, auch nicht ihre Emission, geschweige denn ihren vermeintlichen Fang.

Der Trichter gilt als „Krümmung der Raumzeit". Es entsteht der Eindruck, die Geometrie könne die Gravitation ins Leben rufen. Die Geometrie bleibt aber im Denken zuhause. Sie kann nicht fliegen.

Entscheidend ist einerseits der Mangel an Plasma, andererseits die Steigerung der Absorption. Die Quelle zieht nicht, sondern spendet. Der

Eindringling wird nicht passiv zu Fall gebracht, sondern versorgt sich aktiv und zunehmend aus der Zufuhr. Die Gravitation misst das Absorptionsverhalten des Trabanten, nicht das Emissionsverhalten des Zentralkörpers.

Was als „freier Fall“ erscheint, ist das „Verdursten“ des Objekts in einer zu trockenen Emissionswolke. Erst beim Aufprall, beim Eintauchen in die Quelle der Versorgung wird der Plasmahaushalt neu geordnet und so auch zufrieden gestellt.

Die Gravitationsenergie

Die Energie kombiniert die zarten Schösslinge der Kraft mit dem zuvor angesiedelten Kraftfeld und macht daraus das „Energiefeld“. Was in ein solches Feld des kräftigen Nachwuchses eintaucht wird unweigerlich bewegt. Weiters müssen die Energiefelder überall gegeben sein, damit die Bewegung nicht irgendwo stecken bleibt.

Wo Energiefelder auftauchen sollen, müssen sie freilich zuvor hergestellt werden. Die Energie hat dasselbe Problem wie zuvor die nicht vernebelte Kraft. Das Problem ist jetzt zwar fein zerstaubt, aber nicht auch gelöst. Es ist egal, wie groß oder klein die einzelne Kraft ist. Soll ihre Gesellschaft wirken, so muss jede einzelne Kraft kräftig mitwirken. Wird nicht an die Kraft geglaubt, so geht die Energie leer aus. Der Glaube an die Kraft ist die Wurzel des Glaubens an die Energie.

Die Krümmung der Raumzeit wird von den durstigen Massen zurecht gebogen. Der Sog der gekrümmten Raumzeit ist das Maß des Durstes nach Plasma, das Maß der Absorption. Wird der Sog im Raum vorausgesetzt, so wird gesagt, dass das Plasma nicht ausreichend dicht ist.

Wird das Plasma geleugnet, so bleibt es die Schuld der Geometrie, das Wunder der Attraktion in der Ferne zu erwirken. Die Geometrie ist aber, wie bemerkt, nicht anwesend. Sie teilt das Los der Maße.

Das Primat der Qualität

Sind Maße vergleichbar, so sind Mengen vergleichbar. Sollen alle Mengen vergleichbar sein, so müssen wir fragen, welche gemeinsame Qualität allen Quantitäten zugrunde liegt.

Suchen wir fertige Eigenschaften ab, so werden wir nicht fündig. Alle vergleichbaren Qualitäten sind verschieden. Viele Qualitäten sind überhaupt nicht vergleichbar. Das Fehlen der Vergleichbarkeit hat Karl Popper veranlasst, die Qualität als unwissenschaftlich zu verwerfen.

Denken wir nicht an *fertige* Eigenschaften, sondern an ihre *Herstellung*, so finden wir die Arbeit als gemeinsame Quelle aller Qualitäten. Das haben wir eingangs schon ein wenig beleuchtet.

Jede einzelne Qualität ist eine Frucht der Arbeit, muss von der Arbeit hervorgebracht werden. Die dazu erforderlichen Arbeiten sind ganz verschieden, sind besondere Arbeiten. Sind diese speziellen Arbeiten aber verantwortlich, so ist die allgemeine, die allen gemeinsame Arbeit der Ursprung aller Qualitäten.

Die ganze Arbeit stellt jede Qualität her. Fehlt eine Qualität, so ist die Arbeit nicht ganz. Fehlen alle Qualitäten, so fehlt die Arbeit.

Die ganze Arbeit stellt notwendig alle Qualitäten her. Jede Qualität ist ein Produkt der ganzen Arbeit. Die einzelne, besondere Arbeit kann die Qualität nur spezifizieren, verfeinern, noch besonderer machen.

Die Arbeit ist die gemeinsame Qualität aller vergleichbaren Quantitäten. Vergleicht ein Maß die Quantität, so beziffert es die zur Herstellung erforderliche Arbeitsmenge. Diese ist nicht genormt. Diesen Mangel behebt die konventionelle Einheit des Maßes.

Die Einheit besagt, welche besondere Arbeit anzuwenden ist, und welche Menge davon genügen muss. Die Einheit liefert die Qualität der Arbeit, unter der Voraussetzung, dass die Quantität Eins lautet. Das Maß definiert Qualität und Quantität der Arbeit.

Das Maß ist die geheime Stechuhr der Arbeit. Das Maß soll numerisch eine Arbeit erfassen, die in der Einheit verschwunden, untergegangen ist. Denn die Einheit nennt nur das fertige Werk, nicht auch dessen Genese. Das Maß der Arbeit soll die Arbeit ersetzen.

Ein jedes Produkt der Arbeit hat eine Qualität. Jede Qualität ist eine Frucht der Arbeit. Die Menge an Arbeit, die zur Genese notwendig ist, ist sekundär, zweitrangig. Das Maß der Arbeit kann nicht führen.

Das Maß regelt die Quantität. Entscheidet die Quantität über die Qualität, dann wuchert die falsch kontrollierte Arbeit über das Leben hinaus. Wir leiden dann an „Überproduktion" und ihren kriegerischen Folgen. Kontrolliert umgekehrt das Leben die Arbeit, dann führt die Qualität die Quantität. Das Maß muss dienen, es darf nicht herrschen.

Das Ziel der Arbeit ist zuerst die Qualität, nicht die Menge. Jedes Produkt wird erzeugt, um an der ganzen Arbeit mitzuwirken. Die Qualität ist die Fähigkeit zur Mitarbeit, ist der Geist der Zusammenarbeit.

Kann ein Stern seiner Galaxie widersprechen? Ein Atom seinem Molekül? Ein Gewebe seinem Organ? Ein Mensch seiner Gesellschaft? Ja, das ist möglich, führt aber zum Untergang.

Der Mensch kann seine Arbeit nur einfügen in die Arbeit der Natur, diese aber nicht dominieren. Das Maß der Arbeit muss zurücktreten hinter die Qualität der Arbeit.

Das gilt nicht nur in der Physik. Kann eine Ökonomie dies nicht gewährleisten, so dient sie nicht dem Leben. Beruht eine Gesellschaft auf einer lebensfeindlichen Ökonomie, so opfert sie ihre Arbeit falschen Zielen und damit im Ergebnis sich.

Die Erscheinung

Eine Erscheinung muss von der Arbeit hergestellt werden, und zudem die Auffassung dieser Erscheinung. Wie sehe ich zum Beispiel einen Apfel?

Zuerst muss mir die Frucht eines Baumes auffallen. Sie sendet farbiges Licht? Nein, die Frucht reflektiert das Licht der Sonne, und dieses Licht trifft auf meiner Netzhaut ein. Mein Gehirn erkennt die Frucht anhand ihrer Form und Farbe als reifen Apfel. Diese Erklärung genügt uns, um den Apfel zu verkosten. Aber was geht wirklich vor sich?

Es fliegen keine Partikel von der Sonne zum Apfel und durch mein Auge auf die Netzhaut. Der erste Grund ist, dass der Apfel keine Partikel reflektiert. Die Atome seiner Schale können den Zugang bestenfalls aufnehmen, sich daran erfrischen und zuletzt verbrauchte Partikel aussenden. Ein Spiegel kann nicht anders verfahren, ist aber im Verbrauch bescheidener. Seine Emission ist so ergiebig wie seine Absorption. Der Apfel ist weniger genügsam. Er blendet nicht so wie der Spiegel.

Der zweite Grund ist, dass meine Netzhaut vom Glaskörper geschützt wird. Er lässt weder Partikel noch Wellen durch, sondern nur dem Leben dienliche Arbeitsrhythmen. Was meine Zellen empfangen, das ist ein Arbeitstakt, der von der Sonne ausgeht, vom Apfel fortgesetzt wird, und von den Zellen übernommen wird. Diesen Rhythmus muss das Gehirn auswerten, um vom Apfel reden zu können.

Physikalisch ist von einer „Frequenz" des Lichtes die Rede. Das ist der Wechsel von Geben und Nehmen, also der Arbeitstakt. Was hierbei noch recht auffällig fehlt, ist das, was die Arbeit macht. Ohne Arbeit ist der Empfang eines Arbeitstaktes nicht möglich. Das können die Kräfte nicht ändern und die Leere geht wie immer leer aus.

Der einzige Akteur, der zwischen Sonne, Apfel und Netzhaut zur Verfügung steht, ist das Plasma, zuerst das solare und dann das irdische. Nur das Plasma kann die Arbeit übertragen und ihre Fortsetzung veranlassen. Das geschieht so, dass das Plasma im gegengleichen Rhythmus arbeitet. Anders ist die Fortsetzung eines Arbeitstaktes nicht möglich, als dass die Arbeit fortgesetzt wird. Auch die Frequenz kann nicht fliegen.

Die Erkenntnis

Der Arbeitstakt wird fortgesetzt, bis er im Gehirn den Zellkern einer Nervenzelle erreicht, und dort zuletzt die Doppelhelix. In der DNA wird der Arbeitstakt wieder erkannt, indem er mit früheren Arbeiten verglichen wird. Die DNA ruft aus dem Gedächtnis ähnliche Arbeitsrhythmen ab. Sie werden zum Vergleich wiederholt, wachgerufen, bis die Unterschiede am geringsten sind. Dann liegt eine Erkenntnis vor.

Wie erfolgt die Auswertung des Rhythmus in der DNA? Eine Helix arbeitet gegengleich zur anderen. Die Arbeitsweise wird auf beiden Seiten angepasst. Der von außen übernommene Arbeitstakt wird zum gegengleichen Arbeitstakt der DNA.

Die Erkenntnis ist die Übereinstimmung der inneren Arbeitsweise mit der äußeren. Sie ist die richtige Arbeitsteilung zwischen Innen und Außen. Sie ist die erfolgreiche Zusammenarbeit. Das Gehirn kommt in der Zusammenarbeit zum Ergebnis, zur relativen Ruhe. Das Urteil der Vernunft besteht darin, den Grund der Anpassung auszumachen.

Was die Sinne dem Denken geben, das ist nichts anderes als frische Arbeit, die sie aus dem Plasma ernten, der Natur entnehmen. Es erfolgt eine Übertragung von Arbeit zwischen Materie und Geist. Diese Übertragung von Arbeit nennen wir „Erkenntnis".

Es kann keine andere Verbindung zwischen Materie und Geist geben, als jene der Arbeit. Sowohl die Materie muss arbeiten, als auch der Geist. Die Übertragung der Arbeit findet statt, wenn der Rhythmus auf beiden Seiten ein gemeinsames Ergebnis zeitigt, das dem Leben genügt.

Im Gehirn ist kein Apfelbild, geschieht aber eine Arbeit, die Apfel bedeutet. Diese cerebrale Arbeit nennen wir „Idee". Wir kennen aber die Arbeit nicht, sondern nur ihr Ergebnis, den Begriff „Apfel".

Der *Begriff* des Apfels ist eine Arbeitsweise der Nervenzellen, ist also *deren* Geist. Der *ideale* Apfel ist ein Geistesprodukt des Gehirns. Der *gegenständliche* Apfel erwächst aus der Arbeitsweise des Baumes. Der reale Apfel ist materialisierter Geist des Baumes. Die Arbeit ist die einzige Brücke, die von den beiden Geisten gebaut und benutzt werden kann.

Zusammenfassung zur Gravitation

Die Gravitation ist keine kraftvolle Zugmaschine, sondern ein Maß der Absorptionstätigkeit. Je intensiver absorbiert wird, desto schneller erfolgt die Annäherung. Die Attraktion erfolgt seitens der Senke, ist deren Arbeitsfolge. Nur die Erhaltungsarbeit des Subjekts kann in seiner Bewegung erscheinen, nie auch andere Arbeit.

Die Quelle hat nur soweit Einfluss auf das Geschehen, als sie ihre Emissionswolke zur Verfügung stellt. Wird die Plasmawolke dichter, gehaltvoller, so steigert die Senke ihre Absorption. Das erfolgt, solange die Senke Bedarf an der anzutreffenden Plasma-Sorte hat, und die neue Versorgung verarbeiten, zu ihrer Substanz umformen kann.

Die trichterförmige Krümmung der Raumzeit kann als Maß der Plasmadichte verwendet werden. Je steiler der Trichter ist, desto größer ist die Absorption. Dabei wird vorausgesetzt, dass das Plasma für die Senke geeignet ist und aufgenommen wird.

Wird das Plasma nicht aufgenommen, sondern abgestoßen, dann tritt statt der Schwere die Trägheit ein. Der reisende Körper entfernt sich von der Quelle, deren Plasma für den eigenen Bestand ungeeignet ist.

Der Raumzeit-Trichter sollte dann maßgeblich in der umgekehrten Richtung wirken, den „Rauswurf" messen. Das ist zwar in der Theorie nicht vorgesehen, in der „Arbeitswelt" aber unvermeidlich. Immerhin, Urknall und Schwarze Löcher könnten dann von ihren unendlichen Problemen der Einseitigkeit erlöst werden.

Es ist zu hoffen, dass die Plasma-Physik die Arbeitsweise der „Birkeland-Currents" hinreichend erforschen kann. Ob das Raumzeit-Modell dann verbessert wird und weiterhin Verwendung findet, das hat allein die Physik zu entscheiden.

Die Herstellung des Elektromagnetismus

Bewegen sich „geladene“ Teilchen, so tritt „Magnetismus“ in Erscheinung. Was ist Magnetismus? Bewegen sich Magnetpole, magnetische Teilchen oder Felder, so tritt „Elektrizität“ zutage. Was ist Elektrizität? Wenn sich beide Energieformen nur gegenseitig „erklären“, dann verstehen wir keine von beiden. Wir müssen mit der „Ladung“ beginnen.

Die polare Arbeit der Ladung

Mittels Definition ist festgelegt, dass ein Proton *„positiv* geladen“ ist, hingegen ein Elektron *„negativ* geladen“. Die Definition regelt nur das Vorzeichen der Ladung, aber was ist die Ladung selbst? Was kann einmal positiv, das andere Mal hingegen negativ sein? Kann ein Gegensatz den Satz erklären? Woher kommen beide?

Ist die Absorption ein Zugewinn, so ist sie positiv. Ist die Emission ein Verlust, so ist sie negativ. Aber woher kommen Gewinn und Verlust? Was wird warum ausgetauscht, wenn von „Ladung“ die Rede ist?

Die Elektronen fliegen von der Quelle weg, von einem Metallstab, der „Kathode“ genannt wird. Das Metall wird mittels elektrischen Stroms zur Emission „angeregt“. Worin besteht die Anregung von Metall? Womit werden seine Atome überflutet? Welche Zufuhr ist zu groß? Wird etwa Ladung zugeführt, um Ladung abzustoßen?

Eine Überlastung der Atome kann nur eintreten, wenn ihre Arbeit zu groß wird. Die Atome lösen sich teilweise auf. Sie geben Inhalte ab, setzen diese frei. Die erste Freisetzung gilt den Elektronen, den Atomschalen. Sie umrunden den Kern, sie reisen peripher. Was auch immer freikommt, muss zuerst nach außen wandern. Was schon die Peripherie besiedelt, ist zuerst an der Reihe. Das Atom erodiert.

Die Atomkerne verlieren einige ihrer Atomschalen. Deren Inhalt ist wolkig bis nebulos und heißt „Elektron“. Die Elektronen werden nicht „abgestoßen“, weil der Atomkern weder stoßen noch schießen kann. Er ist keine große Kanone von kleinen Wolken.

Zudem sind Elektronen unberührbar. Sie fliegen nach ihrer Freisetzung hinüber zur „Anode“. Sie ist die Senke der Atomschalen, das Sammelbecken. Bildet die Anode einen Ozean von Elektronen?

Nein, die Anode leitet ihren Zugang entweder über das Stromkabel ab, oder über die Erdung des Stromkreises. Der Kreislauf von Atomschalen wird teilweise freigelegt und auf diese Weise sichtbar und messbar.

Die Verbindung zwischen Kathode und Anode besteht aus „Vakuum“. Dazu wird eine Glasröhre von Luft leer gepumpt. Das Fehlen der Luft repräsentiert den leeren, von Widerstand frei gemachten Raum.

Die freigelegte Strecke zwischen Kathode und Anode heißt „Elektronenstrahl“. Woher wissen wir, dass nur Elektronen unterwegs sind? Das „Wissen“ beruht darauf, dass zunächst nur Elektronen gemessen werden. Um Protonen zu messen, ist ein anderes Gerät einzuschalten.

Die Elektronen können nur gerichtet fliegen, indem sie vorne frisches Plasma absorbieren und hinten verbrauchtes Plasma abgeben. Das geht nicht? Im Vakuum ist kein Plasma? Die Elektronen sind unteilbare „Massepunkte“ mit „Elementarladung“? Sie tauschen kein Plasma aus?

Die Elektronen gelten in der Physik als „elementar“. Diese physikalische Eigenschaft gebührt allerdings nur dem *Maß* des Elektrons.

Kein Maß darf sich verändern. Jedes Maß ist mittels Konvention geschützt, so auch die „Elementarladung“ (e^-). Jedes *gemessene* Elektron genügt notwendig diesem Maß („e-minus“). Genügt das *reale* Elektron dem Maß nicht, so kann es nicht gemessen werden. Es wird dann *kein* Elektron gemessen, also sein Fehlbestand registriert, sein Ausbleiben

Das Maß wird nur erfüllt, wenn das Elektron seine Arbeit momentan erledigt hat, wenn es aktuell vollständig ist. Geben und Nehmen ruhen. Vorher oder nachher kann kein Elektron gemessen werden, weil es das Kriterium des Maßes nicht erfüllt, das in der Messeinrichtung eingebaut, vergegenständlicht ist. Ein intakter Detektor verlangt ganze Elektronen, sonst spricht er nicht an.

Das Elektron fehlt dann, nämlich die messbare Elementarladung. *Ein* Elektron fehlt hingegen nicht, es ist nur gerade unfertig, weil es entweder gibt oder nimmt. Das Maß ist nicht erfüllt, weil das Gemessene noch an sich arbeitet. An diesem Unterschied leidet die Physik, weil sie ihn nicht kennt. Sie erhebt das Maß zum alleinigen Existenzkriterium.

Bleibt das Maß aus, so kann dieser Umstand das Nicht-Gemessene nicht verändern. Es findet keinen Eingang in die Physik, bleibt aber Materie, Gegenstand des Geistes. Es ist unbekannte Materie. Immerhin kennt die Physik nach eigenen Angaben 95% jener Materie *nicht*, die sie vermutet. Es ist von „dunkler Materie“ und „dunkler Energie“ die Rede.

Das Nicht-Messbare ist womöglich gegeben, womöglich nur ein Hirngespinst. Die Frage ist offen, darf aber nicht weggewischt werden. Die fragliche Materie muss mit anderen Mitteln beurteilt werden, wenn das Messen versagt. Das Messen ist nur eine Methode, aber nicht die einzige.

Das Messen ist methodisch beschränkt, weil es immer nur Vergleiche liefert. Das Verglichene bleibt hinter allen Vergleichen verborgen.

Wer alle Bäume lediglich gemessen hat, weiß immer noch nicht, was ein Baum ist. Er hat alle Bäume verglichen, miteinander, mit Gewichten, mit Längenmaßen oder mit Kubaturen. Das führt nicht zum Verständnis. Das Ergebnis der Anstrengungen besteht nur aus dem Verhältnis von Zahlen. Aber keine der Zahlen erfasst den Baum.

Wird *keine* Materie gemessen, so genügt sie dem vorausgesetzten Maß nicht. Sie widersetzt sich der festgelegten Methode des Messens. Zu kleine Bäume zählen nicht, sie werden vom Vergleich ausgeschlossen. Buschige Bäume fallen als Gebüsch durch den Rost. Das Maß legt fest, was zählt.

Dem Elektron geht es nicht besser. Kein Maß kann es erfassen. Welches andere Kriterium können wir geltend machen?

Ohne die Arbeit von Geben und Nehmen gibt es keine Bewegung. Bewegen sich Elektronen, dann arbeiten sie. Sie tauschen Plasma aus. Tun sie das nicht, arbeiten sie nicht, so sind sie auf keine Weise wirklich.

Arbeiten die Elektronen, dann fliegen sie entweder um den Atomkern, oder abwechselnd um verschiedene Atomkerne, oder von einem Kern zum anderen. Der Abstand der Atomkerne spielt insofern eine Rolle, als er die Versorgungsdichte bestimmt.

Die „Anode" muss eine Quelle von Plasma sein, ansonsten können sich die Elektronen ihr nicht nähern. Das Plasma der Anode muss die Elektronen so versorgen, wie sonst ein Atomkern es tut. Es handelt sich demnach um *Kernplasma*. Der Zustrom aus der Anode ersetzt die Versorgung aus den zerstörten Atomen der Kathode.

Das *versorgende* Kernplasma strömt von der Anode zur Kathode, *gegen* den Zugang der Elektronen. Die Elektronen schwimmen im Kernplasma der Anode dieser neuen Versorgungsquelle entgegen. Sie schwimmen in die Versorgung hinein, die wie sonst aus dem Atomkern kommt. Die Quelle ist nur künstlich etwas entfernt, abgerückt worden.

Wir können uns Anode und Kathode als „geteiltes Atom" vorstellen. Es treten zwei räumlich getrennte Atomkerne mit gegengleicher Arbeitsweise in Aktion. Beide arbeiten als Quelle und Senke. Die Anode *emittiert* Kernplasma und *absorbiert* Elektronen. Die Kathode emittiert Elektronen. Was sie absorbiert, das wissen wir noch nicht.

Die „Gasentladung" oder „Strahlung" verbindet die beiden getrennten Atomkerne mittels ihrer gewohnten Arbeit, gerade so, als wäre keine

Trennung erfolgt. Eine andere Verbindung ist nicht herstellbar, denn die gewohnte Arbeit ist die einzig machbare.

Nur seine bereits erlernten Fähigkeiten kann das Atom ausüben. Es besteht auch kein Anlass, neue Fertigkeiten zu erproben. Das Geben und Nehmen wird aufgrund der Distanz zwar gesteigert, aber auf diese Weise auch fortgesetzt. Die atomare Arbeit wird auf diese Weise offengelegt, sichtbar gemacht. Sie wird allerdings nicht als Arbeit erkannt.

Dass nur Elektronen und Protonen unterwegs seien, das wird unterstellt. Werden *nur* Elektronen und Protonen als „negative" beziehungsweise „positive Ladung" gemessen, so wird die vorausgesetzte Unterstellung im Nachhinein bestätigt. Das Plasma geht aufgrund der Methode des Messens und der Maßgläubigkeit leer aus.

In jedem Atom werden Kern- und Schalenplasma ausgetauscht. Was ein Atom stabil oder ganz macht, das ist die Erhaltungsarbeit. Die Verbindung von Atomkern und Atomschalen besteht aus arbeitsteiliger Zusammenarbeit. Es gibt in der Materie keine andere Verbindung als diese. Wir müssen herausfinden, welche Arbeiten im Gange sind.

Wir müssen zudem erklären, warum der Geist zu Kräften Zuflucht nimmt. Erst dann gewinnen wir ein ausreichendes Verständnis der Natur. Es gilt, die geistige und materielle Arbeit des Menschen in die geistige und materielle Arbeit der Natur einzugliedern.

Das Schalenplasma

Das „Schalenplasma" bildet das Habitat der Elektronen, ihren Lebensraum. Wie kommt das Habitat zustande?

Es wird von den Elektronen selbst hergestellt. Zuerst nimmt ein Elektron *Kernplasma* aus dem Atomkern auf. Dann erneuert es seine Substanz aus dem frischen Zugang, indem es Kernplasma zu sich, zum Elektron verarbeitet. Schließlich setzt es die verbrauchten Inhalte frei. Diese Emission bildet das *Schalenplasma*.

Eine Atomschale kann nur eine bestimmte Anzahl von Elektronen aufnehmen, weil sonst die Versorgung misslingt. Die Plasmadichte ist entscheidend für den Erhaltungszustand des Elektrons.

Wird das Schalenplasma zu dicht, so entfernt sich das Elektron vom Atomkern. Es sucht äußere Atomschalen auf, die weniger dicht besiedelt und ärmer an Plasma sind. Wird das Schalenplasma zu dürftig, so besiedelt das Elektron wieder dem Kern nahe Atomschalen.

Das Elektron „springt" nicht vom Kern weg. Es fliegt gemäß seiner Arbeit. Um seinen Umlauf zu erweitern, muss es von außen absorbieren und nach innen emittieren. Das Elektron erneuert sich. Es formt die Atomschale um, und damit auch sich.

Das Schalenplasma erscheint als Wolke mit einem flüssigen Kern oder Schwerpunkt, dem „entdeckten“ Elektron. Um nach außen in die Peripherie zu reisen, absorbiert das Elektron Plasma aus der Umgebung des Atoms. Das gilt als „Aufnahme eines Photons“.

Der „höhere Energiezustand“ bezeichnet den erhöhten Arbeitstakt von Geben und Nehmen. Nicht nur die Absorption von außen, sondern auch die Emission nach innen wird vermehrt. Es wird schneller gearbeitet, um der Überlastung zu entgehen. Das sogenannte „Springen“ ist eine Fluchtbewegung durch gesteigerte Arbeit. Der Arbeitsrhythmus wird erhöht, damit die Entfernung vom Atomkern gelingt.

Sobald die Überlastung abgebaut ist, hört das Steigen oder Springen auf. Der äußere Orbit ist erreicht und es setzt eine ruhigere Phase der Arbeit ein. Die Plasmadichte ist geringer, der Arbeitstakt sinkt wieder.

Wird die Versorgung unzureichend, so erfolgt die Rückkehr in den „Normalzustand“. Das Elektron verringert seine Umlaufweite, begibt sich wieder in Kern-Nähe, bis die Plasmadichte ausreicht.

Bei der Rückkehr erfolgt die Absorption von Kernplasma von innen, aus dem Atomkern. Die Emission von Schalenplasma erfolgt nach außen, in die Umgebung des Atoms. Das freigesetzte Emittat wird als „Photon“ angesprochen.

Das Elektron habe ein „Lichtteilchen“ ausgestoßen oder abgegeben, lautet die Auffassung. Kommt das Photon aus dem Elektron hervor, so ist es offenbar ein freigesetzter Inhalt des Elektrons, eben ein Emittat.

Nein, hören wir, das Elektron ist ebenso unteilbar wie das Photon. Beide geben nichts her. Ihre Wechselwirkung besteht darin, dass sie einander lediglich „stoßen“. Das ruft freilich wieder geistige Kräfte auf den Plan, die zwar taub sind, aber pflichtbewusst den elementaren Maßen genügen. Darauf kann gezählt, damit kann gerechnet werden.

Das Elektron hört nichts von seinen auferlegten Pflichten. Es folgt lieber seinen beiden Arbeitsweisen der Selbsterhaltung, es nimmt und gibt. Ob das nun Teile seiner selbst sind, oder Teile des Plasmas, das ist dem Elektron egal, es ist ja nur unser Problem.

Wird der versorgende Atomkern räumlich verschoben, so ist die Distanz zu überwinden, damit die übliche Arbeitsweise fortgesetzt werden kann. Die Arbeitsweise des Elektrons ändert sich nicht, wenn die Quelle des Kernplasmas wechselt oder aus der Ferne spendet.

Die Versorgung mit Kernplasma ist essentiell, primär. Sie entscheidet, wo und wie das Elektron arbeitet und sich bewegt.

Der Umgang oder Haushalt mit Schalenplasma ist eine Folge, ist sekundär, entspricht aber dem Arbeitsvermögen des Elektrons. Das Kernplasma ist der Zugang, das Schalenplasma ist der Abgang des Elektrons.

Das Elektron

Das Elektron nimmt Kernplasma auf und gibt Schalenplasma ab. Das Elektron ist die Umformung von Kern- in Schalenplasma. Seine Arbeitsweise, sein Geist ist die Verwandlung der beiden Plasma-Sorten des Atoms ineinander.

Folgt das Elektron seinem Geist, so nimmt es seine atomare Funktion wahr, erfüllt es den Sinn oder Zweck einer Atomschale. Der Sinn der Atomschale ist die Umformung von Kern- und Schalenplasma.

Das Elektron ist materiell das Resultat der Umformung von Kern- in Schalenplasma. Seine Arbeit stellt es her, realisiert es als sein eigenes Arbeitsergebnis. Das Elektron generiert sich selbst. Es ist die Meisterin ihrer Arbeit. Niemand sonst kann ihre Arbeit machen. Nichts sonst kann das Elektron herstellen.

Das Produkt realisiert den ersten Zweck der Arbeit, die Existenz. Die Genese der Atomschale bindet das Kernplasma im Atom, indem es in Schalenplasma verwandelt wird. Die Atomschale macht das Atom ganz und hält es gesund. Das Elektron erfüllt den Zweck des Atoms, realisiert den Sinn der atomaren Arbeit. Es macht sich nicht nur selbst wirklich, sondern damit zugleich das Atom. Das Elektron pflanzt den Zweck fort.

Die Verflechtung der Plasmaströme

Die Elektronen verlassen das schädliche Kernplasma der überlasteten Kathode und suchen das nützliche Kernplasma der Anode auf. Wie weit kommen die beiden Ströme aus Kernplasma?

Das *nützliche* Kernplasma strömt von der Anode bis zur Kathode. Es holt die Elektronen ab, indem es sie versorgt. Anders könnten die Elektronen weder fliehen noch die Anode erreichen.

Das *schädliche* Kernplasma strömt nicht notwendig bis zur Anode. Für die Reise der Elektronen genügt ihre Freisetzung. Außerhalb des Atoms machen sich die Elektronen selbständig.

Sollte das Kernplasma der Kathode weiter vordringen, so strömen die beiden Arten des Kernplasmas eine Weile gegenläufig. Kommt es zur Kollision? Kann Plasma kollidieren?

Im Kosmos ist von „Schockwellen“ die Rede, wenn sich Plasmaströme verschiedener Quellen begegnen.

Im Labor können nur Elektronen und Protonen gemessen werden, weil andere Detektoren fehlen. Im Versuch sind die Plasmaströme allerdings sichtbar. Unser Auge kann sie sehen.

Mitunter kommt es zu Blitzen, zu Entladungen. Bleiben sie aus, so findet keine Durchdringung der Ströme statt, sondern vielmehr eine gegenseitige Ablenkung, die zyklisch von einer Umschlingung gefolgt wird. Ströme aus Plasma von Elektronen und Protonen verwinden sich ähnlich einem Haarzopf zu einer Doppelhelix. Das hat, wie schon erwähnt, Kristian Birkeland im Labor herausgefunden.

Das schädliche, trennende Kernplasma der Kathode kann nur reisen, bis es aufgenommen wird. Wo das erfolgt, wissen wir nicht. Seine Emission wird nicht gemessen, ist nicht bekannt.

Allerdings ist bekannt, dass die Protonen der Anode die Kathode erreichen. Es wird ein „Protonenstrahl“ gemessen.

Die Protonen brauchen für ihre Reise eine Versorgung. Sonst können sie nicht absorbieren. Was sie absorbieren, ist Kernplasma. Es kommt notwendig aus der Kathode.

Das für die Elektronen schädliche Kernplasma ist für die Protonen nützlich. Sie schwimmen von der Anode zur Kathode in dem Zustrom, den die Kathode erzeugt. Die Protonen schwimmen zur Kathode, das Kernplasma strömt zur Anode. Die Bewegung ist wieder gegenläufig.

Die Protonen brauchen für ihre Reise zur Kathode auch eine Entsorgung. Sie müssen absorbieren und emittieren. Was ein Atomkern emittiert, ist Kernplasma. Es kommt aus den Protonen und reist zurück zur Anode. Sie absorbiert das Kernplasma der fliehenden Protonen.
Es sind in Summe *vier* Plasmaströme *K*, *A*, *S* und *P*,
sowie ein Elektronenstrahl und ein Protonenstrahl unterwegs:

1) Das Kernplasma *K* der Kathode strömt zur Anode.
2) Das Kernplasma *A* der Anode strömt zur Kathode.
3) Die Elektronen schwimmen im Kernplasma *A* zur Anode.
4) Das Schalenplasma *S* der Elektronen strömt zurück zur Kathode.
5) Die Protonen der Anode schwimmen im Kernplasma *K* zur Kathode.
6) Die Emission der Protonen, ihr Kernplasma *P* reist zurück zur Anode.

Das Kernplasma *K* der Kathode wird bedrängt vom rückläufigen Ausstoß *S* der fliehenden Elektronen. Das Kernplasma *A* der Anode wird bedrängt vom rückläufigen Ausstoß *P* der fliehenden Protonen.

Nur die gegenseitige Emission kann den Abstand zwischen der Quelle und den Fliehenden vergrößern.

Die Trennung besteht nicht aus leerem Raum, sondern aus dichtem, gemischten Plasma. Das „Vakuum" zählt zwar nur wenige Luftmoleküle, gilt aber als gesättigt an „Strahlung".

Wie kommt es zur Verflechtung der Plasmaströme?

Die Plasmaforschung erfasst bislang nur die Protonen und Elektronen innerhalb des Plasmas. Das Plasma selbst ist noch nicht messbar. Dazu fehlen die Geräte. Den „Partikeln" wird zugemutet, sich aufgrund ihrer gegensätzlichen Ladung zu bewegen und zeitweilig zu vereinen. Aufgrund ihrer Geschwindigkeit sollen sie sich wieder trennen.

Anziehung und Abstoßung sollen einander ablösen, brauchen dazu aber jene Kräfte, die mit der „Ladung" identifiziert werden, oder von ihr ausgehen sollen. Das hilft uns nicht weiter. Wir wollen ja klären, was die Ladung ist, welche Arbeiten sie misst.

Versuchen wir unser Glück mit den „Wellen". Die gemessene Frequenz bestätigt, dass ein Arbeitsrhythmus vorliegt. Geben und Nehmen lösen einander ab. Emittieren die Plasmaströme gegenseitig, so trennen sie sich. Absorbieren sie gegenseitig, so vereinen sie sich. Beides erfolgt allerdings nicht vollständig. Gibt die eine Seite, während die andere nimmt, so tritt als Folge die Rotation ein.

Die Verwindung der Plasmaströme besagt, dass die Vereinigung nur partiell erfolgt, während die Reise andauert. Die Vereinigung erfolgt peripher, sie geht von den Berührungsflächen aus. Das ergibt die Verflechtung.

Die beiden Ströme reagieren aufeinander, sie teilen ihre Arbeit untereinander auf. Die aufgenommene Zusammenarbeit verdreht die Ströme des Plasmas und formt eine Doppelhelix, wenigstens im Ansatz. Diese Form der Arbeitsteilung scheint nicht erst in der Biologie eine entscheidende Rolle zu spielen.

Die Doppelhelix gewährleistet die intensivste Form der Zusammenarbeit. Der Austausch von Plasma oder Molekülen erfolgt auf den kürzesten Wegen, und so auch am schnellsten. In der DNA wird die Arbeitsteilung umfassend, in der Folge wird die Zusammenarbeit dort vollständig.

Der elektrische Strom

Der „elektrische Strom" gilt als „Transport von Ladung". Er fließt nicht mit den reisenden Elektronen, sondern mit dem Schalenplasma, das die Elektronen emittieren. Sie bewegen sich ihrerseits *gegen* den elektrischen

Strom, weil sie das Kernplasma der Anode absorbieren und ihre eigene Emission verlassen.

Ist der elektrische Strom nun dasselbe wie die Strömung des Schalenplasmas, wie die Emission der Elektronen, oder wie die Strömung des Kernplasmas der Anode?

Da müssen wir uns dem Ursprung widmen, der *Erzeugung* der Ladung, der primären Arbeit zur Herstellung des elektrischen Stroms. Die Strömung von Kernplasma der Anode bis zur Kathode tritt nur dann auf, wenn „hohe Spannung angelegt" wird. Woher kommt die „Spannung"?

Die Steckdose im Labor hängt am Stromnetz. Dieses Netz aus Kabeln liefert „elektrische Energie", die in „Kraftwerken" erzeugt wird. Je höher die elektrische Energie, desto höher ist die Spannung. Umgekehrt ist die „Spannung" ein Maß der Energie. Aber woher kommt die Energie?

Die Energie ist ein Maß der Arbeit. Die elektrische Arbeit besteht darin, dass die Atomschalen ihren Wirt wechseln, oder dass umgekehrt die Atomkerne ihre Gäste austauschen. Der elektrische Strom bezeichnet die Erhaltungsarbeit der Atome. Die Spannung ist umso höher, je intensiver, je schwerer die atomare Erhaltungsarbeit ist.

Transportiert der elektrische Strom „Ladung", so überbringt er die erschwerte Erhaltungsarbeit der Atome. Der elektrische Strom verteilt die überladene Erhaltungsarbeit, also sich selbst, auf alle Atome. Jedes Atom wird veranlasst, entsprechend mehr und weitläufiger zu arbeiten.

Die Ladung ist aber keine Einladung zur optionalen Mitarbeit, sondern ist die Notwendigkeit der Mehrarbeit. Ansonsten lösen sich die Atome auf. Es geht um ihre Existenz. Kurz gesagt, gefährdet der elektrische Strom die Atome und ist deshalb abzuarbeiten.

Die Erhaltungsarbeit der Atome ist ständig im Gange. Ihr Zweck ist es, die Teilung des Atoms zu verhindern, oder seine Ganzheit wieder herzustellen. Fehlen Atomschalen, so sind sie entweder durch neue Elektronen zu ersetzen, oder es sind die überzähligen Atomschalen abzugeben. Die Aufnahme oder Abgabe von Protonen wäre auch möglich, erfolgt aber seltener, weil zuerst die peripheren Atomschalen reagieren.

Das Atom ist nur gesund, stabil oder ganz, wenn jeweils ein Proton mit jeweils einem Elektron zusammenarbeitet. Je mehr Protonen im Atomkern vereint sind, desto mehr Elektronen sind erforderlich. Ansonsten ist die Arbeitsteilung ungleich, was die Zusammenarbeit erschwert oder verunmöglicht.

Wird dem Atom elektrischer Strom zugeführt, so wird die Erhaltungsarbeit gesteigert. Die Atomschalen besiedeln weitläufigere Orbitale, und wechseln mitunter den Atomkern.

Das kann in einer Richtung erfolgen, wie beim Gleichstrom, oder in abwechselnder Richtung, wie beim Wechselstrom. Die Fortpflanzung der atomaren Überlastung und Wiederherstellung ist der elektrische Strom, der technisch genutzt wird. Nutzen wir die Elektrizität, so ernten wir die Erhaltungsarbeit der Atome.

Die Genese von Strom

Nun können wir aber nicht Strom mittels Stromes erzeugen. Wie wird die erste Ladung erzeugt? Wie erfolgt die erste Steigerung der Erhaltungsarbeit?

Die Arbeit kann nur durch die Zufuhr von Plasma gesteigert werden. Andere Materie kann nicht in das Atom eindringen. Andererseits verarbeitet das Atom ständig Plasma, um sich zu erhalten und zu bewegen. Das Geben und Nehmen von Plasma ist ohnehin im Gange, wird aber ausgeweitet. Wie funktioniert das?

Das zusätzliche, überlastende Plasma wird aus Atomen gewonnen, die in Magnetfeldern mechanisch bewegt werden.

Gehen wir aus vom Normalzustand der Atome. Benachbarte Elektronen versorgen sich gegenseitig mit Schalenplasma. Das geschieht nicht „chaotisch", sondern ganz nach Bedarf. Die Elektronen sind einander gegenseitig Quelle und Senke. Überschuss wird abgegeben, Mangel wird behoben. Das funktioniert in allen Richtungen, und tritt genau aus diesem Grund nicht in Erscheinung. Der Austausch von Schalenplasma gilt als chaotisch, weil keine Richtung auszumachen ist.

Wir können auch sagen, der Plasmahaushalt der Atomschalen bleibt stabil und deshalb verborgen. Die interne Arbeit tritt außerhalb des Systems nicht zutage, weil kein Austausch mit externen Beobachtern oder Instrumenten erfolgt. Es wird weder Plasma von außen aufgenommen, noch nach außen abgegeben.

Das System ist autark, nicht weil Chaos in ihm herrscht, sondern Ordnung. Die Ordnung besteht im ausgeglichenen Austausch innerhalb des Systems. Es ist eine stabile Arbeitseinheit, deren Arbeit konstant bleibt.

Der ausgeglichene Austausch wird gestört, wenn dem System eine äußere, mechanische Bewegung abverlangt wird. Die Bewegung muss nämlich hergestellt werden, sie bedeutet zusätzliche Arbeit.

Die Atome werden von einem Generator herum geschleudert, der mittels Turbine gedreht wird. Die Turbine wird ihrerseits von einem Wasserstrahl oder von Dampfdruck angetrieben, sie wird ebenfalls gedreht.

So denken wir. Das Bild ist aber falsch. Es folgt den Kräften, die es nicht gibt. Ein Atom kann nicht herum geschleudert werden, es muss sich selbst bewegen, es muss seine Bewegung selbst herstellen.

Die Drehung von Turbine und Generator entspringt der Arbeit des Wassers. Dazu wird die Bewegung des Wassers zuerst gesammelt und gelenkt, und schließlich durch die Schaufelräder der Turbine eingeschränkt. Der hohe Wasserdruck ist das Maß einer verhinderten Bewegung.

Der Druck im Wasser besagt, dass die Moleküle heftig gegenseitig emittieren, also Schalenplasma und Kernplasma freisetzen. Es müssen beide Sorten Plasma beteiligt sein, weil Kern und Schale ihre Arbeit untereinander aufteilen. Das Wasser ist zum Bersten gefüllt mit gemischtem Plasma.

Das Wasser gibt das Plasma an alle Widerstände ab, welche die Bewegung behindern. Scheinbar dreht das Wasser die Schaufelräder, in Wahrheit drehen sie sich selbst, weil sie das ihnen zugeführte Plasma verarbeiten. Es sind keine Kräfte am Werk, sondern Atome und Moleküle.

Die Atome der Maschinerie ernten die Emission des überlasteten Wassers. Sie werden dadurch selbst überlastet. Sie weiten ihre Arbeit aus und geben diese nach Möglichkeit ab. Dazu sind benachbarte Atome notwendig. Nur sie können die Arbeit übernehmen.

Die Maschinerie muss die vom Wasser übernommene Arbeit fortsetzen, kann sich aber aufgrund ihrer Bauweise nur drehen. Das Wasser kann abfließen, den Druck abbauen, seine Emission normalisieren. Das Wasser gibt seine überhitzte Arbeit an die Maschinen ab. Was die Maschinen dreht, und zudem auch heiß macht, das ist die übernommene Arbeit.

Das gemischte Plasma wird aus dem Wasser geerntet, indem es von den Maschinen aufgenommen wird. Das Wasser gibt Arbeit ab, die Maschinen übernehmen sie. Die Arbeit wird fortgesetzt, indem sie übertragen wird. Die Akteure werden von der Arbeit ausgewechselt.

Unsere Technik beruht darauf, Arbeit einerseits zu ernten und andererseits aufzubürden. Maschinen sind Akteure, die sich das gefallen lassen. Sie folgen keinen Kräften, weder unseren, noch solchen der Natur. Maschinen verarbeiten das Plasma, das wir ihnen zuführen, ohne es zu kennen. Immerhin, soviel haben wir mit den Maschinen gemein.

Gleichstrom

Beim Gleichstrom werden die Atome laufend durch die Zufuhr von gemischtem Plasma überlastet. Nachdem die Atomkerne verbleiben, wo sie sind, erfolgt die Verarbeitung des Zugangs durch die Atomschalen.

Sie empfangen Kernplasma, verwandeln es in Schalenplasma, das sie weiterreichen. Gleichstrom ist die Erhaltungsarbeit der Atome, die von den Atomschalen in nur einer Richtung fortgepflanzt wird.

Die Richtung ist vom Kabel vorgegeben, von der Anordnung der Moleküle. Sie arbeiten nacheinander auf die gleiche Weise, was den Rhythmus der Arbeitsverteilung ergibt. Es schwingt aber keine abstrakte „Welle", sondern die Intensität der Arbeit steigt und fällt.

Die Welle ist ein geometrisches Abbild der Arbeitsintensität. Die Welle kann die Arbeit in Gedanken verdrängen, aber nicht ersetzen. Breitet sich keine Arbeit aus, so gibt es keine Welle. Tritt eine Welle in Erscheinung, so zeigt sie die Verteilung der Arbeit an, mit ihren Höhen und Tiefen. Die Höhe ist das gegenseitige Geben, die Emission der Atome. Die Tiefe ist das gegenseitige Nehmen, die Absorption der Atome.

Wechselstrom

Auch beim Wechselstrom geben die Atome ihren Überschuss an gemischtem Plasma an ihre Nachbarn weiter. Es kommt zur gegenseitigen Überlastung. Die Atomschalen verlassen das überladene Atom und suchen den nächsten Atomkern auf. Sie wechseln den Wirt.

Hat sich das vorige Atom beruhigt, kehren die Elektronen zu ihrem früheren Atomkern zurück. Die Überarbeitung schreitet also vor und zurück. In einem Kabel wechselt die Richtung der Ausbreitung, daher der Name Wechselstrom.

Damit sich das vorige Atome beruhigen kann, ist eine unterbrochene Zufuhr von Plasma erforderlich. Die Überlastung erfolgt nicht chronisch, sondern rhythmisch. Überlastung und Entlastung wechseln einander ab.

Die Atomschalen nehmen Kernplasma aus dem überlasteten Atomkern auf. Sie formen es zu Schalenplasma um und emittieren davon, was sie nicht verarbeiten können. Der Atomkern emittiert gegen die Atomschalen, und sie emittieren gegen den Atomkern. Die so erzeugte gegenseitige Repulsion führt zum Wirtswechsel der Elektronen.

Der neue Wirt nimmt die angereisten Atomschalen auf. Das zugeführte Schalenplasma bedeutet neue Arbeit. Der Atomkern nimmt das Schalenplasma auf, verarbeitet es zu Kernplasma und emittiert seine eigenen Überschüsse.

Die zugewanderte Atomschale nimmt das freigesetzte Kernplasma auf, formt es ihrerseits in Schalenplasma um, und setzt nun ihre Überschüsse frei. Damit wird wieder gegenseitig Repulsion generiert. Der neuerliche Wirtswechsel wird eingeleitet.

Nun muss zusätzlich eine Attraktion stattfinden, sonst wandert das Elektron nicht zurück zum ersten Wirt. Der frühere Atomkern muss inzwischen solches Kernplasma freisetzen, das vom Elektron gebraucht und so auch absorbiert wird. Nur so kommt es zur Rückkehr der abtrünnigen Atomschale zum alten Gastgeber. Der alte Wirt hat also seine Emission inzwischen heruntergefahren. Der Ausflug des Elektrons diente der Abkühlung, der Verringerung der Plasmadichte.

Beim Wechselstrom verbleibt die atomare Erhaltungsarbeit unter der Kontrolle des jeweiligen Atoms. Die Überlastung wird kurzfristig abgegeben, die Arbeit wird unter Vergrößerung ihrer Reichweite fortgesetzt. Das Atom stabilisiert sich wieder.

Die Ladung

Was als „Ladung“ zutage tritt, ist die Ausweitung der atomaren Erhaltungsarbeit infolge Überlastung. Die normale Erhaltungsarbeit erscheint nicht, sie zeitigt den Bestand. Die „Existenz“ wird voraus gesetzt. Dass sie erhalten bleibt, gilt als normal, als selbstverständlich. Die Existenz muss aber laufend hergestellt werden. Es ist deshalb die primäre, existentielle oder substanzielle Arbeit von der sekundären *Mehrarbeit* zu unterscheiden.

Eine „Trennung“ der verschiedenen Ladungen von „Plus“ und „Minus“ wird nur dann registriert, wenn geeignete Detektoren die Mehrarbeit teilweise übernehmen und fortsetzen. Die Messung gilt dem letzten Überschuss, der erst im Messgerät entsteht. Es wird die Emission des Geräts gemessen, eine andere steht nicht zur Verfügung.

Wird Kernplasma verarbeitet, so sollte das Messgerät „Plus“ anzeigen, den Zugang von Atomkernen, die Aufnahme von Protonen. Wird Schalenplasma verarbeitet, so sollte das Gerät „Minus“ anzeigen, die Ernte von Atomschalen, von Elektronen. Das ist aber fraglich.

Gemeldet kann immer nur der eigene Überschuss werden, weil nur dieser emittiert wird. Es soll zwar die *Zufuhr* geerntet und angezeigt werden, aber das kann auf keine Weise erfolgen.

Jede Absorption schweigt, weil sie die Substanz vermehrt. Zuerst muss der Zugang verarbeitet werden, bevor eine Emission erfolgen kann.

Nur der Abfall steht zur Verfügung, nur der Auswurf kann gezählt werden. Das gilt auch für die Atome der Messgeräte.

Es sind vermutlich auch solche Messgeräte im Einsatz, die Kernplasma in Schalenplasma verwandeln, bevor sie ihre Überschüsse freisetzen und melden. Es ist aus diesem Grund zu prüfen, wie welche Emission des Geräts zustande kommt.

Wird der „Zugang" von Elektronen angezeigt, sind diese jedenfalls im Gerät *erzeugt* worden, nämlich zuerst überzählig und dann freigesetzt geworden. Dasselbe gilt für Protonen. Es wird der Abgang gezählt.

Ladung ist zuerst die Überlastung des Atoms und dann deren Abwehr durch Arbeitsverteilung. Ladung ist eine Folge und Erscheinungsweise der Mehrarbeit.

Die Zufuhr von Plasma ist die „Aufladung", seine Abfuhr die „Entladung". Bei der *Aufladung* wird Plasma von außen geliefert und von innen aufgenommen. Bei der *Entladung* wird Plasma von innen abgegeben und von außen aufgenommen. Geben und Nehmen finden gegenläufig statt.

Positiv und negativ

Konventionell wird dem Atomkern eine „positive Ladung" zugesprochen, der Atomschale hingegen eine „negative Ladung". Es wird dabei unterstellt, dass die Ladung an das Messgerät geliefert wird. Es wird jedoch, wie gesagt, die „sprechende" Emission des Gerätes beurteilt, nicht sein schweigender Zugang.

Die Emission einer Quelle muss zuerst absorbiert werden, um wirken zu können. Wirkt die Absorption, so wird der Zugang verarbeitet. Wirkt die Verarbeitung, so zeitigt sie Überschüsse. Der frische Zugang ersetzt verbrauchte Inhalte. Nur diese werden freigesetzt. Auf die erste, ursprüngliche Emission der äußeren Quelle folgt viel später die zweite, resultierende Emission des Messgerätes. Das Gerät ist unterdessen kein Empfänger mehr, sondern selbst eine spätere Quelle.

Das ist der Kreislauf von Aktion und Reaktion. Aus jeder Emission wird eine Absorption und aus jeder Absorption wird eine Emission. Die Arbeit verwandelt beide ineinander. Aus dem Geben wird das Nehmen und aus dem Nehmen wird das Geben. Weil das so ist, geht die Arbeit nie unter. Hingegen geht alles unter, was sich widersetzt.

Der Atomkern liefert Kernplasma. Dieses muss aufgenommen werden, damit sich der Atomkern entlasten kann. Das Messgerät empfängt Kernplasma. Das Atom im Messgerät braucht ein ganzes Elektron mehr, sonst scheitert die Aufnahme eines Protons. Kann das Messgerät den Zugang von bloßem Kernplasma melden?

Das Gerät kann nur Protonen oder Elektronen emittieren. Darüber entscheidet die Bauweise. Die Arbeitsweise ist vorgegeben. Sie unterscheidet nicht zwischen Kernplasma und Schalenplasma. Nur die Arbeitsresultate werden erkannt. Die Arbeit bleibt verborgen.

Aufgrund dieses methodischen Mangels vermeide ich die Begriffe „positiv und negativ". Ich verwende stattdessen die beiden Termini „Kernplasma" und „Schalenplasma". Sie benennen ihren Urheber. Das vermeidet Verwechslungen.

In jedem Arbeitsschritt ist die *Umwandlung* des Plasmas zu berücksichtigen, die im Zuge von Absorption und Emission unvermeidlich erfolgt. Beide, Atomkern und Atomschale, verwandeln ihren Zugang zuerst in Substanz und erst dann in Abgang. Wird geistig ein Schritt übersprungen, so wird die Sorte des Plasmas vertauscht.

Der Magnetismus

Die Atomschalen erhalten eine gebündelte Zufuhr von Kernplasma. Das erfolgt stets von derselben Seite, etwa durch eine ortsfeste Anode. Die Atomschalen verarbeiten die einseitige Zufuhr. Sie wandeln das Kernplasma in Schalenplasma um. Die Emission von überflüssigem Schalenplasma erfolgt auf der anderen Seite, auf der Rückseite des Elektrons.

Damit wird die Arbeit der Atomschalen kollektiv ausgerichtet. Die Elektronen beginnen gleichförmig zu rotieren, sie drehen sich um parallele Achsen. Ihre Versorgung mit Schalenplasma erfolgt nicht mehr gegenseitig nach Bedarf, sondern wird gleichgeschaltet und zudem überlastet.

Sobald viele Elektronen gleichförmig rotieren, tritt ihre *gemeinsame* Emission, das kollektive Schalenplasma zutage. Es fließt vom magnetischen Minuspol zum magnetischen Pluspol. Minus bedeutet hier, Abgabe von Schalenplasma. Plus bedeutet hier Zugang, Gewinn.

Das aufgetauchte „Magnetfeld" besteht aus der *kollektiven* Versorgung mit Schalenplasma. Sie wird von den Atomschalen untereinander aufgebaut, weil die Versorgung mit Kernplasma zu einseitig und zu intensiv erfolgt. Die Erhaltungsarbeit wird gemeinsam erledigt und auf diese Weise bemerkbar.

Der *Magnetismus* ist die kollektive Erhaltungsarbeit der *Atomschalen*. Die *Elektrizität* ist die kollektive Erhaltungsarbeit der *Atome*. Der Unterschied liegt also in den Akteuren. Beim Strom stellt sich das Atom wieder her, beim Magnetismus das Elektron.

Das Magnetfeld

Der Magnetismus beruht auf dem Austausch von Schalenplasma. Die Reichweite des Austausches erzeugt das Magnetfeld, und weiters dessen Zonen mit verschiedener Dichte.

Die „Feldlinien“ sind hilfreiche Geometrie. Sie veranschaulichen die Zonen. Sie bilden jene Ströme aus Schalenplasma ab, die sich in jeder Zone gesondert bündeln und verflechten. Der Magnetismus nimmt zwischen den einzelnen Strömen oder Feldlinien ab. Das sehen wir an Eisenfeilspänen. Sie ordnen sich innerhalb der Ströme an und bilden leere Abstände dazwischen. Die Geometrie erfasst intuitiv eine Arbeit, die sie nicht kennt, indem sie die Bewegungsabläufe nachzeichnet. Das funktioniert, weil die Bewegung eine Erscheinungsweise der Arbeit ist.

Die Natur arbeitet nur in den Räumen, die sie selbst erzeugt. Was wir als „Feld“ bezeichnen, das ist die Reichweite der jeweiligen Arbeit. Wo kein Schalenplasma mehr ausgetauscht wird, dort endet das Feld. Wo die Dichte des Schalenplasmas ausreicht, bilden sich die Zonen des Austausches. Wo die Dichte hoch ist, sind die Linien enger darzustellen. Dort ist der Weg des Schalenplasmas kürzer, die Arbeit ist schneller wirksam, effektiver.

Innerhalb des Feldes ist die Arbeit tätig. Von außen sehen wir zu. Von der Arbeit können wir nur dann absehen, wenn wir an die Wundertätigkeit der Kräfte oder Linien glauben. Das *Maß* der Arbeit wechselt seine Gestalt zwischen Kräften und Geometrie, so wie es uns gefällt oder einfällt.

Die Arbeit des Wassers

Wir haben oben die Arbeit des Wassers angezapft, um die Atome damit zu plagen. Wir reden zwar von der Arbeit des Wassers, nutzen sie oft und gerne, haben aber keine Vorstellung von ihr. Was geben und nehmen die Teile oder Portionen des Wassers, wenn nicht abermals Wasser?

Die Arbeit des Wassers besteht aus dem Austausch von Kernplasma und Schalenplasma zwischen den Molekülen. Das Wasser bleibt Wasser, indem seine Moleküle erfolgreich an ihrem Bestand arbeiten. Die Erhaltungsarbeit des Wassers ist der Grund seiner Existenz und seiner Dauer.

Das Wasser wird an seinen Rändern elektrisch.[16] An allen Grenzen oder Kontaktflächen des Wassers findet eine teilweise Trennung der Ato-

16 Gerald H. Pollack, Wasser, viel mehr als H2O. Freiburg, 2018, S. 102f. +129 + 339.

me statt. Viele Protonen wandern in das Innere des Wassers ab, in das sogenannte „bulk-water". Mit „bulk" ist salopp der gewöhnliche „Haufen" gemeint, in dem jene untertauchen, die Schutz suchen. Das bulk-water ist das *Normalwasser*, das keine Auffälligkeiten zeigt.

Die Elektronen hingegen bilden „EZ-Schichten" an der Grenze zu anderen Molekülen. Diese Schichten schließen alle Fremdkörper aus, deshalb heißen sie „exclusion-zone" (EZ). Sie werden auch tausende Moleküle dick.

Das *Grenzwasser* (EZ) schützt das *Normalwasser* (bulk-water) vor Eindringlingen, vor Verunreinigung. Freilich kann das Wasser nicht insgesamt die Kloake abwehren, die wir einleiten. Das Wasser wird trüb und schmutzig. Der Schutz erfolgt aber intern trotzdem, und zwar um jedes einzelne Partikel. Jeder Fremdkörper wird von einer EZ-Schicht umgeben, eingehüllt und so auch abgeschirmt. Daran können wir ermessen, was wir dem Wasser antun, welche Arbeit wir ihm anlasten.

Wie können die Atomkerne abwandern? Wie erfolgt ihre Reise in das Normalwasser?

Die Emission der Atomkerne muss gegen das geschichtete Grenzwasser erfolgen, sonst kommt es zu keiner Abreise. Die Atomkerne emittieren wie immer Kernplasma, anderes Plasma haben sie nicht zur Verfügung. Das freigesetzte Kernplasma trennt die Protonen vom Grenzwasser. Sie fliehen. Die Absorption der Atomkerne muss unterdessen aus dem Normalwasser erfolgen, sonst wählen sie andere Reiseziele. Aber was emittiert das Normalwasser?

Das Normalwasser besteht aus intakten Molekülen, die ihre Arbeit fortsetzen. Sie sind stabile Systeme, die mit ihrem internen Austausch das Auslangen finden, solange es geht. Nur die relativen Überschüsse werden abgeben, die etwa aus thermischer oder mechanischer Arbeit stammen.

Offenbar entstehen auch dann relative Überschüsse, wenn fremde Moleküle im Wasser auftauchen. Die Vertreibung von fremden Molekülen erfolgt mittels Emission. Diese Aufgabe muss die Peripherie erfüllen, weil sie dem Eindringling zuerst begegnet. Zur Abwehr steht den Atomschalen nur ihr Schalenplasma zur Verfügung.

Emittieren die Atomschalen mehr Schalenplasma nach außen, als sie aus dem Kernplasma des Atomkerns nachbilden können, dann wird das Atom instabil. Die Atomschalen brauchen Nachschub an Schalenplasma. Kommt es nicht von innen, weil der Atomkern überlastet ist, so muss es von außen kommen.

Der Nachschub an „Energie“ erfolgt aus „elektromagnetischer Strahlung“, sagt Gerald Pollack, sei es aus der Sonne, aus ultravioletter Strahlung (UV-Licht), oder aus infraroter Strahlung (Wärme).[17]

Diese Zufuhr von „Energie“ ist real die Zufuhr von Arbeitsmitteln, von Plasma. Die Elektronen ernten Schalenplasma aus Licht und Wärme. Die *Wärme* misst pauschal die Versorgung mit Schalenplasma, seine Dichte, und so auch die Intensität der Arbeit.

Das *Licht* misst den Arbeitstakt des Schalenplasmas. Die „elektromagnetische Strahlung“ ist beim Empfang die Zufuhr von Schalenplasma, an der Quelle hingegen seine Aussendung.

Die Atomschalen werden dank dieser Zufuhr zu Selbstversorgern. Sie empfangen Schalenplasma von außen und geben es in weiterer Folge auch wieder nach außen ab, um das fremde Molekül am Absorbieren zu hindern. Sie ändern also ihre Arbeitsweise, um das Wasser zu schützen.

Für die Atomkerne bedeutet das, dass sie ihre Hülle, ihren Schutz einbüßen. Sie können ihre Absorption von Schalenplasma nur aus den Überschüssen des Normalwassers fortsetzen. Ihre Emission von Kernplasma trennt sie von den alten Atomschalen und ihre Absorption führt sie zu den neuen. Auf diese Weise reisen die Protonen in das Normalwasser, während sich die EZ-Schicht aufbaut.

Die Genese der elektrischen Arbeit

Werden (a) *magnetisch* arbeitende Elektronen mechanisch bewegt, so entsteht elektrischer Strom. Werden (b) *elektrisch* arbeitende Elektronen mechanisch bewegt, so entsteht Magnetismus. Kann die mechanische Bewegung ursächlich wirken?

Die mechanische Bewegung kann nicht aufgezwungen werden. Elektronen berühren einander nicht, und Kräfte bleiben im Denken zuhause. Die mechanische Bewegung muss zusätzlich erzeugt werden, und zwar vom Elektron selbst. Das Elektron muss eine zusätzliche Arbeitsweise auf sich nehmen und erbringen.

Im ersten Fall (a) erfolgt bereits die magnetische Arbeit. Das Schalenplasma kommt aus benachbarten Elektronen und wird zur Eigenrotation verarbeitet. Die Überschüsse werden am Nordpol ausgeschieden und am Südpol wieder aufgenommen.

Nun kommt zusätzlich Kernplasma an. Es stammt aus den überlasteten Atomen des Generators. Die Verarbeitung des zugeführten Kernplas-

17 Ebenda, S. 106

mas erzeugt die zusätzliche Bewegung. Die Elektronen fliehen die überhitzte Zufuhr, sie bewegen sich von ihr fort.

Das zugeführte Kernplasma wird zuerst von den Atomschalen aufgenommen, die den Atomkern abschirmen. Die Atomschalen emittieren nach innen. Der Atomkern sättigt sich und gibt die Überschüsse an die Atomschalen zurück. Damit erfahren die Atomschalen Zufuhr von innen und außen. Als Ausweg weiten sie ihre Arbeit aus. Das Geben erfolgt weitläufiger, und ebenso das Nehmen. Die gesteigerte Arbeit vergrößert mit ihrer Reichweite die Bewegung.

Die Orbitale wachsen, um die Überlastung abzubauen. Die zu intensive Arbeit wird erstens räumlich erstreckt und zweitens allgemein verteilt. Alle Atome ringsum müssen mitarbeiten, sobald die Emission sie erreicht. Es entsteht die Welle in der Substanz, im Verband der Atome.

Die Welle im Draht

Die Aufnahme von Arbeit erzeugt den Wellenberg. Die Abgabe von Arbeit erzeugt das Wellental. Das geschieht sowohl im Atom als auch zwischen ihnen. Wir können die Welle als den Haushalt bezeichnen, den die Akteure mit dem gemischten Plasma betreiben.

Zuviel Plasma „im Haus“ ergibt die Ausweitung der Substanz, ihre Auflockerung durch gegenseitige Emission, in Summe den Hügel. Zuwenig Plasma ergibt die Verdichtung der Substanz, ihr Schrumpfen durch Absorption, in Summe das Tal.

So wie die Arbeit verteilt wird, so wird die Welle geformt. Eine ringförmige Ausbreitung der Welle an der Oberfläche zeigt uns, dass das gemischte Plasma gleichmäßig verteilt wird. Es wird von Wellenberg zu Wellenberg weitergeleitet. Das erfolgt, bis die überschüssige Arbeit erledigt ist.

Die Wellentäler zeigen uns, dass es dasselbe Plasma ist, das weitergegeben wird. Jeder Wellenberg gibt sein Plasma nach außen ab und wird so zum Wellental. Jedes Wellental gibt sein Plasma nach außen an den nächsten Wellenberg ab, den es auf diese Weise generiert. Aus dem Nehmen wird das Geben und umgekehrt.

Nun steht aber hier keine weite Oberfläche wie auf dem Wasser zur Verfügung, sondern lediglich Metalldraht. Die Richtung der Arbeit ist mit der erstreckten Form vorgegeben. Mehr Nachbarn stehen nicht zur Verfügung, als im Querschnitt des Drahtes angeordnet sind. Sie kommen alle nacheinander an die Reihe, die Arbeit zu übernehmen und fortzusetzen.

Das kann in zwei Richtungen erfolgen. Aber die Arbeit kann nur im Draht fortgesetzt werden, weil die Luft isoliert, nicht leitet.

Die Welle breitet sich im Draht aus. In der Folge fließt Strom durch den Draht. Der *Strom* ist die Welle der atomaren Überarbeitung. Nachdem die Welle die Mehrarbeit abarbeitet, ist der Strom die Art und Weise, wie die Atome ihre gesteigerte Erhaltungsarbeit vollbringen.

Die Genese der magnetischen Arbeit

Im zweiten Fall (b) erfolgt bereits die elektrische Arbeit. Die Atomschalen befinden sich in gesteigerter Erhaltungsarbeit. Sie soll in magnetische Arbeit umgeformt werden. Wie geschieht das?

Im einfachsten Verfahren wird Strom durch eine Spule geschickt, die um einen Eisenkern gewickelt ist. Fließt in der Spule Strom, so entsteht im Eisenkern durch „*Induktion*" ein Magnetfeld. Ein Ende des Stabes wird zum magnetischen Pluspol, das andere zum Minuspol. Was ist Induktion?

Die Atomschalen geben gemischtes Plasma an ihre Nachbarn ab. Das erfolgt nicht nur im Draht der Spule, sondern davon ist auch der Eisenkern betroffen. Er wird rundum von Plasma geflutet. Wie können seine Elektronen nun emittieren, wenn von allen Seiten gemischtes Plasma eintrifft?

Der Eisenkern wird in Plasma gebadet, hat aber keinen Abfluss. Es sind mit Ausnahme der Drahtspule keine Leitungen angeschlossen. Die Luft leitet nicht, sie transportiert keine Emission der Elektronen. Als Ausweg bleibt einem Elektron nur, die Rotation aufzunehmen. Es führt das überschüssige Plasma als „Jet" ab. Das ist die Emission an einem Ende der Rotationsachse.

Es handelt sich inzwischen um Schalenplasma. Die Elektronen müssen Kernplasma in Schalenplasma umwandeln. Scheitert diese Arbeit, weil die Zufuhr zu groß ist, so bleibt Kernplasma übrig. Dieses wird in der Spule abgeleitet, denn nur die Atomkerne können Kernplasma weitergeben.

Das Schalenplasma wird von den rotierenden Elektronen als Jet freigesetzt. Der Auswurf dient dazu, die innere Arbeit zu entlasten. Der Bestand an Schalenplasma wird vorübergehend verringert, muss aber bald wieder aufgefüllt werden. Die Emission muss erstens erfolgen, aber zweitens umgehend durch Absorption ausgeglichen werden. Das Elektron arbeitet polar. Der eine Pol gibt, der andere nimmt. Das Elektron ist magnetisch geworden.

Agieren viele Elektronen in dieser bedrängten Lage auf gleiche Weise, so arbeiten sie synchron. Das Schalenplasma wird gemeinsam ausgeworfen und später wieder aufgenommen. So wird der Eisenkern magnetisch. Er wird von einem Magnetfeld umgeben, das seine Elektronen erzeugen. Das Schalenplasma fließt vom Pluspol zum Minuspol.

Die *Induktion* ist die Selbsthilfe der Atomschalen. Die Elektronen teilen ihre Arbeit untereinander auf, sie arbeiten zusammen. Wenn sie gleichförmig rotieren, geben und nehmen sie im selben Arbeitstakt.

Das *Magnetfeld* ist das Arbeitsfeld der Atomschalen bei zu hoher Dichte des Schalenplasmas. Die Erweiterung des Arbeitsraumes korrigiert die Dichte, sie wird verringert. Ist die aufgebürdete Arbeit zu intensiv, so wird sie auf diese Weise reduziert.

Die elektromagnetische Strahlung

Das Licht ist der *sichtbare* Teil der elektromagnetischen Strahlung. Andere, nicht sichtbare Teile des Spektrums, andere Frequenzbereiche werden von Geräten aufgenommen. Ich verwende hier den Terminus „Licht" für alle Arten der elektromagnetischen Strahlung.

Solange eine *Frequenz* aufscheint, liegt ein Arbeitsrhythmus vor, den entweder die Instrumente oder die Netzhaut absorbieren und fortsetzen. Den Geräten kommt die Aufgabe zu, den Arbeitstakt zu „übersetzen", also langsamer oder schneller zu machen, sodass wir ihn entziffern können.

Das Licht ist weder ein Partikelstrom, noch eine Welle im Vakuum. Das Licht ist der Arbeitstakt des gemischten Plasmas. Das Licht reist nicht. Es sind keine Inhalte unterwegs. Das Plasma bleibt, wo es ist. Es mag auch strömen, gemäß seiner Genese und Aufnahme, gemäß seiner Verteilung. Das ändert das Licht nicht. Auf Reisen ist lediglich die Arbeit des Plasmas, die sich ausbreitet.

Die Lichtgeschwindigkeit misst, wie schnell sich die Arbeit im gemischten Plasma ausbreitet. Die Fiktion von reisenden Partikeln oder Wellen entsteht aus dem Glauben, dass in jeder Bewegung ein Objekt unterwegs sei. Die Kräfte können ja nur Objekte erfassen, denken wir. Das ist aber falsch. Kräfte reisen und fassen nicht.

Ist der Raum nicht leer, so bleibt das Licht darin stecken. Steckt das Licht im Raum voller Photonen oder sonstiger Wesen, so bilden diese Wesen das gemischte Plasma, die Füllung des Raumes, den „Photonensee".

Das Licht kommt dann nur durch, wenn es bei jedem Wesen anklopft mit der Aufforderung: „mach du jetzt weiter". Daraus ergibt sich die Geschwindigkeit, wie schnell die Arbeitsteilung vorankommt, die Ausbreitung der Arbeit. Dabei ist es unerheblich, wie wir uns die Wesen oder das Plasma vorstellen, oder den Inhalt des Raumes, oder das Photon.

Kann der Raum arbeiten, so kann er nicht leer sein, sondern muss er von Akteuren besiedelt sein. Kann der Raum nicht arbeiten, dann muss er leer sein. Er kann aber dann auf keine Weise existieren, weil die Existenz hergestellt, erarbeitet werden muss. Ohne Arbeit gibt es keinen Raum.

Der leere Raum ist dieselbe Idee wie das Fehlen der Arbeit. Besteht die Idee darin, die Arbeit bloß zu leugnen, dann ist sie falsch. Die Leugnung der Arbeit kann die Arbeit nicht zunichtemachen. Schon die Leugnung verlangt nach der Arbeit des Denkens und Urteilens.

Eine richtige Idee muss sich auf ein zutreffendes Urteil stützen. Sagt das Urteil, es gibt keine Arbeit, dann ist die Idee vom leeren Raum richtig. Dieses Urteil widerspricht sich aber selbst, es kommt nicht ohne Arbeit zustande. Ist das Urteil falsch, so ist es auch die Idee des leeren Raumes.

Die Verteilung der Arbeit geschieht im Plasma so wie in allen Substanzen. Der Arbeitstakt wird als Frequenz gemessen. Sie zählt den Wechsel von Geben und Nehmen pro Sekunde. Der Wechsel der Arbeitsweise wandert durch die Substanz, weil sich die Arbeit verteilt, in alle Richtungen gleichmäßig ausbreitet. Nur an den Grenzflächen entstehen die Ringe, die sich zuweilen sichtbar ausbreiten wie auf der Wasseroberfläche. Meist sind sie jedoch zu winzig.

Hier ist anzumerken, dass die Wanderung der Arbeitsweise zugleich die Wanderung des Geistes ist, denn er ist die Arbeitsweise. Die Frequenz misst also, wie schnell der Geist in einer Substanz vorankommt, wie schnell er sich verbreitet.

Das Gemessene ist hier offenbar sehr verschieden vom Maß. Wird nur an das Maß geglaubt, nur an Zahlen und Einheiten, so ist der Glaube blind. Dringt die Vernunft vom Maß zum Gemessenen vor, so entdeckt der menschliche Geist jenen der Natur.

Die Konstanz der Lichtgeschwindigkeit

Die Lichtgeschwindigkeit ist keine Reisezeit von Reisenden, gleich welcher Art. Sie ist das Tempo, in dem sich die Arbeit fortpflanzt. Die Arbeit teilt sich so schnell, als sie sich fortpflanzt. Nachdem die Arbeitsteilung auch die Zusammenarbeit bestimmt, misst die Lichtgeschwindigkeit die Fortpflanzung der Zusammenarbeit.

Hier macht sich der Unterschied von Bewegung und Geschwindigkeit bemerkbar. Die Geschwindigkeit ist keine Bewegung, sondern deren Maß. Das Maß beruht auf Vergleichen. Die Geschwindigkeit ist geistigen Wesens, weil nur der Verstand vergleichen kann.

Die Geschwindigkeit ist ein Artefakt des menschlichen Denkens. Die Maße suggerieren Objekte, die nicht bestehen. Es gibt in der Natur weder Kilometer noch Sekunden. Diese gibt es nur in der Vorstellung. Was sich der Mensch vorstellt zu messen, existiert nur geistig.

Die Bewegung ist eine Erscheinungsweise der Arbeit. Die Arbeit ist materiellen Wesens in ihrem Werk und geistigen Wesens in ihrer Arbeitsweise. Nachdem sich der Geist nur im Werk, nur in der Materie verwirklichen kann, ist der Geist nur im *Subjekt* der Bewegung real. Die Bewegung folgt dem Geist des Subjekts, weil das Subjekt nie anders arbeiten kann als auf seine eigene Weise.

Der Mensch kann die Bewegung nur verstehen, wenn sein Geist dem Geist der Natur entspricht. Es muss die Zusammenarbeit der beiden Geiste hergestellt werden. Nur die Übereinstimmung der beiderseitigen Arbeitsweisen liefert eine lebenstaugliche Erkenntnis der Arbeit.

Das Licht ist die Fortpflanzung der Arbeit des Plasmas. Wir nehmen das Licht als *gegenständlich* wahr, als Objekt unseres Urteils, weil wir die Arbeit des Plasmas teilweise übernehmen und vernünftig für uns auswerten. Aus dem Arbeitstakt verfassen wir geistig den Ursprung der Arbeit, das Objekt namens „Lichtquelle".

Unser Urteil ändert die Quelle auf keine Weise. Sie bleibt dasselbe Werk der Arbeit, das sich mittels seiner unabhängigen Emission bemerkbar macht. Ob es sich bei der Quelle um *ein* Objekt handelt, das können wir erst beurteilen, wenn wir es berühren oder verändern können.

Alles vor der praktischen Beziehung bleibt ein Bild vom Objekt, eine Idee, was es sein könnte. Wir glauben aus Erfahrung an gesehene Objekte. Wir lernen in der Kindheit, nachzufassen, zu betasten, zu riechen, zu belecken, zu begreifen. Das derart *begriffene* Objekt speichern wir als *Begriff*.

Arthur Schopenhauer hat darauf hingewiesen, dass wir mit zwei Augen notwendig auch zwei Bilder wahrnehmen. Wir sehen zwei Monde, nicht einen. Aufgrund der anderen Sinne und unserer Erfahrung fertigen wir geistig, mit Hilfe der Vernunft, nur ein Objekt aus den verschiedenen Wahrnehmungen an. Wir begreifen einen Mond, nicht zwei.

Die Rotverschiebung des Lichts

Jede Quelle arbeitet anders, emittiert spezifisches Licht. Das Licht der Sonne ist die Emission „unseres" Sterns. Dass die anderen Sterne genauso arbeiten, dasselbe Licht spenden, das unterstellen wir. Sehen können wir das nicht. Genau das sehen aber die Astronomen?

Nein. Sehen können wir nur das Licht, das unsere Augen und Gehirne verarbeiten können. Über die Verarbeitung entscheiden unsere Zellen, nämlich ihre Arbeitsfähigkeit, ihr Geist. Werden Instrumente vorgeschaltet, wie Teleskope und Glaslinsen, so kommt das Arbeitsvermögen des Glases hinzu, sein Geist. Das Licht wird vom Geist gefiltert.

„Gesehen" wird das Licht immer vom letzten Empfangsorgan. Vorher wird das Licht „durchgelassen", auch wenn es dabei verändert wird.

Empfängt ein Atom Licht, frische Arbeit, neue Rhythmen, so verändert es seine Arbeitsweise. Die Wirkung von altem Licht ist schwächer als jene von jungem Licht. Das alte Licht hat seine Arbeit schon länger verteilt. Wird das Licht zu alt, so wirkt es nicht mehr, es erlischt.

Kommt altes Licht an, die Arbeit von fernen Quellen, so wirkt es nur mehr auf die äußeren Atomschalen. Deren Verarbeitungskünste genügen dem Atom zur Erhaltung. Die inneren Atomschalen müssen nicht mehr mitarbeiten, der Atomkern wird verschont. Die äußeren Atomschalen emittieren rotes Licht, die inneren blaues Licht. Nachdem nur rotes Licht gesehen wird, gilt das alte Licht als „rotverschoben".

Allerdings wird dieser Effekt nicht dem Empfänger überantwortet, sondern der Quelle. Sie sende „rotverschobenes Licht", lautet das unüberlegte, falsche Urteil. Es ist ein empirisches Diktum, das blind dem Maß folgt. Es lautet, dass das alte Licht seine Wellenlänge vergrößere und seine Frequenz verlangsame.

Die Quelle kann allerdings ihr Licht nicht mehr verändern, weil sie es freigesetzt hat. Jede Verbindung zwischen Quelle und Licht ist nach der Aussendung unterbrochen. Auch wenn Nachschub erfolgt, kann dieser die Front weder einholen noch verändern.

Kann das Licht auf Reisen seine Maße selbst verändern? Kann es seine Wellen erstrecken und seinen Takt bremsen? Diese Aufgabe kann das Licht nicht lösen. Es kann überhaupt keinen seiner späteren Effekte beeinflussen. Die zukünftigen Maße sind auf keine Weise greifbar.

Kann das Licht seine Wirkung ändern, so muss es seine Wirkung herstellen. Stellt das Licht seine Wirkung her, dann arbeitet das Licht. Arbeitet das Licht, so braucht es dazu Rohstoff, Arbeitsmittel, Akteure und einen Arbeitsgegenstand. Ohne diese Kostbarkeiten ist Arbeit nicht machbar.

Der Rohstoff des Lichts kann nur Plasma sein. Alle anderen Stoffe sind bereits vergeben, sie bevölkern die Substanzen. Als Arbeitsmittel und Arbeitsgegenstand kommt wieder nur Plasma in Frage.

Bleibt die Frage nach dem Akteur. Wer arbeitet mit dem Plasma so, dass Licht erscheint, gesehen und empfangen werden kann?

Da fallen uns zuerst die Atome ein. Sie emittieren Plasma. Sie agieren als Lichtquellen. Was aber passiert, sobald die Emittate das Atom verlassen haben? Dann erlischt die Wirkung des Atoms.

Soll die Arbeit des Atoms fortgesetzt werden, so kann nur das Plasma dies tun. Andere Akteure sind nicht zugegen.

Das Ergebnis lautet, das Plasma muss so arbeiten wie das Licht. Damit entfällt aber der Unterschied zwischen dem Licht und der Arbeitsweise des Plasmas. Das Licht selbst verlangt, dass wir das Plasma anerkennen und entsprechend würdigen.

Der Dualismus

Dem Photon wird eine „duale Existenz" als Teilchen und Welle zugesprochen. Richard Feynman sagt, „dass das Photon *alle möglichen* Wege nimmt". Auch er stellt sich ein Objekt auf Flugreise vor. Es soll einerseits unteilbar sein, und andererseits zwei oder mehr Wege zugleich nehmen. Das muss die Vernunft freilich strapazieren.

Das Photon reist überhaupt nicht. Es ist weder Teilchen noch Welle. Vielmehr breitet sich die Arbeit des Plasmas auf allen Wegen aus, die das Plasma herstellt und so auch anbietet. Die Arbeit kann nur so fortgepflanzt werden, dass sie weiterhin getätigt wird. Dazu kommt nur das Plasma selbst in Frage. Es stellt alle möglichen Verbindungen her, indem es jede Substanz, jedes Gefäß oder jeden Raum lückenlos füllt.

Sind zwei Spalten im Hindernis offen, dann gibt es zwei Plasmaströme und damit zwei Arbeitswege. Es kommt zur gegenseitigen Überlagerung der Arbeit, zur „Interferenz von Wellen". Ist hingegen nur ein Spalt offen, dann entsteht nur eine Verbindung aus Plasma. Dann kann auch nur eine Arbeit fortgepflanzt werden.

Auffällig ist, dass die reisende Arbeit am absorbierenden Fotoschirm immer nur *Punkte* fabriziert, deren Verteilung wechselt. Dass ein einzelner Punkt als „Teilchen" gilt, die rhythmische Verteilung von Punkten hingegen als „Welle", das ist eine bloße Interpretation der Punkte.

Jeder Punkt ist real ein erodiertes Atom. Es hat zu schwere Arbeit übernommen und hat als Antwort Atomschalen freigesetzt. Das hat mit einem „einschlagenden“ Photon nichts zu tun. Was sollte es treffen?

Die Atomschale ist eine wirbelnde Wolke aus turbulentem Schalenplasma, das Elektron ist Kondensat im Schwerpunkt des Strudels. Nur die eingelangte Arbeit kann das Atom überlasten.

Immerhin bestätigt das „Doppelspalt-Experiment“ die Gegenwart des arbeitenden Plasmas. Es teilt und überlagert seine Erhaltungsarbeit nicht anders als das Wasser. Wie kommt es zur „Interferenz“?

Die Arbeitsweise wird kombiniert. Die Nachbarn helfen einander aus. Emission und Absorption von Plasma werden seitlich abgegeben und übernommen, auf diese Weise auch verdoppelt. Was nimmt, nimmt zweifach. Was gibt, gibt zweifach. Die Arbeitsweise, der Geist wird geteilt, um effektiver zu arbeiten. Die Interferenz offenbart die bessere Arbeitsteilung.

Werden Photonen als „Wellen“ aufgefasst und gemessen, so wird der Arbeitstakt des Schalenplasmas gemessen. Es arbeitet in dem Rhythmus, den die Frequenz beziffert.

Der Arbeitstakt besagt, wie oft das Elektron pro Sekunde Schalenplasma emittiert. Im selben Takt arbeitet das Plasma weiter, bis es das empfangende Atom am Fotoschirm überlastet.

Wer die Arbeit des Schalenplasmas leugnet, nimmt der Frequenz ihren Sinn. Als Ersatz müssen dann *geometrische* „Wellenpakete“ herhalten, die nach dem Kommando der Kräfte die Leere bevölkern und dabei schwingen.

Das funktioniert nicht. Die Wellen sollen mit Lichtgeschwindigkeit reisen. Das Auf und Ab der Wellen muss schneller erfolgen, sonst kommen die Berge und Täler der Welle nicht mit. Was schneller als das Licht reist, verbietet allerdings die Physik. Das Wellenpaket kann nicht fliegen, ohne seine Berge und Täler einzubüßen.

Soll das Wellenpaket hingegen mit starr montierten Bergen und Tälern fliegen, so kann das Wellenpaket nicht schwingen. Die Frequenz bleibt dann aus, und mit ihr die Welle. Aber keine Sorge, hier geraten sich nur die verschiedenen Maße in die Haare.

Wellen auf dem Strom

Hier kommt ein „vernichtender“ Einwand der Physik. Die Arbeit kann nicht gleich schnell reisen, wenn das Plasma strömt. Nähert sich das Plasma, dann kommt die Arbeit früher an. Entfernt sich das Plasma, dann kommt sie später an. Die Lichtgeschwindigkeit wird aber als konstant gemessen. Also kann es kein arbeitendes Plasma geben. Nicht das Licht ist fiktiv, sondern das Plasma.

Die Wellen auf einem Fluss bewegen sich anders als der Fluss. Die Wellen auf dem Meer bewegen sich anders als das Meer. Warum sollten sich die Wellen im Plasma so bewegen wie das Plasma?

Die Strömung des Plasmas folgt der Verteilung seiner Dichte? Nein, die Ströme verflechten sich und bleiben zwischen Quelle und Senke intakt. Die Anode sendet Protonen und empfängt Elektronen. Die Kathode sendet Elektronen und empfängt Protonen.[18]

Der Austausch erfolgt im Kosmos so wie im Labor. Die Galaxien sind zwar kein getrenntes Atom, bestehen aber aus solchen. Die Sterne sind mit der Herstellung der Atomkerne beschäftigt, oder umgekehrt die Atomkerne mit der Herstellung der Sterne.

Ist das Plasma die kleinste Substanz, dann macht es die schnellste Arbeit. Der Grund ist, dass keine größeren Substanzen zu vereinen sind. Jede Körperlichkeit entfällt zugunsten der Fortpflanzung der Arbeit.

Jede substanzielle Frucht der Arbeit entfällt, indem sich die Arbeit ohne Rückstand und Verzug verteilt. Nichts bleibt zurück. Die jeweiligen Akteure entstehen und vergehen in jedem Arbeitsschritt.

Jedes neue Photon ist nur so wie das alte. Sie sind alle derselbe Wechsel von Wellenberg und Wellental im Plasmastrom. Jede auftauchende Welle geht ohne Rückhalt in die nächste über. Das Plasma erledigt die schnellste Arbeit ohne Hindernisse.

Ein Verzug stellt sich ein, wenn Elektronen und Protonen mitreisen. Es ist dann von einer „Strömung" des Plasmas die Rede. Die „Strömungsgeschwindigkeit" wird durch die Reisezeit der Mitreisenden bestimmt.

Unterdessen ändert sich der Arbeitsrhythmus der Reisenden nicht. Auf einem Schiff wird nicht schneller geatmet als am Ufer. Elektronen und Protonen setzen ihren Arbeitstakt so fort, wie das ihrer Arbeitsfähigkeit entspricht. Anders können sie weder arbeiten noch reisen. Sie folgen ihrem Geist der Selbsterhaltung.

Das Reisetempo der Akteure wird von ihrer Absorptionsfähigkeit bestimmt, vom Geist des Nehmens. Hingegen folgt ihr Emittat dem Geist des Gebens? Nein, es entfernt sich nach der Freisetzung im Arbeitstempo des Plasmas. Das Emittat wird vom Plasma aufgenommen und verarbeitet. Es unterliegt dem Arbeitsrhythmus des Plasmas.

---

18 Siehe Seite 121.

Es werden *zwei* Bewegungen mit *unterschiedlicher* Geschwindigkeit erzeugt. Die im Plasma Reisenden schwimmen so schnell, als dies ihre Absorptionsfähigkeit gestattet. Das Plasma hingegen arbeitet im Takt des Lichts ganz ohne zu reisen.

Die Frequenz verlangt keinen Transport von Gütern, seien sie nun Wellen oder Stückgut. Die Frequenz verlangt nur die Arbeit am Bestand, die Erhaltungsarbeit. Die Frequenz beziffert nur, wie oft pro Sekunde gegeben und genommen wird, wie oft die beiden Arbeitsweisen wechseln.

Nachdem das Plasma ohne zu reisen arbeitet, kann es die Arbeit ohne Verzug verteilen. Die Ausbreitung der Arbeit erfolgt mit Lichtgeschwindigkeit ohne Rücksicht auf die Schwimmer. Das stört diese auch nicht, weil sie stets mit dem Plasma versorgt werden, in dem sie schwimmen.

Fazit: Die konstante Lichtgeschwindigkeit kann das Plasma nicht vernichten, sondern nur bestätigen.

Zu bemerken ist noch, dass jedes Habitat von anderen Quellen erzeugt und von anderen Senken verbraucht wird. Das Plasma muss für jedes Habitat spezifisch sein, von besonderer Güte. Es kann im Kosmos nur dann homogen vorhanden sein, wenn sich die Habitate nicht unterscheiden.

Das dem nicht so ist, erkennen wir an den sehr unterschiedlichen Galaxien und Himmelskörpern.

Die Annahme, dass das Licht überall gleichartig beschaffen sei, und außerdem gleich schnell, ist nicht empirisch gestützt. Gemessen wurde meines Wissens bislang das solare Licht, sowie das künstliche Licht auf der Erde. Diese Arten des Lichts sind die Arbeitsrhythmen des irdischen Plasmas beziehungsweise des solaren Plasmas. Andere Formen des Plasmas sind uns noch nicht zugänglich.

Der Strom der Atomkerne

Wie verhalten sich die Atomkerne, wenn die Atomschalen reisen?

Wird das Atom überlastet, so nimmt es Schaden. Es setzt alle Teile frei, die es nicht mehr versorgen kann. Das liegt daran, dass sich umgekehrt die schlecht versorgten Teile absetzen, sich besserer Versorgung von außen zuwenden. Was freikommt, nutzt dazu die eintreffenden Plasmaströme.

Die Kathode gibt Atomschalen ab, sie erodiert. Sie verliert Elektronen. Würde die Kathode neben den Atomschalen auch Atomkerne freisetzen, so würde sich ihr Erhaltungszustand verschlechtern. Jeder Atomkern ist als Versorgungsquelle für die Peripherie notwendig.

Es herrscht aber nicht Mangel an Atomkernen, sondern Überfluss. Der Zustrom von Protonen aus der Anode erfolgt zu reichlich. Wie antworten die Atomkerne der Kathode?

Um stabil zu bleiben, muss jeder Atomkern das *überzählige* Kernplasma abgeben, jedoch das *notwendige* Kernplasma für sich behalten. Das kann der Atomkern nicht ausrechnen, sondern muss es faktisch tun. Dazu gibt es kein anderes Verfahren als das Geben und Nehmen, weil es keine weiteren Arbeitsweisen gibt. Der Atomkern gibt solange Kernplasma ab, bis er Mangel daran aufweist. Dann nimmt er Kernplasma wieder auf. Die Emission währt solange, bis die Absorption einsetzt, und umgekehrt.

Wie funktioniert der Wechsel der Arbeitsweise? Wie „bemerkt" der Atomkern, dass er Mangel oder Überschuss an Kernplasma aufweist?

Die Teile des Atomkerns rotieren um das Zentrum ihrer Versorgung. Weitet sich die Rotation stark auf, weil die Versorgung zu dicht ist, dann wird die Lage *kritisch*.

Erfolgt die Versorgung von innen schwächer als jene von außen, wandert der betreffende Kernteil ab. Die Freisetzung und die Abwanderung sind ein und derselbe Akt. Der Atomkern emittiert den fraglichen Kernteil und derselbe Kernteil reist von sich aus ab.

Aber wird die Lage wirklich kritisch? Wann ist die Versorgung zu dicht? Der Fall tritt ein, wenn die Atomschalen auf der Flucht sind. Die Folge ist, dass der Zustrom von Kernplasma nicht abgewehrt werden kann.

Wird umgekehrt die Versorgung von innen größer als jene von außen, dann erfolgt eine Absorption. Geben und Nehmen lösen einander ab nach Maßgabe des Plasma-Haushalts. Überschuss innen erzeugt Abgabe, innerer Mangel erzeugt Aufnahme.

Überschuss und Mangel sind jedoch relativ. Was ein Überschuss der Substanz ist, ist zugleich ein Mangel des Habitats, des umgebenden Plasmas. Dem inneren Überschuss entspricht ein Mangel in der Umgebung. Umgekehrt entspricht dem inneren Mangel ein äußerer Überschuss.

Die Grenze der Substanz ist zugleich die Grenze des umhüllenden Plasmas. Die Grenze ist ein Fließgleichgewicht der gegenseitigen Arbeit. Die Grenze ist durchlässig und wird von beiden Seiten zugleich hergestellt. Es sind zwei gegensätzliche Arbeiten notwendig, um die eine, gemeinsame Grenze herzustellen. Die eine Arbeit erfolgt innerhalb der Grenze, die andere außerhalb.

Die Arbeitsweise an der Grenze wechselt zyklisch und reziprok. Sie wird nicht geplant, nicht entschieden, sondern schlicht von beiden Seiten getätigt. Schlechte Resultate führen zum Wechsel der Arbeitsweise, bis wieder ein Fehler auftritt, ganz gleich, auf welcher Seite der Grenze. Dann wird die Methode erneut gewechselt, um einen Ausgleich zu erzielen. Das Ergebnis steht jedoch nie fest, weil immer zwei Ergebnisse vorliegen, die einander widersprechen und so auch ablösen.

Andere Fertigkeiten als Geben und Nehmen stehen nicht zur Verfügung, genügen aber. Versuch und Irrtum funktionieren ohne Bewusstsein am schnellsten und am sichersten. Es gibt keine Erwägung und keinen Zweifel. Die Arbeit funktioniert faktisch, ohne jeden Zweifel nur umso verlässlicher. Die Arbeit geht aber nicht geistlos vonstatten, weil ihre Fertigkeiten dasselbe sind wie der getätigte Geist. Der Glaube an das Chaos findet hier keine Abnehmer.

Fliehen die Elektronen der Kathode, so werden ihre nackten Atomkerne durch den Zustrom von Protonen und Kernplasma aus der Anode überlastet. Die Atomkerne geben Kernteile ab, sie erodieren. Die freigesetzten Kernteile absorbieren das einströmende Kernplasma der Anode, sie reisen hinein.

Protonen können schlecht gegen Protonen antreten. Turbulenzen werden nicht beobachtet, oder nicht berichtet. Was also geht vor sich?

Kathode und Anode befinden sich in einem Stromkreis. Er ist nicht unterbrochen, sondern offengelegt. Elektrizität ist die Erhaltungsarbeit der Atome, haben wir oben gefunden. Sie besteht darin, Kernplasma und Schalenplasma so auszutauschen, wie das für den Bestand erforderlich ist.

Es ist dem Bestand des Atoms abträglich, neben dem Plasma *überdies* Protonen und Elektronen auszutauschen. Das erfolgt nur bei äußerster Überarbeitung. Solange das zur Erhaltung ausreicht, werden lediglich Kernplasma und Schalenplasma ausgetauscht.

Die Messungen besagen, dass die Kathode Elektronen abgibt. Das Schalenplasma ist unbekannt. Die fliehenden Elektronen liefern jedoch notwendig Schalenplasma, sonst könnten sie sich entkommen. Sie emittieren das Schalenplasma nach hinten, zur Kathode zurück.

Fliehen aus der Kathode auch Protonen, so absorbieren sie womöglich das Schalenplasma der voraus fliegenden Elektronen?

Um unterwegs Atome zu bilden, müssten die Protonen in der Lage sein, das Schalenplasma solange zu binden, bis sich daraus Atomschalen bilden. Das erfordert eine wiederholte Rotation. Dem steht die Herstellung der Fluchtbewegung entgegen. Sie löst einsetzende Paarungen durch Überlastung alsbald wieder auf.

Es ist auch nicht der Fall, dass die Absorption von Schalenplasma für den Bestand der Protonen genügt. Sie brauchen frisches Kernplasma, das nicht überhitzt, nicht zu dicht ist. Soll die Flucht gelingen, so ist die Aufnahme von Kernplasma aus der Anode notwendig.

Kommt es zu Kollisionen zwischen den Protonen?

Begegnen sich zwei Protonen, so begegnen sich zuerst ihre *Absorptionsfelder*. Das ist die Reichweite ihrer Absorptionsfähigkeit. Die Arbeitsrichtung ist gegenläufig. Beide Protonen absorbieren. Ergibt die gegenseitige Absorption eine Verschmelzung?

Das wäre dann zu erwarten, wenn das Kernplasma der Kathode dem Kernplasma der Anode entspricht. Gibt es hingegen einen Unterschied in der Versorgung, so weichen die Protonen einander aus, weil schon die Kernplasmen sich trennen und aneinander vorbei strömen.

Es kommt zu keiner Verschmelzung, Kernfusionen bleiben aus. Das besagt, dass die beiden Kernplasmen von Anode und Kathode verschieden sind. Die beiden Quellen arbeiten verschieden. Bei der Kathode werden zuerst die Atomschalen überlastet, bei der Anode zuerst die Atomkerne. Die unterschiedliche Herstellung erzeugt unterschiedliche Emittate.

Die Aufnahme der Elektronen in der Anode ist nur möglich, wenn die Anode viele ungesättigte Atomkerne aufweist. Jede Atomschale braucht ein Proton im Atomkern als Arbeitspartner. Aber wer sagt uns, dass die Elektronen von der Anode aufgenommen werden?

Die überzähligen Atomschalen werden vom Stromkabel abgeleitet. Ansonsten könnten die Messinstrumente keinen Zugang von Elektronen melden. Die Meldung erfolgt, bevor der Überschuss der Instrumente über die elektrische Erdung entsorgt wird. Solange der Stromkreis aktiv ist, wird der Erdboden mit Atomschalen angereichert.

Wird ein Atomkern der Anode von anreisenden Elektronen überfordert, so flieht er. Auch die Anode erodiert. Die freigesetzten Protonen der Anode absorbieren das Kernplasma, das von der Kathode kommt. Sie reisen in dessen Zustrom hinein. Dies ergibt den „Protonenstrahl“ von der Anode zur Kathode.

Wie reist das Plasma?

Die fliehenden Elektronen emittieren Schalenplasma. Die fliehenden Protonen emittieren Kernplasma. Das ergibt aber noch keine Bewegung des Plasmas, weil die Emission keinen „Stoß“ ausüben kann. Es ist also zu klären, wie das Plasma nach der Freisetzung vorankommt.

Ist der Raum leer, so ist ohne Kräfte kein Transport möglich, auch nicht jener von Plasma. Das scheitert allerdings am Transport der Kräfte. Sie kommen mangels Vehikel nicht zum Einsatz.

Ist der Raum nicht leer, so ist er gefüllt vom Emittat der umliegenden Quellen, vom Plasma des Habitats. In dieses vorhandene Plasma emittieren die Elektronen ihr Schalenplasma und die Protonen ihr Kernplasma. Das Plasma des Habitats wird örtlich verdichtet.

Soll das Plasma seine Dichte ausgleichen, so muss es sich bewegen, und dazu arbeiten. Das Plasma des Habitats nimmt den frischen Zugang auf, verarbeitet ihn mittels Rotation, und setzt seine Überschüsse frei. Sie verdichten das nächst anliegende Plasma. Es kommt zu einer Strömung, weil sich die Erhaltungsarbeit des Plasmas ausbreitet.

Das Schalenplasma der Elektronen kann, muss aber die Kathode nicht erreichen. Es kann auch seitlich abströmen. Das hängt davon ab, wie wirksam das Plasma seine Arbeit verteilt. Ganz analog kann das Kernplasma der Protonen die Anode erreichen, muss dies aber nicht tun.

Wie das Plasma des Habitats an seiner Erhaltung arbeitet, das hängt davon ab, wie das Habitat hergestellt wird. Kathode und Anode befinden sich in einer Glasröhre, deren Luft abgepumpt wurde.

Das Habitat wird von den Glaswänden der Röhre hergestellt. Die Moleküle an den gegenüber liegenden Glaswänden überbrücken ihren Abstand mittels „Vakuumstrahlung". Das ist ihre Emission, die sie gegenseitig austauschen, ist also das Plasma dieses Habitats.

Erreicht das Schalenplasma der Elektronen die Kathode nicht, so landet es in den Glaswänden und wird von deren Molekülen verarbeitet. Erreicht das Kernplasma der Protonen die Anode nicht, ergeht es ihm analog. Die Moleküle des Glases steigern ihre Erhaltungsarbeit. Sie werden heiß und verdichten mit ihrer Emission die Vakuumstrahlung.

Diese helle „Hohlraumstrahlung" wird immer intensiver, je höher die Spannung wird, die Differenz der elektrischen Ladungen. Die *Spannung* ist ein Maß der Arbeitsintensität von verletzten Atomen. Hingegen misst die *Wärme* die Arbeitsintensität von gesunden Atomen.

Isotope

Sind Elektronen unterwegs, so ist von einer „negativen" Strömung die Rede, während Positronen auf Reisen einen „positiven" Strom erzeugen. Diese Bezeichnungen sind trügerisch. Meldet ein Instrument „positiv", so ist damit keineswegs geklärt, was es empfängt und was es emittiert. Das hängt von der Bauweise des Geräts ab, von seiner internen Arbeitsweise.

Grundsätzlich ist das Emittat das Gegenteil vom Absorbat. Warum sollte ein Atom das abgeben, was es empfangen hat? Nur die Überschüsse werden freigesetzt, und diese sind das Endergebnis der atomaren Verarbeitung. Aus einem Zugang wird ein Abgang allerdings erst, nachdem sich die Substanz erneuert hat.

Weil „positive und negative" Ladungen einander „ausgleichen", vereinen sich Atomkerne und Atomschalen zu einem „ungeladenen" oder „neutralen" Atom. Das sagt nichts. Das Ergebnis ist empirisch „festgestellt". Jede Erklärung fehlt. Die Vernunft hängt am Zipfel des Maßes.

Es ist die Sprache der Messinstrumente, deren Arbeit missachtet wird. Eine sinnvolle Sprache muss die Arbeit begreifbar darstellen. Das Messen und Rechnen kann die Arbeitsmengen erfassen, die getätigten *Umsätze* beziffern. Die Formeln können so mit Symbolen arbeiten, wie die Natur es mittels ihrer Akteure tut. Aber verstanden ist eine Arbeit erst dann, wenn sie nachgemacht werden kann.

Die „Wiederholbarkeit eines Experiments" sagt dasselbe. Ist ein Versuch wiederholbar, dann ist die betreffende Arbeit wiederholbar. Es sind die menschlichen Aktivitäten erneut ausführbar. Was wird dabei allerdings geflissentlich übersehen?

Die Natur muss die Arbeit des Menschen aufgreifen, übernehmen und zu Ende bringen. Sonst bleibt das Experiment stehen. Die eigene Arbeit wird begriffen, die andere nicht. Was da im Wege steht, ist der Glaube an die Kraft. Sie soll die Arbeit machen. Der Mensch muss die Prinzessin nur wach küssen, dann weiß sie schon, was wie zu tun sei.

Nur die richtige Arbeitsteilung ergibt das Ganze der Arbeit, das gesunde Atom, das fertige Produkt der Zusammenarbeit. Richtig ist die Arbeitsteilung dann, wenn sich Geben und Nehmen ausgleichen. Gelingt das nicht, so verbleiben schadhafte Atome, die sogenannten „Isotope". Ihnen fehlen entweder Atomschalen oder Kernteile.

Ihre Erhaltungsarbeit geht dahin, die fehlenden Teile zu ersetzen, oder die schlecht versorgten Teile freizusetzen. Der Haushalt zwischen Protonen und Elektronen ist zu sanieren. Wie eng seine Grenzen gesteckt sind, dass sehen wir daran, dass erstens jede Atomschale nur eine bestimmte Anzahl von Elektronen versorgen kann, und dass zweitens für jedes Proton ein Elektron notwendig ist. Sonst funktioniert die Arbeitsteilung nicht.

Der Atomkern

Besteht ein Atomkern aus Partikeln? Kann er nur aus Partikeln bestehen, gleich welcher Art? Was fügt sie zusammen? Was hält sie zusammen? Wie bewegen sie sich? Wie bewegen sie sich gemeinsam, wie getrennt? Wie verkraftet ihr Zusammenhalt ihre gesonderte Bewegung?

Kann das ohne Kräfte gelingen? Ist das ohne Kräfte denkbar? Wie aber kommen die Kräfte in den Atomkern? Wie kommen sie untereinander zurecht? Wie verbleiben sie im Atomkern?

Angeblich sind die Kräfte zwischen den Quarks so stark, dass diese nicht auf Dauer getrennt werden können. Die Energien der Teilchenbeschleuniger sind zu gering, um diese großen Kräfte zu überwinden. Die Geschwindigkeit der Teilchenstrahlen ist zu niedrig. Die Stöße sind zu schwach, um die Trennung der Quarks zu erzielen. Die „bindende Energie" der Gluonen ist größer als die trennende Energie des Zusammenpralls.

Sind das Erklärungen? Da laufen die Maße um die Wette. Die Vergleiche helfen nicht, weil nicht bekannt ist, was womit verglichen wird. Was beim Rechnen und Messen hinreichen mag, genügt dem Denken nicht. Die Vernunft verlangt nach einem kausalen Grund oder nach einem finalen Zweck. Warum tun Kräfte dies oder jenes? Was ist der Sinn der Kräfte? Wird ihnen der Sinn unterschoben oder bringen sie ihn mit?

Kräfte bringen nichts mit, weil sie weder anreisen noch eindringen. Jeglicher Grund oder Zweck wird den Kräften angedichtet. Wird ein Atomkern hergestellt, so wird an ihm gearbeitet. Wer aber könnte hier tätig sein?

Nur der Atomkern selbst kann die Arbeit machen, die ihn herstellt und am Leben erhält. Die Erhaltungsarbeit des Atomkerns ist allein seine Sache, und ist zudem seine alleinige Fähigkeit. Wie jede Arbeit besteht sie aus Geben und Nehmen. Aber welcher Rohstoff steht dem Atomkern zur Verfügung, und wie erfolgt dessen Verarbeitung?

Als Rohstoff kommt nur das Kernplasma in Frage. Der Atomkern fügt zusammen, was er aus dem Kernplasma absorbieren und miteinander vereinen kann. Der Atomkern fügt sich selbst aus dem *ver-fügbaren* Angebot.

Denken wir beim Fügen als Analogie an Tropfen. Sie passen ihre Form den Umständen an. Sie fügen sich. Eine Teilmenge denken wir als Tröpfchen. Den Unterschied können wir nicht angeben, sondern nur bemaßen, was der Sache nach keinen Unterschied macht. Wir haben keine hinreichende Vorstellung von einer Flüssigkeit. Immerhin denken wir, dass sich formlose Tropfen lückenlos vereinigen, was wir Partikeln oder Teilchen nicht zutrauen. Deshalb kommen flüssige Tropfen der Sache näher als feste Bruchstücke einer zerschossenen Substanz.

Die Vereinigung der Tröpfchen zum Tropfen erfolgt mittels Rotation. In ihr sind Geben und Nehmen vereint, was den gegenseitigen Abstand der Tröpfchen stabilisiert. Wird er zeitweilig verändert, so erfolgt eine Selektion. Beim Nehmen wird der Radius enger, beim Geben weiter. Wird der Radius zu groß, so erfolgt eine Absonderung. Wird der Radius klein genug, so erfolgt die Einverleibung.

Wir können dem Atomkern ein *Selektionsvermögen* nicht absprechen. Die Selektion bedarf keines Bewusstseins, ist aber eine Form des Geistes, der Arbeitsfähigkeit. Was vom Kernplasma in die Rotation eingeht, das wird Teil des Systems. Was aus der Rotation ausscheidet, das wird freigesetzt und verlässt das System. Das System bildet eine Arbeitseinheit und auf diese Weise eine Substanz, hier den Atomkern.

Was ein System bestimmt, das ist allein seine Erhaltungsarbeit. Sie regelt, was aufgenommen und was abgegeben wird. Das Arbeitsvermögen der Erhaltungsarbeit bestimmt ihre Reichweite und damit den materiellen Gehalt und die Form des Körpers, seine Grenzen. Das Arbeitsvermögen ist von der Arbeitsweise nicht verschieden, ist also Geist.

Der Geist regelt die Reichweite der Arbeit und damit den Umfang und die Form des Werks. Die Grenze der Arbeit ist zugleich die Grenze des Inhalts, seine körperliche Form.

Die Form endet und fängt an, wo der Inhalt endet und anfängt. Die Grenze der Arbeit ist zugleich die Grenze des Werks und der Arbeitsfähigkeit, des Geistes. Die Form begrenzt den Geist und der Geist die Form.

Von daher rührt unsere Begeisterung für Formen. Die gegenseitige Grenzziehung verleitet auch dazu, die Form vereinnahmen und beherrschen zu wollen. Das Überschreiten der Grenze scheitert allerdings daran, dass nur der Inhalt die Form herstellen kann. Das liegt daran, dass nur der Inhalt sich begrenzen kann, weil nur er arbeiten kann.

Die Bestimmung von Raum und Zeit

Sind Raum und Zeit ein Werk der Arbeit, so sind sie eine Materie, die von der Arbeitsweise, vom Geist der Arbeit bestimmt wird. Es handelt sich aber nicht um den menschlichen Geist, sondern um den Geist der Natur. Er ist als die Arbeitsweise nur ein Teil der Arbeit. Raum und Zeit sind materiell und geistig ein Bestandteil der Arbeit der Natur.

Der Raum ist die *Reichweite* jeglicher Arbeit. Die Zeit ist die *Tätigkeit* jeder Arbeit. Weil die Dauer oft mit dem Maß der Zeit verwechselt wird, nenne ich die Zeit auch die „Wirkung“ der Arbeit. Solange die Arbeit wirkt, ist sie tätig, unabhängig von den Vergleichen oder Maßen der Dauer.

Werden Raum und Zeit von der Arbeitsweise bestimmt, so werden sie vom Geist bestimmt. Der Geist, die Arbeitsweise des Atomkerns, bestimmt Raum und Zeit des Atomkerns. Sein Raum ist die Reichweite seiner Arbeit. Die Zeit des Atomkerns ist die Tätigkeit seiner Arbeit.

Nun wenden wir ein, Raum und Zeit sind auch jenseits der Atomkerne anzutreffen, zwischen ihnen und zwischen allen Substanzen oder Objekten. Der Einwand setzt erstens die Leere des „Zwischen“ voraus, die gefüllt werden soll, und spricht die Füllung zweitens dem Raum und der Zeit zu.

Raum und Zeit sollen in der Leere hausen, und diese obendrein garantieren, damit die Objekte ihren Platz finden. Raum und Zeit sollen das Gehege des Habitats bilden. Da sagen wir nicht mehr, als dass sich alle Objekte frei bewegen können müssen, und dazu ein passendes Gehege brauchen. Wir machen Raum und Zeit zum Käfig der Bewegung.

Die Kräfte müssen hier alsbald siedeln, weil sie ja die Bewegung erzeugen und regulieren sollen. Die Kräfte treffen irgendwie ein und füllen gehorsam die Leere. Sie streiten untereinander, und auch mit den Objekten, um den Vorrang der Anwesenheit. Raum und Zeit verblassen zur unsichtbaren Kulisse der Kräfte, die am Horizont schweigend Wache steht.

Am deutlichsten wird die Abstraktion des Käfigs bei der Raumzeit. Sie besteht nur mehr aus verbogenen Gittern, aus gekrümmten Linien. Sie werden aus dem Vergleich von Koordinaten errechnet. Das eine Gitter folgt dem Licht, das andere Gitter umschließt das Objekt.

Mit solchen Artefakten kann die Natur freilich nicht aufwarten. Nur gut geschulte Physiker können die Gleichungen lösen. Unterdessen wartet kein völlig ungeschultes Objekt auf sein mathematisch bestimmtes Schicksal, sondern bewegt sich gemäß seiner eigenen Arbeit. Alle Subjekte fliegen ihren Maßen davon. Haben wir immer das Nachsehen?

Dulden wir zwischen den Körpern aller Art – ihre Emittate aller Art. Das ergibt das Plasma aller Arten. Es bildet die Habitate jener Körper, von welchen es erzeugt wird. Die Körper stellen gegenseitig ihren Lebensraum her, indem jeder Insasse frischen Zugang aufnimmt und seine Überschüsse freisetzt. Des einen Abfall ist des anderen Nahrung.

Das biologische Leben tut sich insofern hervor, als es nicht auf den Abfall wartet, sondern selbst für frischen Zugang sorgt. Es weitet seinen Geist des Nehmens aus, muss aber zeitlebens und zuletzt umso umfassender geben. Keine Arbeit kommt lange auf Kosten anderer Arbeit voran.

Die Natur regelt das auf ihre Weise. Sie macht aus allen besonderen Arbeiten die ganze Arbeit. Versucht das der Mensch anders zu regeln, so überschätzt er sich und erleidet sein Geschick.

Die Grenzen der Habitate gelten relativ. Raum und Zeit sind einerseits das Werk der Körper, andererseits das Werk des Plasmas. Beide Seiten arbeiten an ihrem Bestand und stellen die Grenze gemeinsam her. Wo die Reichweite und die Dauer der einen Arbeit enden, dort fangen Raum und Zeit der anderen Arbeit an.

Dabei arbeitet das Plasma stets gegengleich zu den Körpern. Gibt der Körper, so nimmt das Plasma. Gibt das Plasma, so nimmt der Körper. Die Grenze bezeichnet den Arbeitswechsel.

Das gemeinsame Plasma ist nicht nur das Habitat aller Siedler, sondern durchdringt sie auch alle. Das Plasma des Habitats ist das gemeinsame Arbeitsmittel und der gemeinsame Rohstoff der arbeitsteiligen Zusammenarbeit. Die Körper sind die verschiedenen Akteure oder Arbeitseinheiten.

Die Insassen begrenzen mit ihrer Arbeit den Raum und die Zeit ihres Habitats, weil das Plasma nicht weiter kommt und nicht länger besteht als die Arbeitsteilung der Insassen. Das Plasma ist die Grenze der Zusammenarbeit. Es begrenzt den Raum und die Zeit der beteiligten Siedler.

Schauen wir eine Galaxie an, dann sehen wir, dass sie von den Sternen gebildet und geformt wird, die in ihr zusammenarbeiten. Umgekehrt muss die Galaxie die Sterne mit ihrem Plasma versorgen, sonst entsteht keine Zusammenarbeit.

Die räumliche und zeitliche Übereinstimmung von Grenzen nennen wir eine „Fügung“. Eine Grenze fügt beide Seiten aneinander, weil dort die beiderseitige Arbeit ihre gegengleiche Wirkung vereint.

Wo der Atomkern endet, dort fängt seine Umgebung an, das Schalenplasma des Atoms. Wo das Schalenplasma endet, dort fängt der Atomkern an. Die Form des Atomkerns ist nicht verschieden von seiner Fassung, dic vom Schalenplasma gebildet wird.

Zeitlich erzeugt die Arbeit analoge Fügungen. Was nicht mehr zum Inhalt des Atomkerns gehört, das ist bereits ein Inhalt des Schalenplasmas geworden. Was dem Schalenplasma an Inhalt verloren geht, das wird Inhalt des Atomkerns. Die Grenze ist auch zeitlich zweifaches Werk, sie wird von beiden Seiten erarbeitet.

Verweigern wir dem Plasma die Anerkennung, so können wir Raum und Zeit nicht verstehen. In der Leere wird nicht gearbeitet. Eine Existenz ohne Arbeit ist nicht herstellbar, fehlt also. Raum und Zeit fehlen dann ebenso. Nichts stellt sie her, auch nicht, wenn *nichts* knallen kann. Kann „nichts" knallen, so kann es arbeiten, ist also kein Nichts mehr.

Verweigern wir dem Nichts die Anerkennung, so ist das Plasma anzuerkennen. Überlastete Atome entlassen ihre Elektronen in das umgebende Plasma. Umgekehrt reisen die freigesetzten Elektronen im Plasma, wenn sie den Wirt wechseln. Die *Elektrizität* ist die Erhaltungsarbeit der Atome.

Geraten die Elektronen in Bedrängnis, so verarbeiten sie das überhitzte Plasma gemeinsam. Sie senden es zur Abkühlung auf Reisen. Die Elektronen emittieren ihre Überschüsse an einem Pol und absorbieren die abgekühlten Zugänge am anderen Pol. Der *Magnetismus* ist die kollektive Erhaltungsarbeit der Atomschalen.

Die starke Wechselwirkung

Nun wollen wir die Fügung des Atomkerns bestimmen. Die „Quarks" tauschen „Gluonen" aus, und diese „Photonen". Die bloßen Namen helfen uns nicht weiter, weil sie nicht erklären, welche Arbeit getan wird. Immerhin ist von einem Austausch die Rede, also von Geben und Nehmen.

Der jeweilige Austausch ergibt die Struktur, die Anordnung von Quelle und Senke. Die Physik findet immer *drei* Quarks am Werk, namens „up, up" und „down". Ich nenne sie einfach A, B und C. Sie tauschen untereinander ständig Gluonen aus.

Die Quarks sollen die Hauptbestandteile des Atomkerns sein. Die Gluonen sollen dazwischen hin und her fliegen, eben ausgetauscht werden. Sie gelten als Austauschteilchen.

Es ist nicht ausgemacht, dass Quelle und Senke immer paarweise agieren. Der Austausch zwischen A und B kann auch über C erfolgen. C hat dann die Aufgabe, die Gluonen so anzupassen, dass die Absorption durch B gelingt. A emittiert als Quelle, C baut die Spende um, B nimmt sie auf.

Das kann auch umgekehrt ablaufen. B emittiert, C baut um, A absorbiert. Dann ist noch möglich, dass A und B selbst die Phase von C durchlaufen, sodass die Arbeit um einen Schritt verschoben wird. Geschieht all das tatsächlich, nicht nur im Labor, so muss es einen Sinn haben.

Der erste Sinn der Arbeit ist es, die Existenz zu sichern. Erfolgen komplexe Arbeitsschritte, so besagt das, dass sie für die Existenz notwendig sind. Nehmen wir an, dass zwei Quarks allein nicht mit den Gluonen zurechtkommen.

Die *Gluonen* können wir als das „interne" Kernplasma des Atomkerns bezeichnen. Es ist zur Existenz notwendig. Es wird aufgefrischt, indem Gluonen absorbiert werden. Der Überschuss an Gluonen wird emittiert, wird also zu „externem" Kernplasma, das den Atomkern verlässt.

Kernplasma und Schalenplasma zusammen sind das „atomare" Plasma. Sein Austausch zwischen Kern und Schale hält das Atom zusammen. Die Arbeit an der Existenz erfolgt in Schichten.

Von innen nach außen wird die Arbeit langsamer, aber umfassender. Viele Teile sind schwerer zu fügen als wenige. Von außen nach innen wird die Arbeit schneller, aber sparsamer an Inhalt.

Mischen können sich nur die jeweils freigesetzten Überschüsse oder Arbeitsrückstände. Aber erfolgt überhaupt eine Mischung? Bislang haben wir gesehen, dass sich die Plasmaströme verflechten, nicht mischen.

Während einem Arbeitsgang werden nur jene Mengen und Sorten an Plasma behandelt, die für den besonderen Arbeitsschritt erforderlich sind. Darüber kann nur der Akteur „befinden", der den Arbeitsschritt setzt?

Nein, umgekehrt erfolgen nur die für die Existenz erforderlichen Arbeitsschritte, die im Resultat den Akteur ausmachen, herstellen. Der Akteur ist materiell das Produkt seiner Arbeit und geistig das Ergebnis seiner Arbeitsweise. Wir müssen die Arbeitseinheiten insofern „auflösen", dass wir ihre Arbeit verstehen.

Woher kommen die Gluonen?

Gluonen werden von außen geerntet. Sie stammen vermutlich aus dem galaktischen Zentrum, das die Sterne anfangs versorgt und letztlich in Plasma verwandelt. Am Ende bleiben keine Substanzen oder Teilchen bestehen. Alle Arbeitseinheiten werden zerlegt und als Gluonen freigesetzt.

Sie sind das letzte Ergebnis und bilden das grundlegende Plasma. Es verteilt seine Arbeit und so auch sich, die Gluonen. Sie sind wie die Photonen eher Strudel des Plasmas, temporäre Rotationsweisen.

Die Gravitation ist kein Hindernis, auch wenn ihr Maß unendlich groß wird. Ohne eine Versorgung endet die Gravitation, weil keine Absorption mehr einsetzen kann. Es besteht kein Teilchen mehr, das sich versorgt und erhält. Alle Akteure lösen sich auf. Keines fällt mehr, alle zerfallen.

Wir stehen am Wendepunkt der Arbeit. Die restlose Absorption schlägt in die vollständige Emission um. Die Rotation scheitert, sie gibt alles, was sie nimmt. Die galaktischen Zentren lösen alle Fügungen auf und produzieren das Plasma aus Gluonen, das sie freisetzen. Das Resultat dieser Arbeit ist die galaktische Wolke.

In der galaktischen Wolke treten die Sterne in Aktion. Sie absorbieren die Gluonen, die sie vorfinden. In der Folge nähern sich die Sterne dem galaktischen Zentrum. Sie dringen in die Wolke der Versorgung vor. Die Sterne folgen ihrer Absorption und hinterlassen ihre Emission.

Die Gravitation misst den Hunger der Sterne nach Gluonen. Nur weil dieser Hunger nicht gestillt wird, gibt es die Galaxien. Die Emission der Sterne ist größer als ihre Absorption.

Deshalb „scheitert“ langfristig ihre Erhaltungsarbeit? Nein, die Arbeit setzt sich so fort, dass sie sich verwandelt. Die Sterne füttern die Galaxie und sie füttert ihrerseits die Sterne. Die Galaxie ist eine Erscheinungsform der Zusammenarbeit.

Woher kommen die Quarks?

Die Quarks im Atomkern stammen wahrscheinlich aus der Sonne. Sie absorbiert die Gluonen aus dem galaktischen Zentrum und nähert sich ihrem Versorgungszentrum, dem Zentrum der Milchstraße. Ob die Vereinigung erfolgt, darüber entscheidet die Lebensdauer des Sterns.

Stimmt die Sterntheorie, so fusioniert die Sonne Atomkerne aus dem in ihr gespeicherten Brennstoff. Sie vereint Wasserstoff zu Helium. Aber woher kommt der Wasserstoff?

Die „interstellaren Wolken“ enthalten viel Wasserstoff. Sie sollen erkalten und kondensieren, bis sie zünden, damit Sterne entstehen. Woher aber kommen die Wolken?

Sie stammen aus explodierten Sternen. Da erklärt eine Voraussetzung die andere. Zuerst müssen die Sterne explodieren, damit sich Wolken bilden. Dann müssen die Wolken zusammenfallen, damit Sterne entstehen, die ihrerseits dann wieder explodieren können.

Fragen wir nach dem ersten Stern, oder nach der ersten Wolke, so werden wir auf den Urknall verwiesen. Da knallte das Nichts, das nicht war, oder die Raumzeit, die sich zu ihrer Geburt unendlich krümmte. Auf diese wundersame Weise kam die Materie in die Welt, die vorher nicht war.

Das Wunder ist freilich der Anfang der Arbeit, die so nicht anfangen kann. Ohne Rohstoff kann nicht gearbeitet werden. Der zu bearbeitende Gegenstand fehlt ebenso wie die Akteure und die Arbeitsmittel.

Da hilft auch der größte Geist nicht. Er ist zwar das größte Arbeitsvermögen, aber was nützt eine Fähigkeit, wenn der Gegenstand der Anwendung fehlt? Eine Fähigkeit ohne Anwendbarkeit ist keine Fähigkeit. Der arbeitslose Geist macht sich selbst zunichte. Unser Konstrukt taugt nichts, ist schlecht erdacht.

Rufen wir das Plasma zu Hilfe. Alle Himmelskörper setzen es frei, ob sie nun explodieren oder nicht. Alle Himmelskörper absorbieren Plasma, ob sie nun wolkig, flüssig oder massiv sind. Es besteht ein geregelter Umgang mit Plasma, ein Haushalt in jedem Habitat.

Zudem sind die Habitate ihrerseits wieder Strukturen oder Himmelskörper. Im ganzen Universum werden der Zugang und Abgang von Plasma mittels Nehmens und Gebens geregelt. Da gibt es keine Ausnah me, weil alle Entitäten mitarbeiten, teilnehmen an der ganzen Arbeit. Das kosmische Plasma ist das allgemeine „Handelsgut". Wer nicht damit „handelt", fällt mangels Arbeit aus dem Sein.

Offenbar kommt den Sternen die Aufgabe zu, Atomkerne zu fertigen. Was hindert die Sterne, Quarks aus dem kosmischen Plasma zu bilden?

Sie absorbieren kosmisches Plasma, vereinen es zu Quarks, und verbinden diese mit den erforderlichen Gluonen zu Atomkernen.

Die Überschüsse und Abfälle der Produktion geben sie als „elektromagnetische Strahlung" frei. Sie ist nichts anderes als der Arbeitstakt des „hauseigenen" Plasmas im Habitat.

Machen andere Arbeitseinheiten die hier verlangte oder unterstellte Arbeit, so sind sie von Sternen nicht zu unterscheiden. Auch sie werden zu Quellen von elektromagnetischer Strahlung, werden von uns also unfehlbar als „Stern" angesprochen.

Es fehlt noch die Arbeitsweise des Sterns. Wie erfolgt die Herstellung von Quarks aus den Gluonen des galaktischen Zentrums?

Wir nehmen das kosmische Plasma zu Hilfe. Es ist ein Geflecht und Gemenge aus allen erdenklichen Teilchen und Plasma-Sorten. Das liegt an seiner Herstellung durch alle Himmelskörper. Alle Emittate begegnen einander und vereinen sich in Entladungen, oder trennen sich in Strömen und kosmischen Wolken.

Über die eigene Struktur entscheidet die Erhaltungsarbeit des Plasmas. Die Arbeit am Bestand wird in jedem Habitat und in jedem Zeitalter anders erfolgen. Erfolgen muss die Erhaltungsarbeit, weil auch das Plasma nur existiert, solange es an sich arbeitet. Zudem ist auch seine Bewegung an seine Arbeit gebunden.

Das Plasma neigt dazu, sich zu verdrehen und zu verflechten. Begegnen sich Strömungen „sanft", ohne sich gegenseitig zu entladen, dann setzen gegenseitig Absorption und Emission ein. Die Folge davon ist Rotation. Sie bildet Körper. Sind die Quarks die ersten Körper, die durch Rotation entstehen, so sind die Verflechtungen des Plasmas ihre Geburtsstätte.

Nun braucht es noch den Transport der Quarks zu den Sternen. Das erledigen die Strömungen des Plasmas. Sie spülen oder reißen die Quarks aber nicht mit, es gibt ja keine Umfassung, sondern die Quarks müssen ihrerseits arbeiten, um sich zu bewegen.

Die Quarks absorbieren das kosmische Plasma, das ihnen entgegenkommt. Sie emittieren ihre Überschüsse in das kosmische Plasma, das sie verlassen. Auch die Quarks schwimmen in ihre Versorgung hinein. Auch sie fliehen ihre Rückstände. Der Grund ist, dass keine Bewegung anders hergestellt werden kann.

Begegnen sich Quarks, so beginnen sie, zusammen zu arbeiten. Sie teilen ihre Arbeit untereinander auf, sie teilen das Geben und Nehmen. Das ergibt ihre gemeinsame Rotation. Ist das nur mit dem Zwischenschritt über die Gluonen möglich, so werden diese in die Rotation eingebunden.

Es wird also die Arbeit des Sterns gemacht. Die Quarks und Gluonen müssen gemeinsam den Stern hervorbringen, nicht umgekehrt der Stern die Quarks und Gluonen.

Es gibt keine *Fabrik* der Atomkerne. Weder Hitze noch Druck sind geeignete Werkzeuge oder Arbeitsmittel, weil sie auf ausbleibende Kräfte warten. „Hitze“ misst die Arbeitsintensität vollständiger Atome. „Druck“ misst die Plasmadichte. Maße fertigen nichts an außer Vergleiche, und das Vergleichen erfolgt lediglich im Denken. Kein Maß gelangt ins Freie.

Es gibt allerdings die *Fabrikation*, die Herstellung der Atomkerne. Diese obliegt den Atomkernen selbst. Die Atomkerne müssen sich selbst herstellen. Sie sind das Fabrikat ihrer eigenen Arbeit. Es gibt kein anderes Verfahren. Nur Atomkerne können die Arbeit des Atomkerns machen.

Die Sterntheorie ist falsch, weil sie Kräfte beansprucht, die nur im Denken agieren. Nur die Arbeit kann ein Werk herstellen, nämlich ihr eigenes. Nur die Arbeit des Sterns kann den Stern ins Leben rufen. Der Stern beginnt zu existieren, sobald seine Arbeit gelingt. Das erste Werk der Arbeit ist die Existenz.

Erst das zweite Werk der Arbeit ist die Wirkung. Sie ist der Erhaltungsarbeit geschuldet. Der Stern kann erst strahlen, Überschüsse abgeben, wenn seine erste Arbeit erfolgreich abläuft und der Stern dazu übergeht, seinen Bestand zu erhalten.

Ist eine Arbeit komplex, das Werk mehrfach zu fügen, so sind die beiden Arbeitsweisen von Geben und Nehmen mitunter gegenläufig zu leisten. Das können zwei Partner schlecht tun. Gegen die Überforderung hilft das dritte Quark. Es fügt einen Zwischenschritt ein, um die Gegenläufigkeit zu umgehen. Der Seitenschritt ist ein Geben zur Seite und ein Nehmen von der Seite. Die drei Quarks arbeiten in einer geregelten Schrittfolge.

Die Gluonen können sich ihrerseits im Atomkern nur bewegen, wenn sie an ihrer Existenz arbeiten. Sie attrahieren zur Versorgung und fliehen die Rückstände, womit sie repulsieren, sich entfernen. Erfolgt das zwischen drei Quarks, also zwischen zwei Quellen und einer Senke, oder zwischen zwei Senken und einer Quelle, so ergibt das viele Schritte, die das System nicht verlassen. Die große „Klebekraft“ der „starken Wechselwirkung“ erweist sich als eine dreigeteilte Arbeitsweise.

Auch der Atomkern kommt mit den beiden Arbeitsweisen von Geben und Nehmen aus. Es sind keine Kräfte oder Energien erforderlich, um den Atomkern herzustellen.

Die Kräfte messen lediglich den erforderlichen Arbeitsaufwand, die Existenz herzustellen, beziehungsweise sie bei Störung wieder herzustellen. Die starke Wechselwirkung ist ein Maß der *Reproduktion* des Atomkerns.

Die schwache Wechselwirkung

Die „schwache Wechselwirkung“ gilt als Ursache der „β-Strahlung“. Zuerst wandelt sich ein Quark der Sorte A nach B oder C um. In weiterer Folge teilt sich ein *Neutron* im Atomkern auf. Aus der Teilung gehen ein Proton, ein Elektron und ein „Elektron-Antineutrino“ hervor. Die beiden letzten „Teilchen“ verlassen den Atomkern als radioaktive „β-Strahlung“. Das Proton verbleibt im Atomkern.

Wir begeben uns auf sehr hypothetisches Terrain. Es wird von den Maßen dominiert. Das Gemessene ist so gut wie unbekannt.

Die β-Strahlung ist ein Emittat des Neutrons. Das Neutron ist überlastet und setzt zur Selbsterhaltung Inhalte frei. Kann das Neutron das Elektron nicht versorgen, das sich verabschiedet, so fehlt es offenbar an dem Kernplasma, welches das Elektron braucht. Es absorbiert Kernplasma von außen und emittiert sein Schalenplasma nach innen. So kommt es frei.

Was ist ein Neutrino?

Das „Elektron-Antineutrino“ ist einer von drei möglichen Zuständen des „Neutrinos“. Die Zustände sind verschiedene Rechenergebnisse. Sie entstehen laut Theorie je nachdem, mit welchen Kernteilen das Neutrino im Zentrum des Sterns „wechselwirkt“, bevor es den Stern verlässt.

Neutrinos soll es sehr zahlreich geben, und zwar im gesamten Kosmos, weil jeder Stern sie milliardenfach pro Sekunde und cm^2 Oberfläche emittiert. Sie lassen sich jedoch weder beobachten noch einfangen.

Auf der Erde entdeckt oder gemessen wurden bislang *keine* Neutrinos. Vielmehr wurden in Detektoren einige wenige, seltene Atome gefunden, die sich laut Theorie nur infolge des Eindringens von Neutrinos bilden.

Diese Angaben besagen immerhin, dass Neutrinos emittiert und absorbiert werden. Ist das Neutrino nicht versorgt, so fehlt es im Neutron an jenem Plasma, welches das Neutrino braucht. Auch das Neutrino kommt frei, indem es von außen absorbiert und nach innen emittiert.

Welche Emission das Neutrino aufweist, ist nicht bekannt. Vielmehr gilt eine Emission des Neutrinos als undenkbar. Es gilt als elementar und reaktionsscheu. Eine *aktive* Absorption des Neutrinos gilt als ebenso unmöglich. Es kann nur verschluckt werden, nicht auch schlucken.

Allerdings kann sich auch das Neutrino nur bewegen, wenn es absorbiert und emittiert. Kräften kann es nicht folgen, weil diese nicht reisen.

Es ist die alte Frage: ist die Bewegung ein Werk der Arbeit oder eine Wirkung der Kräfte? Spätestens hier müssen wir uns entscheiden.

Von den Neutrinos wird behauptet, dass sie Milliarden Kilometer weit fliegen, bevor sie erstmals wechselwirken. Sie durchqueren jede Substanz nicht anders als den leeren Raum. Sie ignorieren jeden Widerstand. Sie fliegen einfach durch, eben weil sie nicht wechselwirken.

Nur wenn die Geschwindigkeit etwas nachlässt, kann ein Neutrino überhaupt geschluckt und detektiert werden. Dabei wird die Geschwindigkeit mit der Energie gleichgesetzt, und die Energie wird in Masse umgerechnet. Es sind nur die Maße des Neutrinos, die umgerechnet werden. Es kann so oder so gemessen werden, ohne sich deshalb zu verändern.

Warum die Energie zuweilen nachlassen soll, das ist nicht geklärt. Vielmehr wird umgekehrt aus der erfolgten Aufnahme gefolgert, dass die Energie nachgelassen haben muss.

Besagt der unbehelligte Flug, dass Neutrinos keine Versorgung brauchen, dass sie nicht absorbieren müssen? Können Neutrinos allein dank ihrer Emission fliegen, ohne sich dabei zu verbrauchen?

Das arbeitslose Fliegen wäre nur möglich, wenn Neutrinos Kräften gehorchen. Die Kräfte reisen aber weder an, noch kommen sie mit. Neutrinos können keinen Kräften folgen. Sie müssen sich wie alle Körper selbst bewegen und dazu arbeiten, absorbieren und emittieren.

Fliegen die Neutrinos ohne bekannte Quellen der Versorgung, so kommen die unbekannten Quellen in Betracht. Damit landen wir wieder beim kosmischen Plasma. Die Neutrinos bewegen sich aufgrund derselben Arbeit, welche auch die Gluonen voranbringt. Das kosmische Plasma wird absorbiert, verarbeitet und emittiert. Umgekehrt beinhaltet das kosmische Plasma Gluonen *und* Neutrinos.

Warum wandelt sich ein Quark um?

Das Neutron emittiert Elektron und Neutrino nur, wenn sich zuvor ein Quark umwandelt. Untersuchen wir die möglichen Gründe.

Anscheinend wechselt die Reihenfolge der Arbeitsschritte im Atomkern. Die „Umwandlung“ des Quarks besagt, dass Instabilität vorliegt, die Existenz bedroht ist. Jedenfalls muss sich das Quark selbst umformen, es muss seine Arbeit selbst erledigen.

Der Grund der Bedrohung kann nur sein, dass entweder die Versorgung unzureichend ist, oder dass eine Überlastung auftritt. Es fehlt entweder an Gluonen, oder es sind zu viele zu verarbeiten. Andere Gründe scheiden aus, weil die anderen beiden Quarks sich ja nicht umwandeln, stabil sind, ihre gewohnte Arbeit fortsetzen. Das Habitat im Atomkern ist weitgehend intakt, nur partiell unzureichend.

Viel wissen wir nicht von der Umwandlung des Quarks. Die Emission bedeutet eine Verringerung des Inhalts. Teile des Inhalts sind unterversorgt und wenden sich anderen Quellen zu, indem sie deren Versorgung aufnehmen, absorbieren.

Die andere Quelle ist hier ein Neutron. Was kann das Neutron emittieren? Welche Versorgung bietet es an?

Ein Neutron ist elektrisch neutral. Es weist einen Atomkern und eine Atomschale auf. Damit ist das Neutron eine Quelle von atomarem Plasma. Es bietet Kernplasma und Schalenplasma an. Die frei werdenden Teile des Quarks absorbieren dieses Angebot. Sie wechseln den Wirt.

Wann ist ein Quark unterversorgt? Wenn es zu wenig Gluonen gibt. Sie bleiben aus, weil sie anderweitig absorbiert werden. Die Absorption des Quarks scheitert und schlägt in die Emission um. Das Quark teilt sich in jene Inhalte, die es weiter vereinen kann, und in jene anderen, die es nicht länger halten kann. Das Quark formt sich selbst um.

Die schwache Wechselwirkung beginnt damit, dass ein Quark Mangel an Gluonen erleidet. Können wir feststellen, wie die Gluonen in den Atomkern gelangen? Woher kommen sie überhaupt?

Die Genese und Reise der Gluonen

Es gibt kein Hindernis für die Reise von Gluonen. Der Atomkern ist zwar ein Habitat, aber kein Gefängnis. Der Atomkern nimmt nur so viele Gluonen auf, als die Quarks benötigen und verarbeiten können. Der Rest wird freigesetzt.

Den Schwarzen Löchern wird nachgesagt, dass sie alle Sterne restlos zerkleinern. Das bedeutet die Herstellung von Gluonen, kleinere Einheiten sind nicht bekannt. Gluonen sind „Sternenmehl“, wenn wir die Schwarzen Löcher als gründliche „Sternenmühlen“ betrachten.

Nachdem bei jeder Arbeit Überschüsse und Abfälle anfallen, produzieren die Schwarzen Löcher auch kosmisches Plasma. Es besteht aus Gluonen und jeglichen Resten ihrer Produktion.

Nun sollen die Schwarzen Löcher nichts mehr von dem entlassen, was sie geschluckt oder hergestellt haben. Sie sollen aber existieren, und sich bewegen, also weiter arbeiten. Geht die Arbeit weiter, so gehen Geben und Nehmen weiter. Ein Teil der Arbeit kann den anderen nicht vernichten, sondern lediglich erwecken. Beide lösen einander ab. Das ergibt den Arbeitstakt des kosmischen Plasmas.

Dass kein Licht entkommen kann, besagt nichts, weil das Licht nicht reist. Es geht nicht, es kommt nicht.

Vielmehr wird eine Frequenz, ein Arbeitstakt gesendet, empfangen und übernommen. Damit wird die Arbeit fortgesetzt.

Photonen haben keine Masse. Trotzdem sollen sie gefangen bleiben, weil ihre Geschwindigkeit zu gering sei. Das macht insofern nichts, als die Geschwindigkeit keine Bewegung ist, sondern nur deren Maß. Photonen entkommen dem theoretischen Dilemma, indem sie nicht als „Teilchen" oder „Welle" existieren, sondern als messbarer Arbeitsrhythmus.

Gluonen haben auch keine Masse. Sie folgen keiner Schwerkraft. Das Schwarze Loch ist eine Quelle von Gluonen. Die Quarks werden samt ihrer Masse, ihrem irdischen Maß zerteilt. Es kommen Gluonen hervor.

Die Gluonen sind ein Emittat der Schwarzen Löcher. Sie reisen in dem Plasmastrom, den das Schwarze Loch freisetzt?

Nein, da würden sie nachlaufen. Auch Gluonen reisen in den Plasmastrom hinein, der sie versorgt. Das aber besagt, dass der Plasmastrom von einem anderen Schwarzen Loch herkommt. Gluonen werden zwischen Galaxien ausgetauscht.

Wie gelangen intergalaktische Gluonen in das Atom? Sollen sie nicht das „interne Plasma des Atomkerns" sein?

Die Gluonen werden von den Quarks absorbiert und dann im Atomkern ausgetauscht. Der Atomkern ist die Einheit von Quarks und Gluonen. Stehen nicht genug Gluonen zur Verfügung, so formt sich ein Quark um. Das ist der Anfang der schwachen Wechselwirkung.

Methodische Unterschiede

Die Sonnenmasse

Werden verschiedene Maße genommen und verglichen, so wird vorausgesetzt, dass das Gemessene existiert und vom angewandten Verfahren unbehelligt bleibt. Sonst könnte nicht begründet werden, dass ein aktuelles Maß besser zutreffe als ein früheres Maß. In der „exakten“ Wissenschaft gilt ein Maß umso mehr, je genauer es ist.

Es wird allerdings gedacht, das Maß könne das Gemessene nicht nur vergleichen, sondern auch erfassen. Zum Beispiel gilt die „Sonnenmasse“ als Indikator dafür, wie der andere, verglichene Stern agiert. Hat er vier Sonnenmassen, so sei die vierfache Masse der Sonne am Werk.

Die Masse tut gar nichts, weil sie nur ein Vergleich ist. Die Größe der Masse spielt allerdings eine entscheidende Rolle in der Sterntheorie. Die Masse lenkt angeblich das Geschick des Sterns, seine Arbeitsfähigkeit, seinen Geist. Kann das irdische Maß den Stern erreichen und beeinflussen?

Es werden Theorien errechnet und soweit wie möglich auf Erden getestet. Bei Galileo Galilei liegt die Schwerkraft der Fallgeschwindigkeit eines Körpers zugrunde. Alle Körper fallen gleich schnell, auf Erden. Dass das Fallgesetz auch im Kosmos gilt, ist eine Hypothese von Isaac Newton. Sie wird nur durch Vergleiche gestützt.

Die Sterne fallen in das Schwarze Loch, weil sie dessen Versorgung mit Gluonen absorbieren. Aber wohin reisen die Schwarzen Löcher? Was absorbieren sie? Wenn das nur Sterne sind, dann sind die Galaxien am Himmel festgeschraubt. Sie bewegen sich jedoch. Welcher externen Versorgung folgen die Galaxien samt den Schwarzen Löchern?

Die Gluonen sind das Emittat, das als Überschuss freikommt. Wenn zuvor nur die eigenen Sterne zu Gluonen verarbeitet werden, dann ist die Galaxie ein selbstgenügsamer Kreislauf. Selbstversorger sind aber ortsfest und können sich nicht entwickeln. Sie sind *elementar* im schlimmsten Sinn des Wortes. Solche Galaxien sehen wir keine.

Alle Galaxien bewegen sich, arbeiten also. Bilden die Gluonen und die Neutrinos das feinste Plasma, dann muss dieses Plasma zwischen den Galaxien ausgetauscht werden. Nur so können die Galaxien geben und nehmen, arbeiten und sich bewegen. Das Universum ist das Habitat der Galaxien und wird von ihnen gegenseitig hergestellt.

Bei Albert Einstein krümmt sich die Raumzeit und regelt auf mathematische Weise die Gravitation der Massen. Zugleich krümmen die großen Massen die Raumzeit. Da biegt das eine Maß das andere zurecht.

Alle Massen sollen sich dem unterordnen, was der Mensch als aktuell genauestes Gesetz der Maße aufstellt und behauptet. Ein Stern wird auf seine Masse reduziert. Die Masse fügt sich einerseits der Gravitation, soll aber andererseits den Stern beherrschen, seine Arbeit regulieren.

Die Anzahl der Sonnenmassen entscheide, wie sich der Stern verzehrt, wie er Atomkerne fusioniert – und in berechneten Sternphasen verendet. Die Masse besiegt den Stern, jedenfalls in den Theorien der Physik.

Ist die Masse *kein* Maß der Absorption, so ist sie die Besitzerin großer Anziehungskräfte. Das sei ihr gegönnt. Es hat noch kein Maß das Denken verlassen. Den Maßen geht es nicht besser als den Kräften. Sie sind Kinder jener Vernunft, welche die Arbeitsergebnisse überblickt und zählt, die Arbeit aber geflissentlich übersieht.

Ist die Masse hingegen *schon* ein Maß der Absorption, so ist zu klären, was der Stern absorbiert. Das wird nicht erwogen. Sterne sind zum Strahlen da, nur für die Emission geschaffen, sagt die messende Vernunft.

Ein Stern kann nur entstehen, wenn er seine Inhalte zu sich versammelt. Dazu muss er den Zugang absorbieren. Die interstellare Wolke kann nur dann „kollabieren“, wenn sie der Stern in sich aufnimmt.

Absorbiert der Stern bei seiner Entstehung, so kann er diese Arbeitsweise zu keinem Zeitpunkt beenden. Er weiß ja nichts von seiner Genese oder Fertigstellung. Er kann wie jedes andere Arbeitsprodukt nur absorbieren und emittieren, nur an sich arbeiten.

Arbeitet der Stern an seinem Bestand, so bewegt er sich dementsprechend. Der Stern folgt seiner Absorption und flieht seine Emission. Dabei kann der Stern nicht auf interstellare Wolken warten, also darauf, dass seine Vorgänger sich zeitgerecht opfern. Wäre dies sein Schicksal oder Geschick, so verliefe seine Bewegung bestenfalls ruckartig.

Der Stern bewegt sich allerdings so stetig wie er an sich arbeitet. Für die Absorption steht ihm stets das kosmische Plasma des Habitats zur Verfügung. Der Stern bewegt sich in den Zustrom von Plasma hinein, der vom Schwarzen Loch ausgeht.

Die Emission des Sterns mischt sich mit dem vorbei strömenden Plasma, das er nicht absorbiert. Was wir empfangen, ist nicht „das Licht des Sterns“, sondern der Arbeitstakt des bei uns ankommenden, aufgemischten Plasmas. Wird diese Emission irgendwie fokussiert, gebündelt? Sehen wir die Quelle am Ursprung, also den „eigentlichen Stern"?

Das Licht wird angeblich rundum, nach allen Seiten ausgestrahlt. Von der kugelförmigen Emissionswolke erreicht uns nur jener Kugelausschnitt oder „Lichtkegel", der die Erde trifft.

Ein schmaler „Lichtstrahl" aus dem auf der Erde ankommenden Lichtkegel muss uns treffen, das ist, die Arbeit unserer Instrumente und Augen verändern. Der Rest der Kugelwolke „verschwindet" im leeren Raum, sagt die menschliche Geometrie. Nur die Linie zählt. Ist das plausibel?

Wir sehen umso besser, je mehr Licht wir „sammeln". Je größer die Instrumente werden, desto größer werden die Bilder. Das liegt daran, dass immer mehr Atome absorbieren und sich anpassen. Am besten „sieht" die ganze Erde, weil sich alle ihre Atome an den Zugang anpassen.

Entsprechend ruhig bewegt sich die Erde. Sie ruht im Sonnensystem. Sie bewegt sich mit der Sonne, weil deren Versorgung ausreicht. Das übrige Sternenlicht wird erübrigt, es ist für die Arbeit an der Existenz überflüssig.

Immerhin, es besteht eine Verbindung. Besteht sie nicht aus Plasma, so besteht sie nicht. Die Linie kommt nur geistig zustande. Wir finden keine andere Brücke zwischen der Erde und den Sternen als das Plasma.

Wir finden nichts, was die Erde verschattet, außer vielleicht „Sternenstaub". *Schatten* würde auf einen uns vorgereihten Absorber hinweisen. Ist der Absorber nicht massiv, so ist er aus Plasma. Das Plasma lässt das Licht durch, indem es die Arbeit fortsetzt und überbringt.

Die neue Arbeit erreicht uns und verändert unsere alte Arbeit. Nur dieser Vorgang verbindet uns mit der Quelle, mit dem Stern. Wir empfangen seinen Arbeitstakt, nicht verschleuderte Wellen oder verschossene Partikel. Das Licht ist die Frequenz der Arbeit, die vom Plasma geliefert wird.

Die Linie ist eine *abstrakte* Verbindung. Sie sieht von allen realen Verbindungen ab. Die Linie abstrahiert vom Plasma und von seiner Arbeit. Linien sind ein schlechter Ersatz für die reale Verbindung. Sie krümmen sich so wie die Maße, die an der Masse baumeln, am anderen Maß.

Der geometrische Kosmos der Relativitätstheorie ist eine Ersatzwelt. In ihr wird nicht gearbeitet. In ihr herrschen die Maße. Nur sie können die Leere überbrücken, die sie voraussetzen. Die Maße der Raumzeit herrschen in der Leere, sie beherrschen die Leere. Die Leere herrscht durch die Maße der Raumzeit, die sie schützt und beherbergt. Es ist ein logischer Zirkel.

Wie arbeitet unterdessen das Plasma? Es absorbiert und emittiert. Es bündelt sich, verflicht sich. Was zu uns kommt, das ist frische Arbeit. Sie ist aber nur frisch für uns. Das Plasma hat schon lange gedient, ist alt und müde, wenn wir aufwachen und etwas sehen.

Altes Licht wirkt schwach. Es wird peripher, von den irdischen Atomschalen verarbeitet. Sie sagen uns, ein weit entfernter Stern. Diese *Meldung* der eigenen Sinne „nehmen wir wahr", als zutreffend an. Anders sehen wir keinen Stern. Das genügt für das Leben, aber nicht für die Navigation.

Wollen wir wissen, ob und wie sich die Verbindung aufgebaut, gedreht und verflochten hat, so müssen wir erforschen, wie das Plasma arbeitet. Nicht der Lichtstrahl ist krumm, von Massen gebeugt, sondern die Arbeit nahm alle möglichen Wege, auch verschiedene oder „ganz krumme". Der Stern ist aus der Arbeitsweise des Plasmas zu rekonstruieren. Erst dann können wir ihn im Habitat verorten.

Es stimmt dann unsere Arbeitsweise mit jener des Sterns überein. Die Übereinstimmung der Arbeitsweisen ist die Übereinstimmung der Geiste, die das Problem aufwerfen und bearbeiten. Unser kritischer Geist stimmt im Fall der Erkenntnis mit dem gedankenlosen Geist des Sterns überein. Freilich ist es unser Privileg, unseren eigenen Geist gebührend anzupassen. Dem Stern können wir das zwar zumuten, er wird uns aber nicht erhören.

Die Arbeitsteilung funktioniert nur, wenn wir die Überbringung der Arbeit anerkennen. Die Arbeit fliegt nicht durch die Leere.

Nur das Plasma kann die Arbeit fortsetzen, fortpflanzen. Die von der Quelle freigesetzte Kugelwolke verschwindet nicht im Weltall, sondern findet rundum Abnehmer. Manche Kunden mögen sich als wissbegierig erweisen. Ob manch Auserwählte auch eingreifen wollen?

Die Unschärferelation

Greift das Messen in das Geschehen ein, so ändert sich die beobachtete Arbeit. Diese Erfahrung wird seit Werner Heisenberg als „Unschärferelation" bezeichnet. Entweder ist der Ort eines Teilchens unscharf, oder der Impuls. Wir bemerken, Ort und Impuls sind Maße. Die Unschärfe besteht in der Tat nur zwischen den *Maßen*. Sie besteht nicht zwischen dem jeweils Gemessenen. Das ist einmal das absorbierte, das andere Mal das reisende Elektron. Keines davon ist „unscharf“, sondern beide sind schlicht ganz verschieden tätig.

Endet die Reise des Elektrons, so geht seine Arbeit auf das fangende Atom über. Der gemessene, festgestellte „Ort“ ist die Adresse des absorbierenden Atoms. Das Elektron arbeitet im Atom weiter, es hat eine Atomschale besiedelt. Geht die Reise weiter, so setzt das Elektron seine eigene Arbeit fort. Es absorbiert Kernplasma und emittiert Schalenplasma. Der „Impuls“ misst die möglichen Auswirkungen dieser Arbeit.

„Unscharf“ ist der menschliche Geist, der nicht scharf genug zwischen dem Maß und dem Gemessenen unterscheidet. Die Arbeit der Materie wird von dieser Unschärfe nicht beeinträchtigt, sie folgt ihrem eigenen Geist.

In der Physik übernimmt der Beobachter angeblich das Kommando über die beobachtete Arbeit. Erst der Beobachter könne feststellen, ob ein Maß des Ortes eingegangen sei, oder ein Maß des Impulses. Erst seine Entscheidung, sein Urteil lege das Resultat der Arbeit fest. Vorher bestehe kein Ergebnis. Hier zeige sich die Abhängigkeit der Materie vom Geist.

Das trifft dann zu, wenn die Materie aus ihren Maßen besteht, aus unscharfem Geist. Faktisch entscheidet der menschliche Geist vorweg über die Versuchsanordnung. Er wählt die Geräte aus, deren Arbeitsweise aufgrund ihrer Bauweise nicht geändert werden kann.

Fängt das Gerät das Elektron, so wird der „Ort“ hergestellt und zudem „festgestellt“, weil das Elektron von einem Atom absorbiert wird, dessen Position im Gerät bekannt ist und gemessen werden kann.

Wird das Elektron hingegen nicht aufgenommen, so arbeitet und bewegt es sich weiter. Es wird nun sein „Impuls“ festgestellt, das ist, es wird seine Fluchtgeschwindigkeit vermessen und mit der Masse multipliziert. Die Absorption und die Emission des Elektrons können nicht gemessen werden, weil sie nicht anerkannt werden.

Die Arbeit des Plasmas

Seit etwa 1900 entwickelt sich die „Plasma-Physik", die das Plasma untersucht, im Labor herstellt und im Kosmos beobachtet. Trotzdem ist das Plasma in der „Gravitations-Physik" noch immer unbekannt, oder ist als „Feinstoff" oder „Äther" verpönt. Der Raum zwischen den Massen gilt als leer, als Vakuum. Die Gravitation beherrscht die Massen, wird aber von ihnen erzeugt, weil die Massen die Raumzeit krümmen.

Das Beharren auf zirkulären Maßen ist der Grund, warum es nicht gelingt, die vier Grundkräfte zu vereinen. Die Gravitation lässt sich nicht mit der „Quantenphysik" vereinen.

Ist das „Quantum" eine Menge, so sehen wir schon das Dilemma. Die kleinsten Akteure werden radikal durch ihre Maße ersetzt. Maße können allerdings nicht arbeiten. Sie müssen auf das Geschick des Rechnens und Messens warten. Hingegen können die kleinsten Akteure nicht warten, sie müssen ohne Unterlass arbeiten, um nicht unterzugehen.

Einerseits wird mit der „Wechselwirkung" der Austausch von Teilchen anerkannt. Andererseits wird der Raum als leer behandelt. Das ist logisch nicht vereinbar. Der Austausch muss den Raum füllen.

Aus den Teilchen wird eine wechselnde Wirkung gemacht. Die empirisch festgestellte Wirkung wird zu einer Energie umgerechnet, die überspringt, ohne die Raumzeit zu belasten. Kein Maß hackt dem anderen ein Auge aus, aber alle gehen im Kreis und erklären sich gegenseitig ihre Wichtigkeit, sowie ihre makellos bestätigte Bedeutung.

Beim Durchqueren der Raumzeit ohne Widerstand folgen die Teilchen nicht mehr individuellen Kräften, sondern pauschal der Energie des Feldes. Der unfehlbare Dunst umhüllt die Teilchen mit glitzerndem Raureif. Aus dem sperrigen Ballast der Kräfte wird das elegante Kostüm der Energie. Wer es zu tragen versteht, kommt gut voran in der maßgeblichen Welt.

Dabei wird die Richtung der Wirkung umgedreht. Die Kräfte waren derbe Ursachen von außen. Die Energie ist eine feine Ursache von innen. Die Arbeit kann freilich nur von innen kommen, weil nur das Subjekt an Bestand und Bewegung arbeiten kann. Ein Innenleben der Teilchen fehlt aber, weil ihre Arbeit nicht gesehen oder geleugnet wird.

Die Energie ist keine Ursache, sondern wieder nur ein Anhängsel von außen, ein angehängtes Maß, ein aufgeklebtes Etikett, noch dazu ein blickdichtes. Es beziffert die gefragte Wirkung, preist sie aus, verdeckt aber ihre Herstellung nur umso gründlicher. Niemand blickt da durch.

Die Ursache der Wirkung steht Kopf. Der Energiehaushalt wird berechnet, gemessen und verglichen. Fehlbestände an Energie werden in Massen umgerechnet und neuen Teilchen zugesprochen, welche die fehlende Energie mit sich fortschleppen. So werden neue Teilchen geboren, postuliert. So entspringt neue Materie dem Denken. Dann wird nach ihr gesucht.

Zum Glück oder Pech sind alles nur Maße, eben Quanten. Die errechneten und gemessenen Maße eifern um die Wette. Nach dem Gemessenen zu fragen, nach der Materie des Quantums, das ist ein Tabubruch. Der wissenschaftliche Geist hat sich ein logisches Labyrinth gebaut, aus dem er nicht mehr heraus findet.

Wie geht die Natur vor?

Sie erinnert uns dank Georg Wilhelm Friedrich Hegel daran, dass die Quantitäten nur dann vergleichbar sind, wenn sie eine gemeinsame Qualität aufweisen. Wir ergänzen wieder, die vergleichbare Qualität ist die Arbeit. Die Quanten beziffern die Arbeit, die sie erbringen, um sich selbst herzustellen. Nur so kann das Maß „maßgeblich" für die Substanz werden.

Ist die Arbeit an der Existenz erbracht, so muss sie allerdings weitergehen. Sie wird zur Erhaltungsarbeit. Der nächste Arbeitsschritt bringt bereits die Wirkung hervor. Die erste Wirkung fabriziert die unmittelbar erwirkte Hervorbringung. Das erste Werk ist das Plasma aus den Emittaten.

Was Quelle und Senke austauschen, das ist notwendig zwischen ihnen gegeben, ganz gleich, wie wir den Zwischenraum denken oder missverstehen, welche Geometrie wir einschieben, welche Zahlen oder Gleichungen wir bemühen. Niemand kann das Plasma aus der Welt schaffen.

Kann das Plasma nicht gemessen werden, so ist das nicht seine Schuld. Wird es geleugnet, weil es keine Maße liefert, so liegt das allein in der Verantwortung der zuständigen Wissenschaft. Sie leugnet ja nur, was sie nicht kontrollieren kann. Nur Maße kann sie in den Griff bekommen.

Der Rest ist allerdings die ganze Natur, die sich frei von allen Maßen behauptet. Das liegt daran, dass kein Maß zur Natur vordringen kann.

Das kosmische Plasma wird von allen Atomteilen erzeugt und ausgetauscht. Die Atomteile bilden sich aus Plasma, wenn sie Plasma mittels Rotation zu ihrer Substanz vereinen. Die Atomteile werden wieder zu Plasma, wenn sie darin untergehen, sich darin auflösen. Dabei gibt es alle Stadien und Grade der Vereinigung und Auflösung.

Darüber entscheidet das Verhältnis zwischen Habitat und Insassen, zwischen Plasma und Akteuren. Nimmt die Dichte des Plasmas zu, so setzt die Rotation früher ein und reduziert die Dichte. Nimmt die Dichte des Plasmas ab, so löst sich die Rotation früher auf und steigert die Dichte des Plasmas.

Ähnliche Wirkungen hat die Strömung, die Arbeitsverteilung des Plasmas. Wächst die Dichte, so wird mehr Arbeit verteilt, die Strömung verringert die Dichte. Schwindet die Dichte, so nimmt die Verteilung der Arbeit ab, die Strömung wird geringer, die Dichte wächst wieder. Die Strömung kann auch die Richtung wechseln, sodass Arbeit von außen übernommen, gesammelt wird. Dann steigt die Dichte wieder.

Die „Dichte" ist gewöhnlich das Maß der Versammlung oder Vereinigung. Es fehlt aber hier an der Einheit. Kein Mensch kann sagen, welche Einheit das Plasma kennzeichnet. Das ist so wie im Nebel. Seine Dichte wird durch die Sichtweite angeben, durch ein anderes Maß. Hier fungiert die Dichte als bloße Vorstellung von einem „Nebel" aus Plasma.

Die Vorstellung von einem Plasma aus mechanischen Teilchen ist falsch. Da denken wir an Trümmer, die aus Substanzen herausgebrochen wurden. Gluonen oder Neutrinos sind nicht kleine Steinchen, Partikel oder Bruchstücke, sondern Rotationsweisen des Plasmas, vielleicht temporäres Kondensat ohne kristalline Form. Sie sind wie flüssige Strudel, nicht wie feste Substanzen, oder gar unteilbare Elemente.

Alle Arbeitseinheiten sind umgeben von dem Plasma, in dem sie gedeihen und schwimmen, aus dem sie sich versorgen, in das sie sich entsorgen, und in dem sie untergehen.

Teilchen leben im Plasma aber nicht so wie die „Fische im Wasser". Die Fische und das Wasser sind unterschiedliche Substanzen. Die Teilchen sind selbst auch aus Plasma gefertigt. Sie sind aber nicht gemacht, sondern sie machen sich selbst. Sie stellen sich selbst aus dem Plasma des Habitats her, indem sie es mittels Rotation zu sich vereinigen. Deshalb ist das Bild des Strudels oder Kondensats eine hilfreiche Analogie.

Plasma wird zuweilen sichtbar als *Sternen-Nebel* oder als *Polarlicht*. *Blitze* sind elektrische Entladungen von Plasma zwischen verschiedenen Wolken, oder zwischen der Erdoberfläche und den Wolken. *Kugelblitze* sind ionisierte Luft. Die Atomschalen formen eine Kugel aus getrennten Atomen, eben aus Plasma.

Gewöhnlich wird Plasma nicht wahrgenommen, weil es die Atome nur soweit aufnehmen, als sie Bedarf daran haben. Sind die Atome gesättigt, so sind sie stabil, womit jede Meldung ausbleibt. Der Normalzustand ist der reziproke Plasma-Haushalt, ist die ausgeglichene Arbeit zwischen Atom und Umgebung. Beide Seiten sichern ihre Existenz und Bewegung, und sind damit zufrieden, auch wenn sie davon nichts wissen.

Elektronische Geräte verwenden Isotope, instabile Atome als Sensoren und Botschafter. Sie melden entweder Bedarf oder Überschuss an Plasma. Schweigen sie, so melden sie kein Plasma, weil sie es für sich behalten, im Inneren verarbeiten. Die Atome stabilisieren sich aktuell.

Die fehlende Meldung besagt aber nicht, dass Plasma nicht existiert. Es wird nur lediglich nicht freigesetzt. Dass das Plasma existiert, das besagt die Existenz der Atome des Messgerätes.

Von dieser existenziellen Daseinsweise mittels Arbeit kann sich jeder Beobachter überzeugen, indem er seine Existenz mittels Arbeit überprüft. Gelingt das nicht, so möge er eine kritische Beobachterin beiziehen.

Auf die Physik kommt meines Erachtens die umfassende, aber dankbare Aufgabe zu, alle Kräfte und Energien umzurechnen auf die lediglich gemessene, jedoch zugrunde liegende, reale Arbeit. Die „vier Grundkräfte“ haben ihren Ursprung in der *einen* Arbeit der Natur, die mit Plus und Minus auskommt, mit Nehmen und Geben.

Der „Formalismus“, der mathematische Apparat aus Gleichungen, kann dann vereinheitlicht, vermutlich stark vereinfacht und vielleicht sogar allgemein verständlich verfasst werden. Das wird der Physik neuen Auftrieb geben und ihr begeisterte Schülerinnen und Schüler verschaffen.

Die Physik kann dann von der Wissenschaft des Maßes der Natur zur eigentlichen Naturwissenschaft aufsteigen. Das mag Generationen dauern, ist aber ebenso notwendig wie unvermeidlich.

Die Frage des Zentrums

Nehmen wir an, dass sich die ganze Arbeit nicht nur verteilt, sondern auch vereint, so postulieren wir ein Zentrum der ganzen Arbeit. Nachdem die Arbeit materiell und geistig ist, muss es auch das Zentrum sein. Wir postulieren also einen Zentralkörper, eine zentrale Materie, die alle ausgeübten Arbeitsweisen in sich vereint, somit allen Geist verkörpert. Können wir so einen Himmelskörper entdecken?

Nein, so ein Zentrum könnte nur Gott sein, denken wir. Gott soll aber lediglich Geist, nicht auch Materie sein. Wir postulieren nur die Allmächtigkeit, nicht jedoch die Allmacht.

Ein Zentrum kann nicht alle Arbeit machen, sondern diese lediglich dirigieren. Wir stellen ein Dirigat, ein Kommando *neben* die Arbeit. Wir wollen zwar das Kommando *über* die Arbeit stellen, aber das funktioniert nicht. Keine Arbeit duldet ein Kommando, weil sie sich selbst kontrolliert.

Das können wir uns nicht vorstellen. Da ginge unser Denken leer aus, es hätte keinen Zweck oder Nutzen, bliebe sinnlos. Unsere Erfahrung verlangt eine *externe* Kontrolle der Arbeit.

Die Allmacht arbeitet aber real. Sie macht alles. Sie ist die ganze Arbeit. Sie stellt alle geistigen und materiellen Werke her. Das ist nur möglich, wenn sich die *ganze* Arbeit selbst regelt. Duldet sie ein Kommando neben sich, so bleibt sie nicht ganz. Sie gibt dann ihre Kontrolle ab. Sie sondert den Geist von sich ab. Das hätte zur Folge, dass die materielle Arbeit geistlos erfolgt, weil sie weder hören noch gehorchen kann.

Die ganze Arbeit bleibt nur ganz, wenn sie ihre Kontrolle *nicht* abgibt. Solange wir ein Zentrum der ganzen Arbeit einfordern, können wir die ganze Arbeit nicht denken. Unser Denken ist zu eng.

Pflanzen haben keine Nerven und kein Gehirn. Trotzdem arbeiten sie sehr erfolgreich. Sie haben den Planeten besiedelt. Sie tun es noch und wieder, wo immer die Bedingungen hinreichen. Brauchen die Pflanzen dazu ein Zentrum? Nein, sie haben keine zentrale Pflanze entwickelt, auch kein geistiges Oberhaupt verfasst. Es gibt keinen Pflanzengott.

Der Geist der Pflanzen wird von den Zellen verkörpert und ausgeübt. Dazu genügt, dass die Zellen ihre Arbeit gegenseitig erkennen und beeinflussen. Mangel und Überschuss werden untereinander registriert, mitgeteilt und nach Möglichkeit korrigiert. Die Arbeitsteilung wird den auftauchenden Gefahren und Chancen faktisch angepasst.

Auf diese Weise wird die Zusammenarbeit laufend verändert, und das erfolgreich. Es gibt auch „ökologische Katastrophen", wie wir sagen, aber solange die Lebensbedingungen ausreichen, gehen aus Rückschlägen neue Arten hervor. Das pflanzliche Leben braucht keine Zentrale. Aus Sicht der Pflanzen leistet ihr Leben ganze Arbeit. Es besteht kein Unterschied zwischen dem Leben und der ganzen Arbeit der Pflanzen.

Brauchen die Tiere ein Zentrum?

Jedes individuelle Tier gebraucht sein Gehirn, um seine Arbeit zu leiten. Es gibt aber kein Zentralgehirn, weder innerhalb noch über der Art. Eine Lenkung der Arbeit ist erforderlich, um die Bewegung nach den Angaben der Sinne zu steuern. Eine zentral gelenkte Bewegung erfolgt nicht und wäre auch nicht lebenstauglich. Es gibt kein tierisches Zentrum.

Auch das tierische Leben braucht keine Zentrale. Eine solche Einrichtung würde das Leben sogar zerstören. Wieder finden wir, es besteht kein Unterschied zwischen dem Leben und der ganzen Arbeit der Tiere.

Hat die menschliche Arbeit ein Zentrum?

Das menschliche Leben hat neben den tierischen Formen auch gesellschaftliche Formen ausgebildet. In der Gesellschaft liegt der Ursprung unseres Glaubens an ein Zentrum. Die menschliche Arbeit ist am wirksamsten, wenn sie zentral gelenkt wird, denken wir. Das ist aber eine Vermutung, die durch keine Erfahrung gestützt ist.

Wir kennen zwar historische Beispiele von großen Unternehmungen, wie etwa riesige Bauvorhaben. Diese wurden aber neben den Arbeiten der Subsistenz ausgeführt. Das menschliche Leben ist nur gesichert, wenn der Alltag funktioniert, das ist, die tägliche Arbeitsteilung. Nur mit der dort eingesparten und von dort abgezweigten Arbeit konnten zusätzliche Großprojekte verwirklicht werden.

Die gesellschaftliche Zusammenarbeit misslingt bislang. Die Arbeit der Gesellschaft beruht auf konkurrierender Erhaltungsarbeit. Die unteren Etagen arbeiten für obere Etagen, welche das Kommando ausüben. Damit wird die Kontrolle ausgelagert. Sie braucht ein Zentrum. Arbeit ohne Zentrale ist undenkbar und verpönt. Zweifler mögen ihren Manager fragen, oder seinen Investor, oder dessen Thinktank, sofern Fragen gehört werden.

Trotzdem gibt es keine Zentrale der menschlichen Arbeit. Zwar wird die Macht mittels Krediten und Schulden zentralisiert, es gibt aber keine Weltregierung. Auch sie könnte nur solche Arbeiten lenken, die zusätzlich zur Lebenserhaltung erbracht werden.

Verfügt die Menschheit über keine freien Arbeitszeiten, so kann sie nicht als Gesamtgesellschaft, nicht als Menschheit wirken. Die Arbeitsteilung bleibt gespalten. Die Zusammenarbeit funktioniert nicht. Der Mensch leistet keine ganze Arbeit. Das menschliche Leben hat kein Zentrum.

Der Wunsch nach einer zentralen Lenkung der Arbeit wird unterdessen von den Missständen erweckt. Je größer die Probleme werden, desto größer wird der Wunsch. Eine Sehnsucht nach göttlich geregelter Ordnung wächst auf. Das Leben braucht eine Zentrale zu seinem Schutz, spricht die eigene Unzulänglichkeit. Diktaturen tauchen auf, von Gottes Gnaden, wie sie betonen und sehr nachdrücklich verkünden.

Die Unzulänglichkeit besteht darin, die menschliche Arbeit nicht zufriedenstellend regeln zu können. Der Mensch gibt und nimmt nicht so, dass es dem Leben der Menschheit gerecht wird. Das Individuum widerspricht der Gesellschaft, und umgekehrt. Die einzelne Arbeit des Menschen widerspricht der ganzen Arbeit der Menschheit. Die menschliche Arbeit ist nicht human, sondern inhuman.

Aufgrund dieses Mangels entwickeln wir die Vorstellung, dass eine Zentrale Abhilfe schaffen muss. Eine Zentrale soll unsere Arbeit human machen und damit uns. Aber kann sie das?

Je komplexer eine Arbeit wird, umso schwieriger wird ihre Lenkung. Je umfassender eine Arbeitsteilung wird, desto schwieriger wird die Zusammenarbeit. Umso leichter schlagen vorgefasste Programme fehl. Wer soll sie verfassen? Muss nicht jedes Programme infolge von Unwissen früher oder später fehlschlagen? Läuft die Arbeit mit dem Wissen um die Wette?

Die Natur löst das Problem so, dass sie ihre ganze Arbeit unter solche Arbeitseinheiten aufteilt, die für sich selbst zuständig sind. Sie gedeihen gemäß ihren Fähigkeiten und verderben gemäß ihren Unfähigkeiten. Die Natur verzichtet offenbar auf eine Zentrale. Die ganze Arbeit verteilt und erweitert sich, ohne sich zu vereinen.

Die Vereinigung aller selbständigen Arbeiten erfolgt anders, als wir uns das vorstellen. Die ganze Arbeit bildet kein Zentrum aus, sondern einen allgemeinen Geist, eine grundlegende Arbeitsweise, die alle Teilnehmer verstehen und ausüben. Die *besonderen* Arbeitsweisen werden ergänzend, zusätzlich ausgeübt. Nur die Gemeinsamkeiten der Arbeitsweisen gehen in den allgemeinen Geist ein.

Was ist allen Organen der Arbeit gemeinsam?

Nur das Geben und das Nehmen sind gemeinsam, nur die Arbeit als solche ist gemeinsam. Die Unterschiede in der Arbeit ergeben sich lediglich aus den verschiedenen Inhalten, die gegeben und genommen werden. Ein Stern absorbiert andere Inhalte als ein Atom. Ein Teilchen emittiert andere Inhalte als eine Galaxie.

Der Umfang einer Arbeit ergibt sich aus den von ihr erfassten Inhalten. Jede einzelne Arbeit gibt und nimmt genau das, was sie als ihren Arbeitsgegenstand erfasst, und nur so viel davon, als sie erfassen kann.

Der Umfang der Arbeit folgt erstens ihrem substanziellen Gehalt, und zweitens ihrem Arbeitsvermögen, ihrem Geist. Dabei umfasst die jeweils größere, umfangreichere Arbeit alle in ihrem Inneren vorgehenden kleineren Arbeiten, mitsamt den Akteuren.

Das Umfassen erfolgt mittels Rotation, die alle Werke und somit alle Akteure in sich einschließt. Je größer die Reichweite von Geben und Nehmen ist, desto umfassender ist die Rotation, desto größer ist die Arbeitseinheit, oder die Struktur, die sie bildet.

Der Umfang der Arbeit ändert nichts am Prinzip von Geben und Nehmen, sondern *vollstreckt* das Prinzip.

Jede Einheit wird aufgenommen, jede Struktur wird einverleibt in die ganze Arbeit, die nichts anderes vollführt als das Geben und Nehmen.

Es kommt also darauf an, das Geben und Nehmen jeweils untereinander auszugleichen. Nur so funktioniert die ganze Arbeit. Das kann ein Zentrum nicht ändern, es könnte nur stören. Der Ausgleich muss aufwachsen, wie jeder aufstrebende Geist.

Der Mensch muss lernen, nur ausgeglichene Strukturen zu schaffen, um nicht der Natur zu widersprechen. Zu diesen Strukturen zählt auch die Gesellschaft. Ist sie nicht ausgeglichen, so ist sie zu sanieren. Vielleicht versuchen wir es einmal so, dass wir den Pflanzen nacheifern?

Die Allmacht und das Plasma

Was wird grundlegend ausgetauscht? Soweit wir wissen, ist es das kosmische Plasma. Das Geben und Nehmen von kosmischem Plasma ist die grundlegendste, die allgemeinste Arbeit. Alle Arbeitseinheiten nehmen an dieser Arbeit teil. Der Austausch von kosmischem Plasma ist die Basis der Arbeitsteilung, und so auch der Zusammenarbeit. Die ganze Arbeit beruht auf dem Geben und Nehmen von kosmischem Plasma.

Die ganze Arbeit beschränkt sich jedoch nicht auf den Austausch von Plasma. Es obliegt den einzelnen Arbeitseinheiten, untereinander Strukturen und Systeme zu bilden. Die Akteure wachsen so auf wie ihre Arbeit.

Die entstehenden Strukturen tauschen die Werke aus, die sie erzeugen. Die ausgetauschten Werke wechseln ihre Besonderheiten, ihre Merkmale, ihr Arbeitsvermögen, ihren Geist. Die einzelnen Arbeiten vereinen sich zur nächst höheren Arbeit. Sie vereinen die Werke und die Arbeitsweise, die Materie und den Geist. Die Strukturen wachsen an ihrer Arbeit.

Das Gemeinsame bleibt das Grundlegende, bleibt der Austausch von Plasma. Jede Struktur erzeugt jedoch ihr spezifisches Plasma, ansonsten zerfällt sie in ihre Teile. Jede Struktur ist das Habitat ihrer Insassen, die allesamt Akteure sind.

Die Formen der Strukturen entstehen dort, wo sich die Inhalte begrenzen. Innen ist das spezifische Plasma, außen ist das Plasma der Umgebung. Die Inhalte bilden ihre Grenze durch die Reichweite ihrer Arbeit. Jede Arbeit funktioniert nur, solange sie eigenes Plasma bildet und verarbeitet. Ansonsten entstehen keine Grenzen, keine Formen.

Unser Urteil über das Plasma ist dabei *nicht* entscheidend. Wir müssen nur begreifen, dass die ganze Arbeit einen grundlegenden Austausch aufrecht erhält, auf dem sie ihrerseits beruht. Nicht die Teile sind *elementar*, sondern die Arbeit ist elementar, welche die Teile hervorbringt und austauscht. Was die Arbeit wie, auf welche Weise, teilt und vereint, das obliegt der ganzen Arbeit, genauer, ihrer Arbeitsweise, ihrem Geist. Unser Geist darf lauschen und muss folgen.

Der Wechsel der Arbeitsweise

Die ganze Arbeit stellt alle Entitäten her und bedient sich dabei des Plasmas als Arbeitsmittel. Gibt eine Quelle, so fungiert das Plasma als jene erste, unmittelbare Senke, welche die Quelle umfasst, in sich einschließt. Die erste Senke für jede Quelle ist das Plasma. Es muss die Spende der Quelle in sich aufnehmen und verarbeiten.

Das Plasma wird von verschiedenen Quellen gespeist, und muss im Gegenzug auf jede agierende Quelle reagieren. Die Reaktion muss jeweils dem Zugang entsprechen, in dessen Arbeitstakt erfolgen. Sie muss der Arbeitsweise *widersprechen*, dem getätigten Geist reziprok antworten. Das Plasma arbeitet genau gegengleich zur Quelle.

Vergleichen wir die Arbeitsweise, den Geist der Arbeit, so finden wir ihn zweigeteilt. Dem Geben der Quelle entspricht das Nehmen des Plasmas. Der Geist wird von der Quelle auf das Plasma übertragen, und wird vom Plasma in sein Gegenteil verwandelt.

Bei der Übertragung der Arbeit findet eine Umkehrung der Arbeitsweise statt, eine *Reversion* des Geistes. Die Arbeit kann nicht anders fortgepflanzt werden, als dass ihre Methode wechselt. Die Fortpflanzung der Arbeit ist dasselbe wie ihre methodische Umkehrung.

Aktion und Reaktion „entsprechen“ einander nicht, sondern *widersprechen* einander. Sie bleiben zwar gleich groß, aber nur ihr Maß deckt sich auf beiden Seiten.

Urteilt das Verfahren lediglich über das gleiche Maß, so übersieht es den Unterschied in der Arbeitsweise. Der Geist des Urteils verfehlt den Geist der Arbeit. Der Beobachter begnügt sich mit Zahlen, die er nicht versteht, die er nicht begründen kann, weil ein Maß das andere, gleich große Maß liefert. Der Vergleich von gleichen Zahlen erklärt nicht ihre Herkunft, sondern schweigt.

Nimmt eine Senke neue Inhalte auf, so absorbiert sie frisches Plasma mit oder ohne Teilchen. Die erste, unmittelbare Quelle der Senke ist das Plasma, von dem sie eingeschlossen ist.

Das Plasma ist das Habitat der Senke, von dessen Versorgung die Senke abhängig ist. Alle Entitäten existieren nur in solchen Habitaten, deren Versorgung hinreicht. Ansonsten erfolgt die Auflösung.

Keine Senke kann direkt aus einer Quelle absorbieren. Es besteht keine unmittelbare Verbindung zwischen Quelle und Senke. Selbst beim

Essen und Trinken befindet sich zwischen allen Molekülen stets Plasma, sowie zwischen den Atomen und ebenso in den Atomen.

„Berührt" unsere Zunge eine Speise, so tauscht sie mit ihr Plasma aus. Dieselbe chemische Artistik vollbringen Magen und Darm. Die Moleküle zerlegen einander gegenseitig, indem eines das andere überlastet. Die einen geben Plasma, die anderen nehmen es auf, aber teilen sich in der Folge. „Verdaut werden" heißt, eine übertragene Arbeit nicht erbringen können.

Atome treten nie in unmittelbaren „Kontakt" zueinander. Das berührungslose Dasein wird „abstoßenden Kräften" zugeschrieben, die von „gleichen Ladungen" ausgehen. Aber beide Ursachen taugen nichts. Die Kräfte sind fiktiv und die Ladungen sind Maße.

Die reale Verbindung ist die Übertragung von Arbeit, die materiell und geistig erfolgt. Wenn etwas sauer schmeckt, so ist es nicht sauer. Vielmehr erzeugt es in uns jene Arbeit der Nerven, die vom Gehirn als „sauer" ausgewertet wird. Keine Arbeit ist sauer. Nur das Urteil lautet so.

Wenn ein Instrument „negative Ladung" meldet, erzeugt es ein Ergebnis seiner Arbeit. Die Meldung ist eine Auswahl von zwei technischen Möglichkeiten: positiv oder negativ. Es handelt sich um zwei Arbeitsweisen, die im Gerät eingebaut sind, die das Gerät tätigen kann.

Der menschliche Geist gibt den maschinellen Geist vor. Der Mensch gibt seine Auffassung vor, wie welche Arbeit zu interpretieren ist, weil sie der Mensch so „kennt", so erfahren hat.

Es gibt aber weder eine saure Arbeit, noch eine negative. Die Urteile beinhalten logische Kurzschlüsse. Sie verstehen die getätigte Arbeit nicht. Sie überspringen den Wechsel von Geben und Nehmen. Sie ignorieren das Plasma, das den Wechsel ausführen muss. Wird ein Wechsel übersehen, so erfasst das falsche Urteil das gegenteilige Arbeitsergebnis.

Der Ablauf einer Arbeit kann nur verstanden werden, wenn jeder Arbeitsschritt verstanden wird. Jeder Wechsel von Geben und Nehmen verändert beide Seiten des Austausches, zum einen den Körper der Quelle, zum anderen das Plasma der Umgebung. Dann wird die Arbeit vom Plasma fortgesetzt und übertragen. Schließlich passt eine Senke ihre Arbeit an und fungiert so als Empfänger.

Es gibt keine ruhenden Substanzen, keine elementaren Massen, keine absoluten Einheiten, gleich welcher Art. Das Plasma vermittelt jeden Austausch, realisiert jede Verbindung. Ohne das Plasma gibt es keine Arbeit, keine Existenz, keine Bewegung.

Freigesetzte Inhalte reisen im Plasmastrom, der sie versorgt, in gegengleicher Richtung. Sie absorbieren die ankommende Versorgung, verarbeiten sie im Inneren, und emittieren schließlich die verbrauchten Inhalte zwecks Entsorgung. Damit füllen sie das Plasma hinter sich wieder auf.

Das Zwillingsparadoxon

Wird Plasma aufgenommen, so verwandelt das die Reisenden. Sie verjüngen sich mittels ihrer Erhaltungsarbeit, die als Bewegung erscheint. Je intensiver gearbeitet wird, desto mehr Inhalt wird ausgetauscht, und auf diese Weise auch erneuert, verjüngt.

Darauf beruht das von Albert Einstein entdeckte „Zwillingsparadoxon". Nicht die gemessene Zeit der Reisenden vergeht langsamer, sondern ihre Substanz wird tiefgreifender, umfassender erneuert. Die Reisenden werden *materiell* jünger. Das gilt auch für die mitreisende Uhr. Sie geht langsamer, weil sie intensiver arbeitet, sich mehr verjüngt.

Die Reisezeit wird mit der Zeit von Stubenhockern verglichen. Diese arbeiten weniger, erneuern sich langsamer, werden weniger jung. Die Uhr am Boden geht schneller, weil sie weniger intensiv arbeitet. Sie braucht für jede Anzeige des Zeitmaßes eine kürzere Arbeitsdauer, weniger reale Zeit.

Grundsätzlich macht die Erneuerungsarbeit neuer, also jünger. Woher kommt dann das Älterwerden?

Das Älterwerden kommt aus dem Vergleichen, aus dem Messen, aus dem Nachzählen von vorgegebenen Portionen des Zeitmaßes. Die Versuchskandidaten werden älter an Stunden, Tagen oder Jahren, weil diese Maße sich offenbar durch das Zählen vermehren.

Das Vergleichen wirft die Effekte der Arbeit beiseite, ihre reale Wirkung, die Verjüngung. Es zählt nur die Anzahl der getätigten Vergleiche. Der Akt des Zählens wird gezählt. Das Zählen zählt sich selbst. Je öfter ich einen Kalender mit mir vergleiche, desto älter werde ich, desto mehr Jahre zähle ich. Ich habe mich aber alle paar Jahre neu hergestellt, materiell erneuert. Die Zellen werden neu und so auch jung.

Dass ich „an Alter" sterbe, nicht „an Jugend", das liegt daran, dass die Erneuerung meiner Zellen, meiner Substanz nicht mehr ausreichend gelingt. Die Akteure wiederholen sich als Werk, stellen sich neu wieder her, das aber mit Fehlern, die schließlich überhand nehmen.

Meine Arbeit geht zugrunde, das heißt, sie wird von grundlegenderen Arbeiten abgelöst. Das Altwerden ist ein schrittweiser Verlust jener Arbeitsfähigkeit, die für das Jungwerden sorgt. Das Sterben ist die Ablöse der Akteure, weil und damit die Arbeit weitergeht.

Werden das Altwerden und das Jungwerden, wird jegliches Werden mithilfe von Vergleichen gezählt, so wirft das Maß alle Arbeiten in denselben Zahlenkochtopf. Die Zahl schweigt darüber, welche Arbeit ihr zugrunde liegt. Die Zahl verschweigt ihren Ursprung, der nur im Zählen liegt.

Nur so können wir auf die Idee kommen, dass die Erde alt wird, obwohl sie sich in Wahrheit ständig erneuert. Nur so können wir vergessen, dass die Bewegung auf der Erhaltungsarbeit beruht, die solange jung macht, als sie sich wiederholen kann.

Selbst wenn ein Akteur vergeht, wird seine Arbeit übertragen und damit fortgesetzt. Die Erhaltung der ganzen Arbeit macht sie ständig neu und so auch ganz jung. Sie stirbt nicht, weil sie sich chronisch neu gebiert.

Die Vergrößerung der Zahl macht uns blind dafür, dass sie immer neu hergestellt werden muss, um wieder gezählt werden zu können. Je öfter eine Zahl gezählt wird, desto öfter wurde die Existenz des Gezählten erneuert, mittels seiner Arbeit wieder hergestellt. Anders kann eine Zahl nicht wachsen, als dass sich das Gezählte erneuert, und so sich selbst, seine Existenz wiederholt, wieder ins Dasein holt.

Die Funktion der Rotationsweise

Die Rotationsweise ist die Verbindung von Geben und Nehmen. Die Emission steigert den gegenseitigen Abstand, die Absorption verringert ihn. Bleibt der Austausch aufrecht, so wird der Abstand immer gleich groß wieder hergestellt. Die Rotationsweise ist der Geist der Erhaltungsarbeit.

Die gegenseitige Bewegung der Partner erfolgt um den „Schwerpunkt" des Austausches. Dort ist die Arbeit am schwersten. Dort ist ihr Umfang am umfassendsten, trotzdem muss dort ihr Ausgleich erfolgen. Alles, was gegeben wird, ist zu ersetzen durch das, was genommen wird.

Was nicht ausgetauscht wird, das bleibt mittels Rotation als Substanz erhalten. Die aktuell nicht ausgetauschten Inhalte bilden die *bleibende* Masse. Auch sie arbeitet an ihrem Bestand. Der Moment der Ruhe währt nur solange, als sich die Rotation weder öffnet noch schließt. Sobald sich die Rotationsweise ändert, bleibt die Masse nicht konstant. Der Schwerpunkt tänzelt dann um die Mitte der Arbeit.

Was an Inhalt freigesetzt wird, das verlässt die Rotation. Was aufgenommen wird, das tritt in die Rotation ein. Was behalten wird, das wahrt die Rotationsweise, und somit den Bestand, die Substanz, die Existenz, die Arbeitsfähigkeit, den eigenen Geist. Das ist ein materieller Vorgang, welcher dem Geist entspricht und ihn zugleich wahr macht, realisiert.

Die Rotation ist die *formale* Einheit von Werk und Arbeitsweise, die *geschlossene* Form von Materie und Geist. Sie ist die substanzielle, materielle Gestalt, die sich die Arbeit gibt. Im Unterschied dazu ist die *offene* Bewegung die Erscheinungsweise der Arbeit, der Weg ihrer Fortpflanzung.

Die Rotation generiert den Körper, das Subjekt der Arbeit und der Bewegung. Umgekehrt bildet sich das Subjekt dank seiner Arbeitsweise, seines Geistes. Die Arbeit des Subjektes dreht sich um das Subjekt. Was rotiert, das arbeitet geistig und materiell an sich, an seinem Bestand, und für sich, für seinen Bestand. Das Subjekt ist Meister seiner Arbeit.

Dass sich Geist und Materie gegenseitig fassen und bilden, das ist ein Kennzeichen des Werks. Jedes Produkt ist eine selbständige Arbeitseinheit, eine gelungene Fassung oder Verfassung der Arbeit, eben ein Subjekt. Die jeweils erzielte Einheit behauptet sich als Subjekt in der nächsten Zusammenarbeit, in der umfassenderen Arbeit des Verbandes, in der Struktur.

Die Allmacht kann nur so die ganze Arbeit machen, dass alle einzelnen Arbeiten sinnvoll mitarbeiten, das ist auch, dass alle Subjekte miteinander arbeiten. Mitarbeiten heißt, dem einen, selben Sinn der Arbeit folgen.

Der ganze Geist macht nur so Sinn, dass alle besonderen Arbeitsweisen aller Subjekte dem ganzen Geist folgen. Der ganze Geist macht sich so wahr, dass alle besonderen Fertigkeiten der Subjekte ihn realisieren. Alle einzelnen Geiste der Subjekte folgen dem Sinn des ganzen Geistes.

Wir Menschen widersprechen gern zu eigensinnigen Personen. Sie sollen sich besser einfügen, lautet die Weisung. Es wird ein Gesamtsinn der Arbeit unterstellt, auch wenn er nicht bekannt ist, oder nicht formuliert werden kann. An den Gesamtsinn wird zumindest geglaubt.

Umgekehrt wird auch dann an den geübten Sinn geglaubt, wenn er falsch ist oder fehlt. Es wird dann an der Tradition festgehalten. Sie hat das Leben bislang gesichert, kann also nicht ganz falsch sein, lautet der Gedanke. Neue Erkenntnisse finden erst Gehör, wenn die alten Geiste scheitern. Die Falschheit der alten Arbeitsweise muss sich offenbaren. Vorher ist eine Korrektur nicht möglich.

Wird der Geist jenseits der Arbeit betrachtet, über der Arbeit angesiedelt, so entstehen religiöse Vorstellungen und Vorgaben. Der Geist der Allmacht wird dann einer höheren Person zugeschrieben, damit aber zur

Allmächtigkeit reduziert. Das lässt sich die Allmacht ihrerseits nicht gefallen, weil sie die ganze Arbeit der Natur ist und nur sich selbst ausübt.

Die Rolle der Vernunft

Senken sehen oder hören eine Quelle nur dann, wenn sie aus ihrer Absorption von Plasma auf dessen Herkunft schließen. Ansonsten erfolgt die Aufnahme von Plasma unbewusst. Es wird dann keiner Quelle zugeordnet oder zugesprochen.

Richtet sich eine Zelle nach dem Licht aus, so bewegt sie sich gemäß ihrer Absorption. Das besagt nicht, dass die Zelle die Quelle wahrnimmt. Sie nimmt nur das Plasma auf, nur die Spende der Quelle. Nur die Spende wird wahrgenommen, das ist, wahrlich, faktisch aufgenommen.

Die Aufnahme erfolgt materiell und geistig. Eine Absorption kann nicht erfolgen ohne die Arbeitsweise der Absorption. Der dazu erforderliche Geist ist auf die Fähigkeit der Aufnahme beschränkt. Die Zelle denkt nicht. Ihr Geist setzt keine Schritte über die ausgeübte Fähigkeit hinaus.

Der Geist verwirklicht sich zuerst als die grundlegende Fähigkeit, zu geben und zu nehmen. Ihm deshalb die Existenz abzusprechen, wäre verkehrt. Der Geist kann nur aufwachsen, wenn er an seiner Basis funktioniert.

Um sich selbst zu beurteilen, muss sich der Geist zuvor vervielfachen. Er muss arbeitsteilig tätig werden, mit seinesgleichen zusammen arbeiten. Das bedarf des biologischen Lebens.

Die Vervielfältigung des Geistes erfolgt in der DNA, im Genom. Eine Seite der Doppelhelix gibt, die andere Seite nimmt. Andere Moleküle der Doppelhelix registrieren den Austausch und reagieren ihrerseits. Die Arbeit wird untereinander verglichen. Sie wird anhand ihrer Auswirkungen getestet. Die Arbeit lernt sich selbst zu beobachten, zu kontrollieren und zu planen. Eine Seite lernt von der anderen, beide korrigieren einander.

Wird die Arbeit „geistig vorweg genommen“, so wird sie von Nervenzellen vor ihrer leiblichen Ausführung geübt. Die Nervenzellen stellen das Ergebnis zwischen sich, untereinander her. Sie nehmen die Arbeitsteilung vorweg. Sie erproben das machbare Resultat, ohne an Fehlern sterben zu müssen. Die Nervenzellen üben die Arbeitsweise des Lebens.

Die erfolgreiche Zusammenarbeit wird zuletzt real ausgeführt, indem die Arbeit aller Zellen angeleitet und kontrolliert wird. Damit wird der eigene Geist wahr gemacht, indem er die eigene Arbeit zum Ergebnis führt.

Der eigene Geist erscheint als „Vernunft". Sie duldet keinen Nebenbuhler. Die Vernunft ist die Kontrolle der eigenen Arbeit, und so auch der Person. Sie sagt, mein Geist ist der richtige. Das weiß sie aber nicht. Das will sie nur so haben oder sehen. Die Vernunft glaubt nur an sich.

Das Urteil der Vernunft formuliert die äußere Quelle, verfasst sie gemäß der Vernunft. Die Vernunft erklärt dem Geist, warum und wozu er seine eigene Arbeit angepasst hat, warum er sich verändert hat.

Die Vernunft findet die Ursache und den Zweck für die Arbeit des Geistes. Das ist ihre Aufgabe. Ein Objekt kann nur so *vernünftig* erklärt werden, dass der Geist zufrieden gestellt wird. Er will wissen, warum er sich verändert hat, und obendrein, zu welchem Zweck.

Den Grund seiner Anpassung akzeptiert der Geist als äußere Ursache, als wahr genommenes Objekt. Dass kein Objekt seiner Erklärung entsprechen kann, weil es von ihr nichts erfährt, das vergisst der Geist. Es genügt ihm, dass er vernünftig arbeiten kann. Mehr ist auch nicht seine Aufgabe.

Der Geist muss das Leben erhalten, indem er die lebendige Arbeit vernünftig lenkt. Das Leben ist der Grund für die Arbeit von Geist und Vernunft. Das Leben ist auch der Zweck derselben Arbeit. Das Leben ist der Grund und der Zweck davon, dass das Leben an seinem Bestand arbeitet. Das ist bei jeder Erhaltungsarbeit so. Ihr Grund ist der Bestand. Ihr Zweck ist wieder der Bestand.

Die Allmacht und das Leben

Die Arbeit erhält sich am Leben. Das Leben erhält sich durch Arbeit. Das Eine erhält sich durch das Andere. Das besagt, dass beide, Leben und Arbeit nicht verschieden sind. Was lebt, das arbeitet an sich. Was an sich arbeitet, das lebt. Was an sich arbeitet, arbeitet auch für andere. Was lebt, lebt auch für andere. Die ganze Arbeit ist zugleich das ganze Leben.

Die ganze Arbeit besteht aus allem Geist und aller Materie. Aller Geist und alle Materie sind zusammen nicht nur die ganze Arbeit, sondern auch das Leben in seiner Gesamtheit.

Die Allmacht ist das ganze Leben. Sie macht alles, um sich, nämlich das Leben zu entfalten. Dient das Leben der Allmacht, so dient es sich selbst. Ist das Leben der Allmacht gehorsam, so gehorcht es sich selbst. Ist das Leben demütig, so ehrt es das Leben.

Ist das Leben „gottgefällig", so dient es einer eingeschobenen, dazwischen liegenden Instanz. Das schadet nicht, wenn die Instanz das ganze Leben nur veranschaulicht, etwa als ideale Gestalt versinnlicht. Das Ideal des Lebens, das personifizierte Gottesbild sagt dann, wie richtig gelebt werden soll, damit das ganze Leben keinen Schaden nimmt.

Die verschiedenen Namen der Ideale sind ohne Belang, sofern sie dasselbe Ideal wachrufen, nämlich das Leben in seiner Gesamtheit.

Meist wird bislang jedoch nur das menschliche Leben idealisiert, was dem ganzen Leben nicht gerecht wird. Hier besteht Nachholbedarf.

Werden das tierische und das pflanzliche Leben dem menschlichen Leben untergeordnet, so wird ein Glaube an die Herrschaft propagiert. Er kann nicht verwirklicht werden, weil sich jede Arbeit entweder selbst kontrolliert, oder notwendig scheitert, zugrunde geht. Werden andere Lebensformen als Kitsch dargestellt, als idealisiertes menschliches Leben, so propagiert der Glaube das Wunschdenken einer Sekte. Sie strebt nach Macht, indem sie „Herzen erobert" und Gefühle beherrscht.

Keine Arbeit kann den menschlichen Wünschen folgen. Sie bleiben der Materie unbekannt. Sie schaden nicht nur der Vernunft, sondern schon zuvor dem Geist. Die Anhänger der Sekte verlieren zuerst unbemerkt ihre Urteilsfähigkeit und später offenkundig ihre Arbeitsfähigkeit.

Ist das Gottesbild falsch, dann nimmt das ganze Leben Schaden. Das Leben dient dann nicht dem ganzen Leben, sondern der *irrtümlich* vorgeschobenen Instanz. Das Leben wird ihr geopfert.

Wird die Instanz *bewusst* vorgeschaltet, so ist das Gottesbild Blendwerk, eine Kulisse. Die Ziele des Lebens werden als „grundlegende Werte" vorgegeben. Sie dienen nicht dem ganzen Leben, sondern einem Teil der Gesellschaft. Daran sind die Ziele auch als falsch zu erkennen, was ihre Korrektur ermöglicht. Dazu ist „hinter die Kulissen zu schauen".

Das Leben ist in seiner Gesamtheit zu ehren. Soviel Demut müssen wir aufbringen. Wir können der Materie weder den Geist noch das Leben absprechen. Vielmehr müssen wir unsere egozentrische Auffassung von Geist und Leben korrigieren. Beide sind nicht unser Eigentum.

Wir haben keinen Grund, hochmütig zu sein. Eine angemessene Demut wird uns nicht schaden, sondern helfen, besser zu leben. Immerhin ist Leben nur miteinander möglich, nur inmitten des Lebens, nur mittels Zusammenarbeit.

Die Partikulation

Die Formation der Materie in vereinzelte Objekte erfolgt durch die Vernunft. Sie gebietet jene *Partikulation* der Materie, die jenseits der Vernunft, in der Natur auf keine Weise erfolgt.

Es gibt keine isolierten Teilchen, Teile, Substanzen oder Körper. Keine Materie ist isoliert, von Leere umgeben. Keine Materie ist auf sich gestellt, allein, verlassen, dem Nichts ausgesetzt. Keine Materie wird von Kräften gejagt und erbeutet. Keine Vernunft kann ihr das antun. Keine Vernunft wird erhört.

Die Vernunft kann nur *Stückwerk* anleiten, und so auch nur *Stückwerk* verstehen. Die Vernunft braucht Objekte, um mit ihnen arbeiten zu können. Die Vernunft kann nur besondere Arbeiten kontrollieren. Die ganze Arbeit kann sie nicht erfassen. Zuvor wird sie verlässlich verrückt.

Bei der Beurteilung, bei der geistigen Verfassung der Materie wird vom Plasma abgesehen. Die Körper werden auf diese Weise reduziert, um ihre Arbeit gebracht. Sie werden idealisiert, zur toten Beute des lebendigen Geistes verklärt. Die Partikulation der Materie beruht auf Ignoranz.

Der „Atomismus" ist ein Zerrbild der Materie. Die Suche nach den „unteilbaren" Elementarteilchen beruht auf einer logischen Schleife und endet in ihr. Der Glaube an das Maß kann immer nur jene Voraussetzung wiederfinden, die er als Überzeugung vorausgeschickt hat.

Die Hälfte der Arbeit

Das Plasma arbeitet immer gegengleich, sowohl gegenüber der Quelle, als auch gegenüber der Senke. Das Plasma antwortet auf alle Arbeiten, die von Quellen und Senken generiert werden, mit seiner eigenen, jeweils reziproken Arbeit. Das Plasma macht immer die halbe Arbeit, weil die Reaktion der Aktion nicht entspricht, sondern maßgetreu widerspricht.

Das Plasma erledigt von der ganzen Arbeit in Summe die Hälfte. Die andere Hälfte wird von den körperlichen Resultaten der Arbeit geleistet, von den Quellen und Senken, ganz gleich, welcher Art sie sind.

Das Plasma erlernt alle jene Arbeitsweisen, die von allen Entitäten irgendwann erlernt und ausgeübt werden. Das erfolgt immer gegengleich, und stets zur Hälfte. Das Plasma selbst verfügt über eine Arbeitsweise und damit über Geist. Ohne Arbeitsweise kann das Plasma nicht arbeiten.

Arbeitet das Plasma, so können wir ihm seinen Geist nicht absprechen. Wir können diesen Geist auch nicht dezimieren, weil er alle Werke zur Hälfte generiert. Um den Geist des Plasmas zu leugnen, müssen wir entweder seine Arbeit oder seine Existenz leugnen. Dann landen wir wieder bei den Kräften, was wir ihren Vertretern überlassen.

Als ein Arbeitsergebnis gelten lediglich einzelne Werke, substanzielle Körper. Sie sind ein Gegenstand, das Gegenteil des Plasmas. Das Plasma hat keine feste Oberfläche, keine dingliche Gestalt. Es kann durchdrungen werden, ist durchsichtig, nicht greifbar. Es ist unseren Sinnen fremd und suspekt. Lichterscheinungen oder Entladungen gelten als „gespenstisch“, oder werden als Sinnestäuschung abgetan.

Blitze, Polarlichter und Sternen-Nebel übersteigen zwar unsere Vernunft, unser Urteilsvermögen, nicht aber unsere Wahrnehmung. Unsere Sinnesorgane sind durchaus fähig und geeignet, gegengleich zum Plasma zu arbeiten. Gibt das Plasma Arbeit, so nehmen unsere Sinne seine Arbeit auf und setzen sie fort. Es liegt an unserer Vernunft, unsere Urteilsfähigkeit anzupassen.

Weil das Plasma auf jede Aktion reagiert, muss es sich in jeder Reaktion wiederherstellen. Dazu dient ihm seine gegengleiche Arbeit. Seine Erhaltungsarbeit gilt ihm selbst, ist aber nur die halbe Arbeit. Die andere Hälfte der Arbeit ist gleich groß und reziprok wirksam, wird aber von den Werken ausgeführt.

Das Plasma reproduziert sich nicht unabhängig, sondern abhängig von seinen Quellen und Senken. Darin besteht die Einheit der ganzen Arbeit. Sie teilt sich auf ihre Werke und auf ihr Arbeitsmittel auf. Treten ihre Werke als verschiedene Geschöpfe zutage, so sind sie Erzeugnis der ganzen Arbeit, nicht lediglich der halben Arbeit.

Das Plasma ist ein Arbeitsmittel, das nicht gesondert von der Arbeit aufscheint. Es ist nicht „körperlich“ im herkömmlichen Sinne. Es bildet keine Substanz. Es strömt für uns unmerklich unfassbar weit. Es verflicht sich. Es wirkt bei seinem Einsatz, zeigt sich aber nicht als Akteur.

Wir richten unsere Aufmerksamkeit, unsere Sinne auf die Antwort der Senken, die reagieren und dabei zu Quellen werden. Wir nehmen nur solche Arbeiten wahr, welche die Senken verwandeln. Wir nehmen nur die Anpassung der Senke wahr. Das lernen wir von unseren Sinnen. Auch sie passen ihre Arbeit an, wenn sie reagieren. Wir nehmen die Emission der Sinnesorgane als Grundlage des Urteils. Wir urteilen über ein letztes Erzeugnis des jeweils letzten Akteurs.

Wir entdecken nur solche Quellen von Arbeit, die unsere eigene Arbeit verändern. Wir interpretieren nur unsere eigene, verwandelte Arbeit. Wir deuten jene Verwandlung, die wir als Senke erleiden, durchmachen.

Die Bedeutung der entdeckten Quelle liegt in der Deutung unserer eigenen Anpassungsarbeit. Um die Quelle zu erklären, erklären wir uns gegenseitig, was wir aufgrund der Entdeckung anders machen. Jeder Begriff von einer Quelle ist eine Deutung unserer eigenen Arbeit.

Denken wir das Wasser nicht aus Teilchen, sondern als lückenloses „Fluidum", so können wir nicht sagen, was dieses Fluidum sei. Stellen wir uns das Wasser aus einer Mischung von Molekülen und Plasma vor, so erahnen wir vielleicht etwas von seinen Fähigkeiten. Es wird gegenseitig gearbeitet, wenn „das Wasser" arbeitet.

Lassen wir die Moleküle weg, abstrahieren wir von ihnen, so bilden wir uns eine Vorstellung von Plasma.

Es arbeitet vielleicht so ähnlich wie das Wasser, das aber ohne den Beitrag der Moleküle. Lassen wir alle Akteure weg, die wir kennen oder vermuten, so bleibt uns letztlich nur die Vorstellung vom Geben und Nehmen, also von der Arbeit überhaupt. Damit müssen wir zurechtkommen, weil wir keinen Akteur wirklich kennen. Wir beurteilen nicht sie, sondern ihre Arbeit, und das aufgrund der Arbeit, die sie uns machen.

Wir beurteilen mit einer Wirkung immer die dafür verantwortliche Arbeit. Nie beurteilen wir ein „Ding an sich", wie Immanuel Kant uns belehrt. Stets begnügen wir uns mit seiner Wirkung auf uns. Bleibt das Ding so wie es ist, setzt es keine Emission frei, und nimmt es keine in sich auf, so wirkt es auf keine Weise. Was weder Quelle noch Senke ist, das ist unwirklich.

Der Begriff vom „Ding an sich" leidet an der Vorstellung, dass es ohne Arbeit existieren könnte. Umgekehrt ergibt sich, dass kein Ding ohne Arbeit existiert, und somit auch nicht ohne Plasma. Wo die Arbeit tätig ist, ist auch ihr Arbeitsmittel anzutreffen.

Die entschiedenen Gegner des „Feinstoffs" gehen fehl, wenn sie das Plasma in den Topf der Ignoranz werfen. Was ohne Maß ist, ist aus diesem Grund allein noch nicht unwirklich, sondern ist lediglich nicht vermessen, nicht verglichen. Wer nur an Maße glaubt, an geistige Vergleiche, vergisst alsbald das Gemessene, die Natur. Kann sie wirklich gemessen werden?

Was als „prinzipiell nicht messbar" gilt, das unterliegt dem Diktum der Verfahren. In der Tat regelt ein jedes *Prinzip* die Arbeitsweise, also den Geist der Arbeit. Wechselt aber die Arbeit ihre Arbeitsmethode, ihren Geist, so bringt die Arbeit selbst neue Prinzipien hervor. Kein Prinzip kann vorweg wissen oder entscheiden, dass es die letztgültige Ausgabe sei. Das letzte Prinzip ist ein Dogma, das den Geist tötet.

Was nicht als „physikalisch“ gelten darf, das entscheidet allein die Physik. Das maßlose Objekt, Ding oder Subjekt ist auf keine Weise beteiligt. Auf diese Weise verteidigt sich allerdings nur der menschliche Geist. Er schreckt davor zurück, die Schwelle zu jenem anderen Geist zu überschreiten, den die Arbeit der Natur anwendet und offenbart.

Sehen wir die menschliche Arbeit an, so können wir uns kein Bild von ihr formen. Irgendwie fließt die inhumane Arbeit, ist sie ständig im Gange. Aber wie, das können wir nicht sagen. Das liegt daran, dass erstens der Überblick fehlt, und dass zweitens das Kommando der Arbeit verborgen, hinter den Kulissen der Medien ausgeübt wird. Ökonomische Gründe oder Zwecke machen sich nicht öffentlich geltend, sondern faktisch. Sie beherrschen den Alltag und das Leben umso wirksamer.

Trotzdem verstehen wir die eigene Arbeit, ihren Beitrag, und so auch die gesellschaftliche Arbeit, zumindest soweit, dass wir uns orientieren können. Wir fügen uns ein in die herrschende Arbeitsteilung. Wir teilen die Arbeit, und teilen unsere Arbeit mit. Das genügt für die Mitarbeit, und so auch für die Zusammenarbeit.

Wir vertrauen darauf, dass die Zusammenarbeit die gesellschaftliche Arbeit ausmacht und dass auch unser Beitrag Sinn macht. Welchen Sinn die gesellschaftliche Arbeit macht, oder welchem Sinn sie folgt, das können wir zumeist nicht beurteilen. Wird uns ein Sinn vorgestellt, so dient er der Anleitung, dem Kommando. Wird ein Sinn *propagiert*, so *ist* er das Kommando. Da gilt es, noch manches zu lernen. Der Sinn der gesellschaftlichen Arbeit sollte in keiner Gesellschaft ein Geheimnis sein.

Immerhin glauben wir, dass die ganze Arbeit der Natur dem Leben dient, und dass vielleicht umgekehrt das Leben der Sinn der ganzen Arbeit sein könnte. Das ist wohl ein brauchbarer Ausgangspunkt, und wahrscheinlich auch ein guter Zielpunkt für die menschliche Arbeit.

Die Methode der Arbeit existiert nur während der Arbeit, dann aber notwendig. Der Geist lebt nur in der Praxis, in der Theorie ist er tot. Im leeren Gerede wird der Geist wenigstens ausgetauscht, sodass auf beiden Seiten wenigstens gedacht wird. Kommt aber der Geist nicht zur Anwendung, so wird er schließlich vergessen. Das lehrt uns die Politik beharrlich auf ihre bemerkenswerte Weise.

Lenkt der Geist die Arbeit, so ist er so unsterblich wie diese. Vereinen sich zwei Galaxien, etwa Andromeda und die Milchstraße, so praktizieren sie das Geben und Nehmen von Sternen, Planeten und Monden, somit den Geist der Arbeit. Werden unsere Nachfolger Zeugen, und überleben sie, so wird auch der post-humane Geist frisch aufgemischt. Die

Nachfahren werden dann vermutlich nicht mehr behaupten, dass die Materie mangels Geistes nicht arbeiten könne.

Das Verhältnis von Geist und Plasma

Der konkrete, jeweils aktive Geist ist nicht unsterblich, sondern vergeht mit der Arbeit, die er führt. Das kann nicht anders sein, weil umgekehrt der besondere Geist nur solange erzeugt wird, als er gebraucht wird. Ist die Arbeit fertig, so ist es auch der Geist. Beide enden gemeinsam, gehen aber in neuen Geist und in neue Arbeit über.

Der konkrete Geist ist nur von Dauer, solange er im Werk realisiert, materialisiert bleibt. Gestalten sich die Werke um, so erfolgt das bereits mittels neuer Arbeit, die neuen Geist hervorbringt. Dabei geht der neue Geist aus dem alten hervor. Der neue Geist übernimmt alle Fertigkeiten des alten Geistes, und entwickelt neue Fähigkeiten dazu.

Die Entwicklung der Arbeitsfähigkeit erfolgt nicht mittels Kommandos, auch nicht mittels Speicherung, sondern schlicht in der Praxis, das ist, mittels faktischer Arbeit.

Es gibt dazu weder eine *Dogmatik* noch eine *Pragmatik*, es gibt überhaupt keine Vorschrift oder Vorlage. Der Geist folgt keinem Gesetz, sofern er es nicht selbst aufstellt. Gesetz wird nur, was als Arbeitsweise wiederholt werden kann. Ein *Gesetz* ist die *gesetzte* Arbeitsweise.

Ein Gesetz ist die Regel der regelmäßigen Arbeit, die Tradition der Verfahren. Was funktioniert, das wird weiter so gemacht, indem es weiterhin gelingt. Es bleibt so gesetzt, wie es ist, wie es sich bewährt.

Was nicht mehr funktioniert, das stirbt aus, weil es nicht mehr gelingt, weil es von neuen Methoden überrundet und abgelöst wird.

Das gilt für jede Arbeit und für alle ihre Methoden. Nur jener Geist überlebt, der aus der Arbeit kommt und wieder in sie eingeht. Anderer Geist existiert nicht. Nur jener Geist taucht auf, wird hergestellt, der in der Tat ausgeübt wird. Der Grund ist wieder, dass der Geist nur die Arbeitsweise, nur ein Teil der Arbeit ist.

Die Funktion der Mathematik

Selbst der mathematische Geist existiert nur, solange er geübt wird. Ohne Übung besteht kein Geist, keine Fertigkeit. Wenn eine Abstraktion nicht gedacht wird, so kommt sie nicht zustande. Wird sie gedacht, so lenkt sie das Denken, die geistige Arbeit. Diese aber muss Anwendung finden, sonst stirbt sie aus. Ohne Arbeit gibt es keinen Geist, keine Arbeitsweise.

Die Mathematik ist ein Abbild der Arbeit. Was hier gegeben und genommen wird, das sind Zahlen und Funktionen. Die Funktion ist eine Arbeitsregel. Sie sagt, wie mit Zahlen umzugehen ist.

Ist die Funktion logisch, so geben und nehmen die Zahlen einander. Sie arbeiten aneinander. Sie machen das zwar nicht allein, sondern nur mit menschlicher Hilfe, aber davon wird abgesehen. Das Ergebnis ändert sich ja nicht, weil die Arbeit von der Funktion geregelt wird. Ist die Funktion gefunden, so ist die Arbeitsweise gefunden, der Geist, der mit Zahlen umgehen kann. Mathematik ist die logische Arbeit mit Zahlen.

Die Zahlen arbeiten so wie gefügige Körper, welchen die Arbeitsfähigkeit einverleibt ist. Der nötige Geist wird ihnen vom menschlichen Geist verliehen. Die Zahlen tun so, wie der menschliche Geist es sehen möchte. Dazu muss der menschliche Geist die Fähigkeiten der Zahlen erforschen und kennen. Es ist eine Arbeitsteilung mit fiktiven Akteuren im Gange.

Wenn die Rechenregeln reale Aktivitäten abbilden, dann kann die Mathematik Arbeitsergebnisse berechnen. Sie dient dann als geistiges Werkzeug der Arbeitslenkung. Kommt es zu keinen Stückzahlen, aber zu Ergebnissen, so wird die Arbeitsweise abgebildet, der Geist der Arbeit.

Plus ist die Arbeit des Nehmens, die Absorption.
Minus ist die Arbeit des Gebens, die Emission.
Das *Produkt* ist die Vervielfachung der Arbeit, indem die Anzahl der Akteure vermehrt wird. (5 x 4): Fünf erarbeiten je vier Stück = 20.
Die *Potenz* ist die Steigerung der Arbeit, indem die Anzahl ihrer Wiederholungen vermehrt wird. (5^4): Fünf arbeiten 4 mal = 5 x 5 x 5 x 5 = 625.
Die *Wurzel* ist die Reduktion der gesteigerten Arbeit auf den ersten Arbeitsgang. Wie viele Akteure waren aktiv? Das Arbeitsergebnis lautet 625. Es wurde 4 mal gearbeitet. ($\sqrt[4]{625} = 5$)
Die *Zahl* π (Pi) reduziert den Umfang des Quadrats auf den Innenkreis. Sie nennt das Verhältnis von Kreisumfang und Quadratumfang. Das Verhältnis vergleicht den Arbeitsaufwand, die Arbeitsschritte. Aus vier Schritten werden 3,1415... Schritte.

Die Zahl π ist unendlich, weil die Schritte zwar immer kleiner werden, aber nicht aufhören, nicht genügen. Das liegt an der Vorgabe der vier konstanten Schritte, die das Quadrat ausmachen. Dem kann die Rotation nicht entsprechen, weil sie nie konstante Schritte macht. Immer folgt sie dem Verhältnis von Absorption und Emission.

Die Funktion der Gleichung

Das Gleichheitszeichen (=) sollte meines Erachtens nicht „*ist* gleich" genannt, gedacht und gesprochen werden, sondern besser als „*wird* gleich" bezeichnet und behandelt werden. Nichts ist gleich. Die Arbeit ist zwar ständig gegeben, aber sie bleibt nie dieselbe. Sie entwickelt sich.

Wird aus Eins *wieder* Eins (1=1), so können wir uns eine Arbeit vorstellen, welche die Eins repariert, wieder herstellt. Es ist die Erhaltungsarbeit der Eins im Gang. Das Gleichheitszeichen ist das Abbild der Erhaltungsarbeit, die von jeder Einheit geleistet wird.

Hingegen ist der Ausdruck „Eins *ist gleich* Eins" gegenstandslos. Die Logik soll den Weg der Arbeit gehen, nicht leere Ergebnisse postulieren. Da schrumpft die Logik zur Beurteilung von Vorgaben, die zwar vernünftig, aber sinnlos sind.

Steht in der Gleichung rechts eine Null (=0), so ist diese das Grab und der Ursprung aller Zahlen. Die Null bildet die Arbeit der Zahlen untereinander ab, ihre gegenseitige Wirkung. Das ist zwar richtig, aber nicht hilfreich. In der Null verschwinden alle unliebsamen Nebenarbeiten, wenn die Gleichung gekürzt wird. Da wird schnell übersehen, was die Vorarbeiten herstellen. Erst nach deren Erfolg kann die Hauptarbeit zutage treten.

Wird ein Teil der Gleichung auf die andere Seite gebracht, so arbeiten beide Seiten aneinander. Ihre gegenseitige Wirkung hebt sich auf. Es stehen sich zwei gleichwertige Arbeiten gegenüber. Das ist solange verwirrend, bis beide Arbeiten für sich verstanden werden. Auf jeder Seite sind die einzelnen Arbeitsschritte zu isolieren und zu lösen, bevor die Seiten vertauscht oder gemischt werden.

Rechts sollte nicht Null stehen, sondern besser Eins (=1). Die Gleichung verlangt dann die Herstellung einer Einheit.

Die Gleichung besagt dann, wie die Arbeit erfolgen muss, um eine Einheit herzustellen. Welche Einheit sich in Produktion befindet, sollte erstens vorgemerkt und zweitens überprüft werden. Verwandelt sich die Einheit unbemerkt, dann wird die verlangte Arbeit nicht verstanden.

Die Gleichung ist eine Funktion, eine Arbeitsanleitung, ein Kommando der Arbeit. Die Gleichung funktioniert nur dann, wenn alle Terme reale Arbeiten abbilden, und alle Zahlen messbare Maße sind. Die Lösung der Gleichung entspricht der Herstellung des Produkts.

Die Arbeit kommt im Werk zu Ende, das ist aber, in der Materie. Der Geist der Arbeit kann sich nur im materiellen Ergebnis realisieren. Gelingt das nicht, so geht der Geist fehl. Er kann die reale Arbeit nicht nachmachen oder vormachen. Die Gleichung, die Arbeitsvorschrift bleibt ungelöst.

Die reine oder abstrakte Mathematik ist eine Übung des menschlichen Geistes. Es wird ein Denken geschult, das keine Anwendung erfährt. Das ist zwar legitim, aber gemäß dem Wissensstand nicht nützlich.

Es ist jedoch nicht angebracht, die gesamte Mathematik der Nützlichkeit zu unterwerfen. Niemand kann wissen, ob die Gesetze des Denkens nicht wieder Gesetze der Natur abbilden.

Nachdem der menschliche Geist ein Erzeugnis der Natur ist, ist es sehr wahrscheinlich, dass der menschliche Geist die Arbeitsweise des Lebens wiedergibt, genauer, jene der DNA. Die reine Mathematik ist vermutlich die Arbeit der DNA in den Zellkernen. Der abstrakte Geist ist dann real die materielle Arbeitsweise der Doppelhelix.

Dabei sammelt der menschliche Geist im Laufe seiner Entwicklung alle früheren Fähigkeiten, alle früheren Geiste jeglicher DNA. Die Stadien des Fötus entsprechen dem Entwicklungsgang des irdischen Lebens. Das bedeutet, dass die DNA alle Arbeitsgänge wiederholt, während sie wächst.

Der halbe Geist

Während der Arbeit wendet das Plasma den halben Geist an, der im Universum ausgeübt wird. Dabei arbeitet das Plasma jeweils gegensätzlich. Seine Arbeitsweise ist um nichts weniger wirksam als die Arbeitsweise der Werke, der Körper. Dem Arbeitsresultat der Körper steht das Arbeitsresultat des Plasmas gegenüber. Beide Resultate bedingen einander.

Ein Ergebnis kann ohne das andere nicht sein. Sind die Arbeitsweisen gleich wirksam, so ist der beiderseitige Geist gleich wirksam. Die eine Hälfte des Geistes wird vom Plasma praktiziert, die andere von den Körpern. Beide Seiten leisten ihren Beitrag.

Das Plasma ist nicht „göttlich“, nicht allmächtig. Dazu müsste es über allen Geist verfügen, was nicht zutrifft. Das Plasma macht nicht alle Arbeit, sondern nur die Hälfte. Es ist also auch keine Allmacht.

Das Plasma übt zwar die Hälfte des ganzen Geistes aus, speichert aber keine Fähigkeiten. Der Geist des Plasmas ist keine Eigenschaft, kein Besitz, keine Errungenschaft, sondern allein seine Arbeitsweise. Mit der jeweiligen Arbeit endet der jeweils angewandte Geist des Plasmas, und zwar im Gegenstand, im materiellen Werk. Der Geist wird nur in den Werken vergegenständlicht. Das Plasma realisiert seinen Geist *zumeist* in seinem Gegenüber, in der körperlichen Materie.

Nur die Entladungen des Plasmas sind als selbständige Werke, Gebilde oder Schöpfungen des Plasmas bekannt. Es handelt sich um einen „Kurzschluss“, aber nicht der Ladungen, sondern der Arbeit. Sie wird auf kürzestem Wege ausgeführt, wenn ihre Fortpflanzung sonst scheitert.

Ladung ist die Mehrarbeit des überlasteten Atoms.[19] Mittels Zufuhr von Plasma wird das Atom aufgeladen, mittels Abfuhr entladen. Im Plasma strömen keine ganzen Atome, sondern nur Atomteile wie Protonen und Elektronen, sowie das Kernplasma und das Schalenplasma.

Schließen sich „positive“ und „negative“ Ladung kurz, so vereinen sich Protonen und Elektronen zum Atom. Das aber erfolgt nicht. Vielmehr teilt sich das Plasma in der „Entladung“ auf, es eruptiert. Es kommen sich Ströme zu nahe, die auseinander absorbieren. Die Verarbeitung des Zugangs misslingt und schlägt in heftige Emission um. Sie korrigiert die Abstände. Sie stellt die Koexistenz wieder her.

Das erfolgt wie bei den *Protuberanzen* der Sonne. Ist die Hitze zu groß, so ist die Arbeit zu intensiv, zu umfangreich. Das Plasma macht sich sozusagen Luft durch einen heftigen, parabelförmigen Ausflug.

Das Schicksal

Das Plasma leistet die halbe Arbeit der Natur, überlässt die Werke aber sich selbst, das heißt, ihrer eigenen Erhaltungsarbeit. Diesen Umstand nennen wir „Schicksal“. Jede Entität muss sich selbst erhalten, oder geht unter.

Das Plasma steht jeder Entität zur Verfügung, entscheidet aber nicht über Versorgung und Entsorgung. Es obliegt den Entitäten, gemäß ihren Fähigkeiten zu absorbieren und zu emittieren, gemäß ihrem Geist.

Die Entitäten agieren, das Plasma reagiert. Der Geist der Entitäten ist primär, er wird aus den kausalen Gründen von Mangel oder Überschuss getätigt und folgt dem finalen Zweck der Existenz. Der Geist des Plasmas ist sekundär, reaktiv, er antwortet stets gegengleich auf den primären Geist.

Was der Entität ein finaler Zweck ist, etwa die Existenz, ist dem Plasma ein kausaler Grund, ein Anlass. Es muss reagieren, reziprok arbeiten. Die finale Arbeit der Entität ist der kausale Grund für die Arbeit des Plasmas. Die Finalität der ersten Arbeit erzeugt die Kausalität der zweiten.

Was für die Entität kausaler Grund ist, wird dem Plasma finaler Zweck. Die Absorption der Entität nimmt aus Mangel Plasma auf. Das erweckt die Erhaltungsarbeit des Plasmas. Es muss seinen Bestand wieder

---

19 Siehe Seite 127f.

herstellen. Das Nachströmen erfolgt, indem das Plasma aus eigenen Beständen absorbiert. Diese interne Ernte muss dann mittels Absorption aus den Emittaten anderer Quellen ausgeglichen werden.

Die Grenze zwischen Kausalität und Finalität ist zugleich die Grenze der Substanz. Die Grenze wird von beiden Seiten hergestellt. Die Grenze der Substanz ist zugleich die Grenze des umgebenden Plasmas. Beide Seiten arbeiten an ihrer Herstellung oder Reproduktion, und damit an ihrer gemeinsamen Grenze. Was auf einer Seite final geschieht, erfolgt auf der anderen Seite kausal, und umgekehrt.

Die Werke sind die einzigen Ergebnisse der Arbeit, die aufscheinen, weil sie selbständig weiter arbeiten. Was die Körper sichtbar macht, das ist die Wirkung ihrer Erhaltungsarbeit. Dabei erscheinen die Körper nur deshalb, weil sie ihre Emission verändern, und damit das verbindende Plasma.

Die „Erscheinung" wird vom Plasma überbracht. Sie beruht auf der Arbeit des Plasmas. Die „Existenz" beruht auf der Arbeit der Substanz.

Unsere Sinne und unsere Vernunft sind auf Arbeitsergebnisse eingestellt. Wir erkennen nur Objekte. Die Arbeitsweisen ignorieren wir. Wir ignorieren jeden anderen Geist, der uns nicht als Glaube angepriesen oder als Kommando aufgezwungen wird. Wir folgen in der Regel nur unserem eigenen Geist, bis er sich als falsch erweist, bis wir scheitern.

Dann, am Ende der Täuschung, folgen wir „enttäuscht" jenem Geist, den wir als Konsens verteidigen. Er verspricht den Mitläufern wenigstens das Überleben, denken wir, wissen es aber nicht.

Das Plasma nehmen wir zwar ständig materiell in unseren Zellen auf, wir nehmen es aber nicht auch geistig wahr, geschweige denn vernünftig zur Kenntnis. Das Plasma ist mittels seiner Arbeit zu erschließen, die unsere Arbeit verändert. Wir müssen die Veränderung unserer leiblichen und geistigen Arbeit erforschen und begründen. Nur so können wir den Beitrag des Plasmas richtig beurteilen.

Die Illusion des Kommandos

Es gibt einen vierten Grund, die Kraft abzulehnen. Es wird ihr zugedacht, die Bewegung zu steuern. Sie ist jedoch kein Kommando der Arbeit und kann dies auch niemals werden. Das liegt daran, dass sich jede Arbeit der Natur selbst regelt. Die Lenkung der Bewegung ergibt sich in jedem Fall aus der autarken Regelung der Arbeit.

Wir können in keine Arbeit der Natur eingreifen. Die einzige Möglichkeit, eine Arbeit zu verändern, besteht darin, eigene, zusätzliche Arbeit einzubringen. Die alte Arbeit ändert sich nur, wenn sie eine neue Arbeit aufnimmt, das heißt, übernimmt und einfügt. Die Arbeit macht einen erbetenen Umweg, wenn sich die Arbeitsteilung sinnvoll verändert. Der Sinn besteht darin, die Existenz aller Akteure zu erhalten oder zu entwickeln.

Gelingt die Neuaufteilung der Arbeit nicht, so bleibt die neue Arbeit unwirksam, sie verpufft, die falsch agierenden Werke werden zerstört. Dabei wird jedoch keine Arbeit vernichtet, sondern sie geht von sich aus andere Wege, indem sie sich neu und besser verteilt. Wir sprechen dann von einem „Fehlschlag" unseres Versuchs, unserer Arbeit.

Was wir die „Erhaltung der Energie" nennen, das ist die Autarkie der Arbeit. Dabei wird das Maß der Arbeit, eben die „Energie" erhalten, das Maß bleibt in Summe gleich. Was sich sehr wohl ändert, das ist die Arbeit. Sie ändert ihre Arbeitsweise, ihre Werke und Akteure. Die Arbeit ändert ihren Geist und ihre Materie, ihre beiden Bestandteile.

Das „göttliche" Kommando

Beharren wir auf *unveränderlichen* „Naturgesetzen" und ihren Kräften, so schneiden wir das offene Ergebnis der Arbeit ab. Nur die uns verständlichen Verfahren sollen weiterhin wirksam bleiben. Es soll keine Entwicklung geben, die darüber hinaus geht. Der Grund ist, wir haben Angst vor der Autarkie der Arbeit, die wir aus Unverstand „Chaos" nennen.

Die Welt der ewigen Kräfte ist ein Käfig, der uns nicht beschützt, sondern erstickt. Wir bauen ihn jedoch selbst. Wir wollen den Geist gepachtet haben, um die Bewegung zu kontrollieren. Wir haben Angst vor einer unkontrollierten Bewegung.

Unser Geist würde sich als nutzlos erweisen und wir würden sterben. Unser Geist ist zu gering. Wir geben ihn an „Gott" ab. Die göttliche Idee genügt, um die Bewegung herzustellen und zu ordnen. Gott, Engel, Kraft und Energie erweisen sich als verlässliche, zudem als *humane* Kontrolle der Bewegung. Sie sind *Verklärungen* der Kontrolle. Was bewegt, das sei göttliche Idee, göttlicher Auftrag, Befehl oder Wunsch. Sie werden allesamt vom göttlichen Geist kontrolliert, den allerdings der Mensch verfasst.

Die Ursache der Bewegung, die Kraft, wird zum „Gotteswunsch". Nachdem der göttliche Geist oder Wunsch überall zugegen ist, bedarf er keines Transportes. Die Kontrolle der Bewegung wird überhöht, in den Himmel verfrachtet, und somit überall angesiedelt. Die Kontrolle ist allgegenwärtig, sagt die religiöse Vorstellung. Damit ist auch die Kraft allgegenwärtig, sie bedarf keines Vehikels mehr, um zu wirken.

Die Überhöhung wird im täglichen Umgang mit der Kraft vergessen. Die Idee der Kraft macht sich selbständig, ohne länger bedacht zu werden. Sie wird zum Glauben an die Kraft als wirkmächtige Ursache. Die Abstraktion, die Verklärung setzt sich in der Vernunft als Erklärung fest. Sie existiert unangefochten im Gedächtnis und in der Vorstellung.

Die Kräfte sind schließlich in einem Denken aufgehoben, das sie nicht mehr hinterfragt. Die Kraft ist eine vertraute, erprobte, verlässliche Idee von der Ursache der Bewegung. Das Nest hält, was es verspricht.

Wird eine Bewegung gesehen, so wird *ihre* Kraft bewundert. Die Kraft wechselt die Seiten. Die Bewegung nimmt ihre zurecht ge<u>d</u>achte Ursache unter die zurecht ge<u>m</u>achten Fittiche, unter ihre Maße auf. Das Maß der Bewegung wird zum Vehikel der Kraft. Ein Maß bewegt das andere.

Die Arbeit lässt sich nicht stören

Unterdessen wir an die Kraft glauben, oder an ihr zweifeln, geschieht die Bewegung auch jenseits unserer Wahrnehmung oder Vorstellung. Sie muss dort anderen Ursprung als unseren Glauben haben. Sie muss auch jenseits unserer Zweifel hergestellt werden.

Was die Bewegung erzeugt, das kann nur die Arbeit des sich bewegenden Subjekts sein. Alle anderen Hersteller gehen leer aus. Alle anderen Erzeuger kommen nicht an den Ort des Geschehens. Auch dann nicht, wenn sie schon dort warten sollen, ob nun aufgefädelt oder im Feld verstreut.

Kommt ein „göttlicher Grund“ zum Einsatz, so kann er nicht mitwirken. Die Arbeit lässt sich nicht stören. Da sie bereits im Gange ist, folgt sie ihren eigenen Regeln. Es muss entweder das Geben durch eine Zugabe verstärkt werden, oder das Nehmen durch eine Entnahme. Da andere Arbeitsweisen nicht bestehen, kann die Arbeit nicht anders verfahren.

Die Arbeit duldet auch „göttliche“ Eingaben nur dann, wenn diese aus sinnvoller Mitarbeit bestehen. Eine geänderte Zusammenarbeit findet nur statt, wenn sie auf neuer Arbeitsteilung beruht, die dem aktuellen Sinn genügt. Damit die Eingabe eingefügt werden kann, ist die aktuell tätige Arbeit zuerst zu teilen. Das bedeutet wieder, es ist mitzuarbeiten.

Lehnen wir die Mitarbeit ab, so begehren wir mit der göttlichen Eingabe lediglich das göttliche Kommando über die Arbeit. Unsere Vorgabe von Sinn wird als göttlich, als gottgegeben behauptet. Wir beanspruchen die Allmächtigkeit in unserem Sinne, also für uns. In diesem hoffnungslosen Fall muss wieder die geistlose Materie alle Arbeit machen, also zur Allmacht aufsteigen. Unser Begehren widerspricht sich selbst.

Agiert lediglich unser Geist, nicht auch unser Leib, dann bleiben wir wirkungslos, weil wir nicht mitarbeiten. Wir arbeiten erst mit, wenn wir „eingreifen". Unsere Hände zeigen ihr Geschick, ihre Arbeitsfähigkeit, offenbaren unseren Geist. Unsere Gerätschaften vergrößern nur die Reichweite und den Umfang unserer manuellen Eingriffe.

Maschinen und Roboter arbeiten so, wie wir das vorgeben. Sie folgen unserem Geist. Sie sind nicht intelligent, nicht kreativ, sondern gehorsam. Sie können nur programmierten Zwecken folgen, können nur genügen, nur dienen. Sie können keine Zwecke finden, keine Ziele setzen, keine Arbeit erschaffen. Sie können auch keinen Ausweg finden. Sie können nur Probleme bearbeiten, deren Lösung schon bekannt ist. Das Arbeitstempo ist ein ganz falsches Kriterium der Arbeit. Das Tempo macht keinen Sinn.

Die Werke der Automaten sind unsere Werke. Ihre Geschöpfe sind unsere Monster, in aufgeblasener Form. Fügt sich der ihnen einverleibte Geist nicht ein in den Geist der Natur, so werden die Automaten von der Natur zerstört. Es ist aber unser Geist, den wir ihnen einverleiben, unser Sinn oder Unsinn, den wir ihnen vorgeben. Nicht die Automaten sind gefährlich, sondern jene Hersteller, die ihre Motive verbergen.

Die Mitarbeit

Geistig tun wir uns schwer mit der Mitarbeit. Wir sind unbescheiden und selbstherrlich. Wir denken, die Materie könne doch auf keine Weise arbeiten. Wir müssen sie bewegen und formen. Wir sind aktiv, die Materie reagiert lediglich. Nur wir sind lebendig, voller Kraft. Wir müssen jede Arbeit lenken, kontrollieren.

Diesen *humanistischen* Grundsatz können nur wir selbst glauben, und das auch nur, solange wir von unserem Kommando überzeugt sind. Es ist der logische Zirkel der Herrschaft. Sie muss sich beständig beweisen, sonst besteht sie nicht länger – in der Überzeugung.

Der Beweis bestätigt den Zweifel, den er bezwingt. Der Beweis besteht im Bezwingen des Zweifels. Kann die Herrschaft den Zweifel an ihrem Kommando nicht bezwingen, dann besteht sie nicht. Das Kommando der Arbeit ist ein Selbstzweck der Herrschaft.

Nur wir sollen auserwählt sein, über Geist zu verfügen, wählen uns aber selbst aus. Wir erwählen uns zur Herrschaft, zum Kommando. Unser Glaube gilt unserem eingebildeten Kommando der Arbeit.

Wir sehen unser Kommando erfüllt, wenn wir fertige Produkte überblicken und zählen. Wir haben aber keine Ahnung, wie die Natur sie herstellt. Ohne die Arbeit der Natur sind wir unfähig und hilflos. Gegen die Arbeit der Natur sind wir machtlos.

Die Arbeit der Natur erfährt nichts von unseren geistigen Konflikten. Sie geht unbehelligt weiter. Sie ändert sich nur, wenn sich unser Geist in ihren Geist einfügt, nicht umgekehrt. Wir können unseren humanistischen Geist nur uns selbst einreden, oder einander aufzwingen. Niemand sonst ist dafür empfänglich, und auch nichts sonst.

Faktisch anerkennen wir die Arbeit der Natur, wenn wir ihre Kräfte ernten, oder „nutzen", wie wir sagen. Wir machen sie uns „zunutze". Was uns in Wahrheit dabei nutzt, das ist die Arbeitsteilung, die wir mit der Natur eingehen. Die Natur gewährt uns eine Umlenkung, eine Umleitung einer besonderen Arbeit. Das aber nur, sofern wir die ganze Arbeit nicht stören, sondern erweitern und damit verbessern.

Fügen wir uns nicht ein, so geht die ganze Arbeit über uns hinweg. Wir reden dann von „Katastrophen".

Die Natur ist aber dann nicht „inhuman", sondern stellt lediglich die Ganzheit ihrer Arbeit wieder her. Auch „Gott" ist dann nicht „grausam", weil er nichts anderes *ist* als die ganze Arbeit, sie nicht bloß befehligt wie ein Kommandant, den wir umstimmen oder beeinflussen können.

Die Katastrophe besteht in unserer Blindheit und Ignoranz. Wir leben falsch, wir arbeiten falsch. Wir greifen in Arbeiten der Natur ein, die wir nicht sehen, geschweige denn verstehen.

Die Natur „rächt" sich jedoch nicht, sie „schlägt" auch nicht „zurück", wie zuweilen zu hören ist. Sie liest weder unsere Gedanken, noch unsere Gefühle oder Ängste. Vielmehr duldet sie unseren schwankenden und egozentrischen Geist. Er darf aufwachsen und reifen, muss es aber nicht.

Wir wirken naiv. Wir haben keine Ahnung von der Wirkung unserer Eingriffe oder Machenschaften. Die von uns eingefügten Arbeiten verändern das Habitat faktisch, einerseits sein Werk, andererseits seine Arbeitsweise, seinen Geist, in Summe seine Arbeit. Kommen wir mit einem neuen, unbekannten Habitat zurecht?

Das wissen wir nicht, machen aber unbeholfen weiter, auch wenn mittlerweile die „Modelle" versagen, die wir berechnen können. Die Maße schrillen Alarm, sie galoppieren davon. Sie übernehmen die Arbeit, die sie messen sollen, führen sie fort und scheitern am Exponenten.

Die Materie und der Geist der Natur erweisen sich im Katastrophenfall als jenseitig unserer Erwartung, Vorstellung und Erkenntnisfähigkeit. Der Geist der Natur übersteigt dann unseren Geist, unsere Einfalt. Der

Grund ist, dass wir nur unseren eigenen Geist hören und anerkennen wollen, nur ihm folgen. Auch wenn wir „allmächtige“ Geister zu Hilfe rufen, ist nur unser Geist tätig. Sonst ruft ja niemand.

Unsere Beschränktheit ist das Drama, das wir uns selbst zufügen. Die Natur ist daran völlig unschuldig und unbeteiligt. Im Gegenteil, sie ist vollständig gnädig, denn sie lässt uns insgesamt weiter leben, solange das irgendwie möglich ist. Sie wird auch *nach uns* neues Leben erzeugen, falls das notwendig wird, und noch irgendwo auf dem Planeten gelingen kann. Es ist ja schon anthropozentrisch, dabei nur an die Erde zu denken.

Index